突破品質水準

實驗設計與田口方法之實務應用

林李旺　編著

全華圖書股份有限公司　印行

林李旺　簡歷

經歷

- 光寶科技股份有限公司 六標準差 處長
- 科建管理顧問股份有限公司 顧問、經理、總監、副總經理
- 摩托羅拉電子股份有限公司 資深工程師
- 飛利浦中獅電子股份有限公司 副理
- 明新科技大學 講師

學歷

- 元智大學 管理研究所
- 成功大學 工程科學系

專長(輔導 / 訓練)

- 品質力提升

  六標準差(Six Sigma)、設計六標準差(DFSS)、實驗設計(DOE)、田口方法

  品質改善團隊(QIT)、品管圈QC Story(QCC)、8D問題解決法

- 生產力提升

  精實生產—精益生產(Lean Production)、精實六標準差(Lean-Six Sigma)

  生產效率提升、交期縮短、庫存降低

- 管理績效提升

  作業流程改善/流程管理(BPI / BPM)、日常管理、全面品質管理(TQM)

- 產品研發績效提升

  研發流程整合改善、同步工程(CE)、精實產品研發(LPD)、品質機能展開(QFD)

  公差分析(TA)、設計六標準差(DFSS)

- 品質/可靠度分析工具與技術

  統計品管、品保、可靠度工程與管理、SPC、FMEA、MSA、抽樣檢驗

- 成本降低

  生產製造成本降低、庫存成本降低、價值分析—價值工程(VA-VE)

譯著 / 編著

- 六標準差應用手冊 (麥格羅希爾—科建顧問 出版)
- 快速精通實驗設計—邁向Six Sigma的關鍵方法 (全華 出版)

資格

- 台灣 顧問協會 第九屆「經營顧問楷模」
- 美國 Six Sigma 大黑帶(MBB, Master Black Belt)
- Dell（戴爾電腦）及CISP合格講師
- 台灣 經濟部中小企業處「經營輔導專家」資格
- 台灣 顧問協會 高級顧問師班
- 美國 QuEST Forum認可之TL 9000合格講師
- 台灣 品質學會 品質工程師(CQE)
- 台灣 品質學會 可靠度工程師(CRE)
- 台灣 經濟部 中小企業處「榮譽指導員」
- 台灣 AEO專責人員

實績(輔導 / 授課)

- 電子、通訊業

  宏達電(HTC)、富士康、聯想移動、戴爾(DELL)、明基、佳世達、順達科技、友達(AUO)、宸鴻TPK、鈦積光電、鈦積創新、華映、瀚宇彩欣、和鑫光電、通用先進(Motorola)、勁永國際、和喬科技、高效電子、亞弘電科技、菱生精密、京元電、聯測科技、福晶半導體、星科金朋、上海安靠(AMKOR)、健鼎科技、嘉聯益科技、毅嘉科技、金像電子、相互、松維線路板、照敏、捷世登、華新科技、通用器材、旺能光電、威力盟、榮創、廣鎵、乾坤、凱鼎、高意科技、斯比泰、佳世達供應鏈、光寶供應鏈、澤鴻電子、昇銳、中環、鍊德、台灣東電化(TDK)、廣積、四零四科技、晶拓、大全集團、威鴻光學、玉晶光電……等

- 汽車、機械業

  裕隆汽車、裕隆日產、三陽工業、全興工業(集團)、至興精機、大億交通、天興儀表、劍麟工業、佳承工業、吉旺、山葉機車、福耀玻璃、一詮精密、伸興工業、巨大機械(Giant)、信豐五金、瀧澤科技、東元電機、沛鑫半導體、建霖工業(仕霖集團)、友煜……等

- 化工業

  亨斯邁(Huntsman)、台灣上村、歐恩吉(OMG)、喬力化工、台灣安智、中國製釉、集盛實業、力麗/力鵬/力寶龍、聯華氣體、眼力健(亞培)......等

- 其他

  味全、大成長城、聯華實業、台灣電力公司、中央造幣廠、衛生署、中央健保局、台灣鑽石、中山麗綺……等

序

在十多年對企業提供品質與生產力之改善及突破的訓練與輔導經驗中，將實驗設計及田口方法運用在品質改善及突破上，已經協助企業創造超過十億元的財務效益。企業在微利時代最重要的是突破目前的困境，不要再用土法煉鋼式的問題解決方法，應該對於已經被驗證爲有效的方法善加利用，降低企業長期因爲品質不佳所引起的損失。因此，撰寫本書所秉持的想法是以容易學習與實際操作爲原則，務求有需要及有興趣者能夠快速上手，期望企業運用實驗設計及田口方法，使產品品質都能邁向Six Sigma的世界級水準。

本書的撰寫理念主要有以下數項：(1)由簡入深的探討實驗設計與田口方法，使對實驗設計與田口方法有興趣的讀者都能有所收穫；(2)將較常使用的方法整合在各個主題中，而不常用的方法則不納入；(3)以實務爲主，理論觀念爲輔，循序漸進；(4)藉助統計軟體-Minitab的應用，降低學習門檻，提高學習效率及效果。

本書也將多年來在輔導企業進行產品品質改善的過程中，關於實驗設計與田口方法領域遭遇的狀況或經驗，分別在適當的章節裡一一闡述，務求使初學實驗設計與田口方法的讀者能減少摸索的時間。同時，爲了有效地將實驗設計與田口方法融入整個產品品質改善的步驟中，本書特地列出提升品質水準的15個步驟，充分了解及運用這15個步驟的邏輯將對改善產品品質有具體的成效。

由於實驗設計與田口方法是改善產品品質的有力工具，在輔導企業推行品質改善活動（例如，QIT-Quality Improvement Team品質改善團隊、實驗設計與田口方法之品質問題解決、CIP-Continuous Improvement Process持續改善過程）、Six Sigma或Design For Six Sigma（DFSS）的品質躍升專案中，也經常應用實驗設計與田口方法。雖然Six Sigma的內容不是本書的主要編寫範圍，書中也簡述實驗設計與田口方法在Six Sigma的DMAIC和DFSS的IDOV模式中的使用時機，提供讀者參考。

爲了保護受輔導企業的權益，書中盡量不引用實際輔導的案例。但是，其中許多的經驗描述，則是實際發生在企業端的事實。另外，在書末利用一個完整的參考案例，將「利用實驗設計與田口方法提升產品品質的15個步驟」整體的貫穿起來，提供讀者利用實驗設計與田口方法解決品質問題的仿效及入門。

如讀者具備統計的基本知識，對於學習實驗設計或田口方法是有幫助的。但是，如果沒有統計方面的知識，只要願意按照書中的講解順序學習，再配合案例與統計軟體Minitab的實際操作，初學者也能夠輕易地一窺實驗設計與田口方法的堂奧。

本書得以出版要感謝全華圖書股份有限公司編輯的聯繫與協助，友嘉管理顧問有限公司的顧問團隊之專業建議；書中使用的統計軟體Minitab，是由Minitab的台灣總代理—昊青股份有限公司授權使用，在此一併致謝。

本書是以實用爲主，如有任何的不完善周延之處，誠屬個人的才疏學淺，尚祈賢達諸君不吝指正，歡迎利用電子郵件進行交流、討論與指教。

林李旺 Lansing
e-mail：china.lansing@gmail.com

目錄

Chapter 1

實驗設計概論

學習目標

- 了解學習實驗設計的目的，把握實驗設計的方向
- 掌握實驗設計的邏輯步驟，循序的執行實驗及獲得實驗的結論
- 了解Six Sigma的DMAIC模型及DFSS的IDOV模型的簡單意義

1-1 實驗設計的目的

實驗設計 (Design of Experiment, DOE)是企圖經由符合邏輯的實驗安排，以最少的時間及成本進行實驗，並獲取期望中最佳或最適的結果。許多企業曾被客戶要求：「必須利用一套合理的方法驗證所提出產品特性或製程條件的參數是最適當的」。客戶並不希望它的供應商(不管是OEM或ODM)是盲目的利用試誤法(Trail and Error)的方式找出所需的產品特性或製程條件，因爲那樣的方法並不具備周延性，重複性可能也不好，或產品／製程的操作窗(Operating Window)也不明確。當詢問企業的工程人員，他們是如何訂出產品或製程的操作範圍，得到的答案通常是「根據經驗」。經驗是必須且重要的，但是，當要更細緻地規範出產品或製程參數的操作範圍時，往往不能精確地被定義出來。

以一個電子公司爲例，在一個表面粘著(Surface Mount Device, SMD)的製程中，錫膏的厚度會影響電子零件焊接效果的好壞，但是如何決定錫膏的適當厚度？這就可以嘗試利用實驗設計找出影響錫膏厚度的重要因子(製程參數)，例如，刮刀速度、壓力、網(鋼)版脫離速度等等，再設定最佳條件的組成，達成錫膏的適當厚度。

1-2 利用實驗設計提升品質水準的15個步驟

利用實驗設計改善或優化品質水準的過程可以劃分爲15個步驟，依據這些步驟的順序一一落實實施，將可以獲得一個具備符合邏輯的實驗結果及實驗報告。由於這15個步驟將整個實驗設計過程綜合的串聯起來，初次閱讀時可能會感到不易了解各步驟的眞正涵義，這是可以理解的。若循序讀完全書的內容，再回來複習這15個步驟，將可融會貫通完整實驗設計步驟的精髓。這15個步驟的說明是：

1. **選題理由(Reason for Improvement/Optimization)**：說明選題的理由，可能是客戶的要求或公司的期望，或自發性的追求品質提升，同時可以描述團隊成員、專案進度或專案目標等等。

2. **相關產品或製程說明(Definition of Scope)**：必須了解及確認要探討的是哪一個產品或製程，範圍明確才不會漫無邊際，可以利用產品的功能模組或製程的流程圖說明改善的範圍，將要研究的部分清楚勾勒出來。

3. **歷史數據／資料收集(Historical Data Study)**：對於要探討產品的關鍵品質特性(Critical to Quality Characteristics, CTQ)或反應值(Responses)，收集過去的歷史資料或數據具體呈現出受到影響的狀況，通常使用柏拉圖(Pareto Diagram) 及趨勢圖(Trend Chart)顯示這些資料，以支持選題的理由。產品的關鍵品質特性就是實驗設計的反應值，必須是可以衡量的(Measurable)。反應值的數據類型可以區分爲連續型(Continuous，也稱爲計量型 Variable)及離散型(Discrete，也稱爲計數型 Attribute)，應該盡可能採取連續型的反應值，非不得已才使用離散型反應值，不建議使用離散型反應值的原因，是因爲離散型反應值的統計型的加法性較差。例如，射出成型的產品的翹曲度是要探討的反應值，而翹曲度是屬於連續型數據；如果將翹曲度與規格比較，判定合格或不合格得到良率或不良率的數值，這就是屬於離散型數據。

4. **原因分析與決定實驗因子及水準(Cause Analysis and Determination of Factors and Levels)**：利用魚骨圖或系統圖對可能的影響因素進行探討，將可能性高且屬於可以控制的因素標示出來，就成爲即將進行實驗的因子，指定各個因子的水準數再整理成因子和水準的對應表格，使後續的實驗組合易於選擇與安排。例如在射出成型過程的溫度、壓力或時間等會影響產品的翹曲度，這些要探討的因素或條件就是實驗的因子。如果三個因子是溫度、壓力或時間分別設定二個不同的水準，以壓力爲例設定爲 1200 psi和 1500 psi，這實驗稱爲三因子二水準的實驗設計。

5. **量測系統分析**(Measurement System Analysis, MSA)：必要時，對於要探討的反應值實施量測系統分析，以確保反應值的測量是足夠客觀且可以信賴。

6. **配置實驗組合**(Matrix Selection)：依據因子的個數和水準的個數選擇適當的實驗組合來安排整個的實驗，使要考慮的主要因子或交互作用都安排在實驗組合內。通常剛開始做實驗時會選擇最小的實驗組合，可以較快速地完成篩選實驗(Screening Experiment)，並釐清重要的因子和水準，同時應該決定每一個實驗組合的重複數。如果實驗的結果尚未達到最佳化，則後續的實驗可以選擇較複雜及完整的實驗組合，以便完成更細緻的實驗來獲取更佳的實驗成效。

7. **實驗準備**(Preparation of Experiments)：準備實驗材料，安排設備及人員進行實驗，實驗人員最好經過訓練或指導，以減少實驗的人爲誤差。

8. **執行實驗**(Execution of Experiments)：依據實驗組合進行隨機實驗，如果是第一次做實驗，建議先做一次先導實驗，觀察實驗的眞實狀況，確認納入考慮的因子均正確後再執行正式實驗。對工程或技術人員來說進行實驗不是困難的事，要注意的是實驗的操作方式是否符合期望，不要因爲實驗時的疏忽而造成實驗的失敗。要特別強調的是工程或技術人員往往沒有耐心進行完整的實驗，卻又希望得到超乎想像的成果，這是相當不切實際的。

9. **實驗數據收集**(Data Collection)：實驗完成的樣品經過測量或判定，將數據紀錄於實驗組合表格中，以待進一步的數據分析。

10. **實驗數據分析**(Data Analysis)：將實驗收集到的數據進行變異數分析(ANalysis Of VAriance, ANOVA)或訊號雜音比(Signal to Noise Ratio)分析，可以知道各個因子或交互作用是否存在顯著的差異。必要時，應該修正估計的統計模型或是進行合併(Pool)的動作，以提高變異數分析正確性。同時，適切地進行殘差分析，或進行數據的轉換，可以提高統計模型分析的合理性。

11. **影響度分析**(Contribution Analysis)：當有多重反應值需要探討時，各因子或交互作用對各個反應值的影響程度將決定如何選擇最適當的組合。

12. **決定最適組合**：依據變異數分析及影響度分析決定最適當的組合，必要時，利用Fisher的檢定方式比較及決定最適當的水準，至於估計最適當組合的平均數，則可以利用t分佈的區間估計。

13. **確認實驗**(Confirmation Run)：將最適當的實驗組合進行小量的試作，以驗證最適組合具備重複性(Repeatability)，驗證時可以利用二平均數差的檢定(t檢定)，確保實驗結果的一致性。確認實驗完成後應該將最適組合的條件導入產品設計或製程中，並進行產品或製程的監控。如果是在製程上實施的實驗設計，改善後可以使用管制圖(Control Chart)進行監控。

14. **能力分析**(Capability Analysis)—**實驗前／實驗後**：利用實驗設計提升產品或製程的品質，最後都應反映在產品的能力上，因此實驗前與實驗後的能力比較(例如：dppm ，p%，Cp/Cpk/Ppk，σ 水準等等)更能突顯品質改善的成效。必要時，可以提出有形的財務性(Hard Saving)指標佐證改善所獲得的財務效益。

15. **總結**(Conclusion)：將實驗的過程做綜合性整理，對於實驗過程中未探討的議題，實驗過程的發現，或是未來可以探討的方向等也都可以一併敘述。

利用實驗設計提升品質水準的15個步驟整理成圖 1-1。

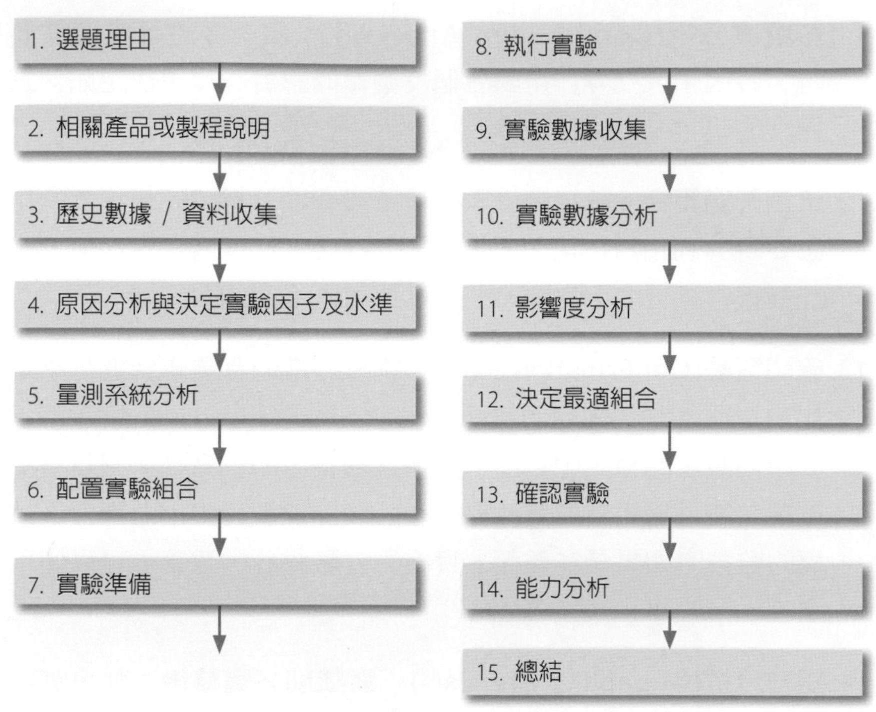

圖1-1 利用實驗設計提升品質水準的15步驟

解決問題的步驟中主要是分析原因和採取對策兩個部分，這兩部分可以用漏斗的模型來說明(圖1-2)。X表示各種原因變數。

應用漏斗模型將許多的可能原因(Possible or Potential Causes)先行以定性方法(主觀判定的方法)過濾，然後經由定量的方法(數據判定的方法)再一次過濾可能原因，此時原因的數量應該不超過15個，接下來再利用變數篩選的實驗設計(Screening Design)方式將原因變數明確篩選出來，最後用多水準實驗設計或反應曲面法將少數的變數的最佳條件(Optimization)求算出來。利用此漏斗模型既可以讓分析原因的思考範圍夠廣泛，才不會陷入直接做實驗再看有效或沒效的碰運氣、試試看(Trial and Error)或聽天由命論者。

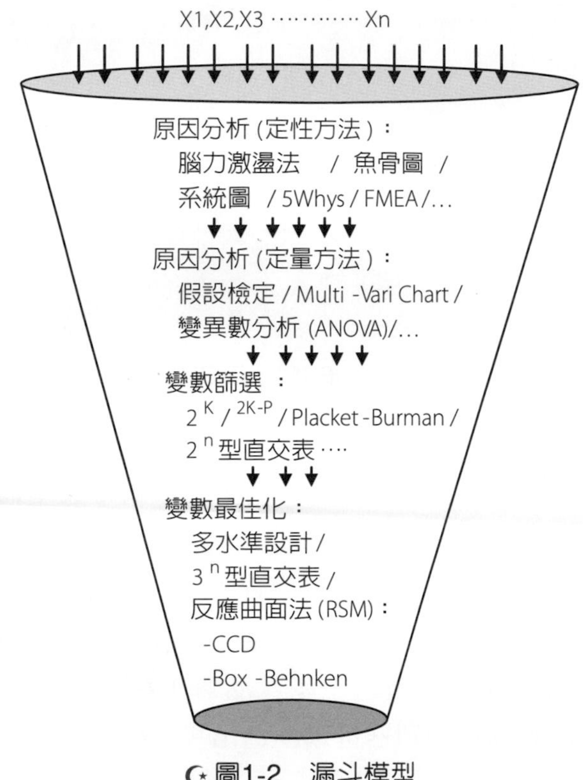

圖1-2　漏斗模型

1-3　實驗設計在Six Sigma (DMAIC 及 DFSS) 中的運用

國際性的企業或居於其供應鏈上的企業在改善產品或流程的方法上都選擇Six Sigma，Six Sigma要求產品或流程達到3.4PPM(每百萬個中只有3.4個缺點)，是一個世界級品質水準的要求。在Six Sigma的改善模式中，通常分為兩類：DMAIC(圖 1-3)及DFSS的IDOV(圖 1-4)，其中DMAIC(Define-Measure-Analyze-Improve-Control)是對既有的產品或製程進行改善，而DFSS(Design For Six Sigma)的IDOV(Identify-Design-Optimize-Verify)則是從產品的設計開發階段進行改善。

圖1-3 DMAIC 模型

圖1-4 DFSS的 IDOV模型

Six Sigma是涵蓋管理系統的運作、人員的訓練、改善專案的實施等等，不管是DMAIC或DFSS都具備嚴謹的改善邏輯步驟，而實驗設計都是DMAIC或DFSS中極為重要的一項工具。在實際參與Six Sigma推動的幾十家企業中，有許多改善專案是經由利用實驗設計提升製程良率(DMAIC模式的改進階段)或解決產品品質的設計瓶頸(DFSS模式的設計或優化階段)。對於設計研發、製程技術、製造生產、品質工程等領域的工程或技術人員，充分利用實驗設計這項利器可以創造出具有低成本優勢且高品質水準的產品。

在圖1-2的漏斗模型是比較適用在Six Sigma的DMAIC模式，漏斗的上半部是屬於原因分析，對應DMAIC的分析階段；漏斗的下半部是屬於提出改進方案，對應DMAIC的改進階段。善用這個漏斗模型可以充分整合分析到改進階段的方法，有效地解決品質方面的問題，為企業創造出巨大的效益。

注意

部分書籍定義Six Sigma為DMAIC模型，這裡將Six Sigma定義為包含DMAIC及DFSS(IDOV)二種模型。

1-4　實驗設計中統計分析的利器-Minitab

「工欲善其事，必先利其器」，Six Sigma改善專案可以在短時間獲得成效，一個很重要的原因是在於充分運用統計軟體的功能，將難懂的統計或複雜的數據分析，經由統計軟體的計算而變得簡單且能夠快速地獲得決策的依據。書中採用Minitab統計軟體，搭配解說實驗設計的各個步驟，是因爲Minitab具有操作方便及解析容易的特性，同時，Minitab有一段免費試用期間(Free Trial)約30天，對於考慮購置統計軟體的企業或個人都能先行試用看看。因此，本書的解說以Minitab爲依據，使讀者可以一邊閱讀本書一邊利用Minitab實際操作與印證，達到快速精通實驗設計的需求與期望。

Minitab不同版本之間的差異不大，皆可以執行出應得的結果。

結語

實驗設計的實施必須妥善的規劃及耐心的執行相關實驗，不可以簡單地期待有做實驗就會得到好的成果。實驗設計是爲了獲得最佳化的產品或製程的條件參數。經由實驗設計的實施，一方面可以提高產品的良品率往Six Sigma(3.4 ppm)的品質水準邁進，另一方面可以增進品質的穩健性。對於研發設計、製造工程、品質保證、基礎研究等等的工程或技術人員，實驗設計是強化他們本身所具有的能力的一項有效的方法。

田口方法(Taguchi Method)也是廣爲企業界使用的一種實驗及分析的方法，本書將以特定章節介紹田口方法的應用。由於田口方法是較典型實驗設計爲容易的實驗方法，本書將田口方法視爲實驗設計的一個分支，對於想先跳過統計分析的讀者，不妨直接閱讀第7章田口方法。

筆記欄

Chapter 2

簡單的統計

學習目標

- 了解數據呈現常態分布時的特性
- 了解 t 分布及 F 分布的特性
- 了解如何決定二平均數及二變異數之間的大小比較

統計是處理數據非常有用的一門學問，在這裡僅僅簡單地說明常用到的一些統計觀念或例題，統計方面的詳細解說不在本書的探討範圍內，有興趣者可以參考統計相關書籍，以便獲得完整的統計理論基礎，將會更有助於分析實驗數據及擬定決策。

2-1 常態分布

實驗的結果會得到許多數據，要分析這些數據才可以判斷後續的措施應該如何進行？進行數據分析時，首先要了解數據的分布狀況，數據的分布有許多種類，從數據的性質可以分爲連續型(Continuous)[或稱計量型(Variable)]和離散型(Discrete)[或稱計數型(Attribute)]。在此只介紹連續型或計量型中的常態分布(Normal Distribution)，至於其他的連續型或離散型數據分布，可以參考統計相關書籍。

數據的分布以具備常態分布的情形最多，例如，生產一批零件要求的是長度必須符合規格，假設這一批零件的長度數據分布具備常態分布，則這一批零件的長度數據分布應該符合常態分布的三個特性，分別是(1)以平均數爲中心，左右呈對稱的鐘型；(2)左右各有一個反曲點，是在$\overline{X}\pm\sigma$(平均數 ±1倍標準差)的位置上；(3)整個曲線分布約覆蓋$\overline{X}\pm3\sigma$ 的範圍。而標準常態分布是將有單位的數據(例如，cm，mm等)轉爲不具單位的數據，標準常態分布的形狀如圖2-1，圖2-1中「0」的位置表示平均數，「+1」及「-1」的位置表示 ±1倍標準差的位置。一般稱此種數據轉換方式爲Z轉換(Z Transformation)。公式是：

$$Z_i = \frac{X_i - \mu}{\sigma}$$

其中X_i是原始數據，μ是群體平均數，

σ是群體標準差，Z_i是轉換後數據

$$\mu = \frac{\sum_{i=1}^{n} X_i}{n}，\sigma = \sqrt{\frac{\sum_{i=1}^{n}(X_i - \mu)^2}{n}}$$

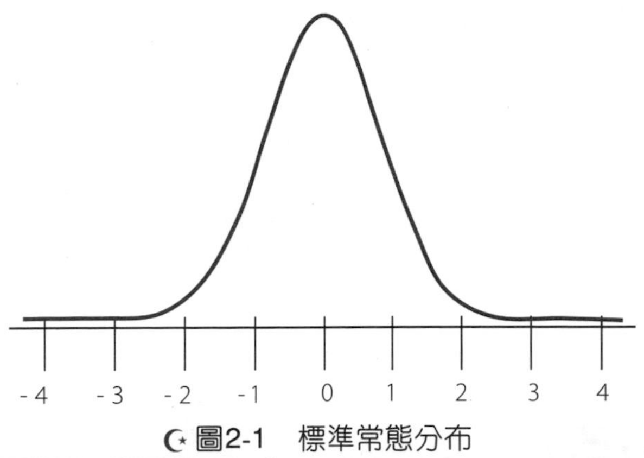

圖2-1　標準常態分布

在標準常態分布中完整曲線覆蓋的機率為100%，±1倍標準差覆蓋的機率約為68.26%，±2倍標準差覆蓋的機率約為95.45%，±3倍標準差覆蓋的機率約為99.73%。

2-2　t 分布

t 分布(t Distribution)也是以平均數為中心，左右對稱的曲線，在曲線外形上接近常態分布，t分布的曲線比常態分布的曲線平緩(圖2-2)。

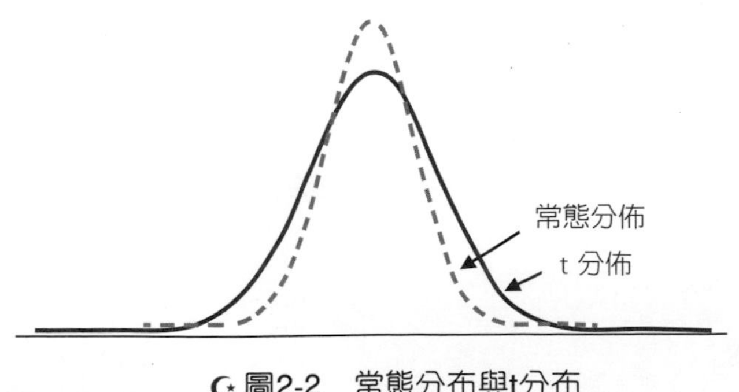

圖2-2　常態分布與t分布

使用 t 分布的目的在探討小樣本(或稱小數量的樣本)的平均數分布，並做平均數的估計或比較。

t分布的公式是

$$t = \frac{\overline{x} - \mu}{\frac{s}{\sqrt{n}}}$$,其中 $\overline{X}$ 是樣本平均數，μ 是群體平均數，

s是樣本的標準差，n是樣本的個數。

$$s = \sqrt{\frac{\sum_{i=1}^{n}(X_i - \overline{X})^2}{n-1}}$$

2-3 F分布

F分布(F Distribution)是探討兩組變異數之間比值的大小，以F值決定兩組變異數是否有差異。F分布的曲線是偏右的圖形(圖 2-3)，F值可以對應到曲線下的面積P值 (或稱機率值)。

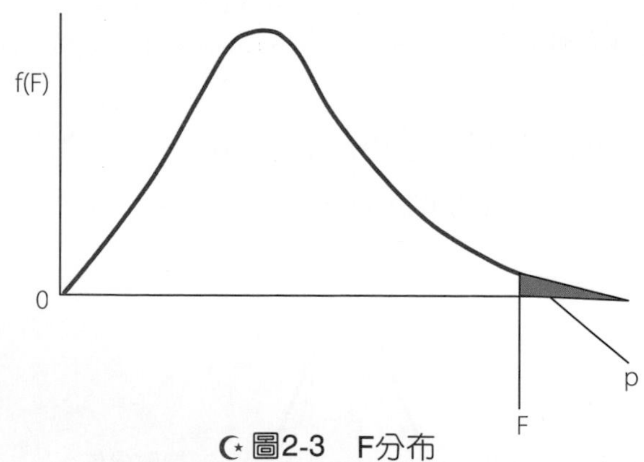

圖2-3 F分布

F分布的公式是：

$$F = \frac{\frac{s_1^2}{\sigma_1^2}}{\frac{s_2^2}{\sigma_2^2}}$$

其中 s_1^2 和 s_2^2 是樣本變異數，

σ_1^2 和 σ_2^2 是群體變異數。

假設兩組群體的變異數相等$\sigma_1^2 = \sigma_2^2$，則F分布的公式可以簡化為：

$$F = \frac{V_1}{V_2} = \frac{S_1^2}{S_1^2}$$

其中 $V_1(S_1^2)$是第 1 組數據的變異數，

$V_2(S_2^2)$是第 2 組數據的變異數。

$$V = S^2 = \frac{\sum_{i=1}^{n}(X_i - \overline{X})^2}{n-1}$$

2-4　二平均數差的比較：t 檢定

檢定的意思可以想像為做比較，做比較至少是兩組或兩組以上的數據。以一個實務的例子來探討 t 檢定(t Test)，某公司的採購部門認為A供應商的產品雖然符合公司的材料規範：不可有含鉛的物質，而且一直以來使用A供應商的產品也沒有發生特別的品質問題，但是A供應商的價格下降幅度無法滿足公司的要求。剛好有一個B供應商希望公司能採用他們的產品，這家B供應商製造的產品一樣是不含鉛(lead free)的材料，B供應商聲稱他們的產品規格和A供應商的一樣，如果公司能夠向他們採購，他們願意提供比較低的價格。採購部門認為可以試試使用B供應商的產品，在公司的材料認可程序上必須先有樣品送交研發部門試驗確認。採購部門要求B供應商依據規定提出100件產品給研發部門，研發部門將其中的30件樣品和從倉庫領出30件A供應商的材料在相同的條件下進行試驗比較，得到表 2-1 的實驗結果。

由於只有兩組數據要做平均數比較，因此使用平均數差的 t 檢定(test)來驗證A和B兩個供應商的「產品是不是有好壞之分」或是「平均數是不是有高低差別」？這裡採用 t 檢定是比較兩組數據，三組或三組以上的多重比較則採用變異數分析(ANOVA)的方法，在第三章會有詳細說明變異數的分析步驟與判定準則。

表2-1　A供應商及B供應商的試驗數據

No.	A	B	No.	A	B
1	0.1658	0.1659	16	0.1326	0.2417
2	0.2347	0.2255	17	0.2692	0.1944
3	0.1374	0.2627	18	0.2137	0.2599
4	0.2507	0.0862	19	0.2156	0.1397
5	0.2446	0.2247	20	0.2168	0.0948
6	0.2218	0.1036	21	0.1598	0.1924
7	0.1793	0.1620	22	0.2117	0.0408
8	0.1744	0.1452	23	0.2022	0.2538
9	0.1736	0.2528	24	0.2778	0.1170
10	0.2223	0.1707	25	0.2021	0.1425
11	0.1789	0.1800	26	0.1308	0.1616
12	0.1637	0.1591	27	0.2547	0.1824
13	0.0042	0.2368	28	0.1488	0.2535
14	0.1257	0.1027	29	0.2170	0.2477
15	0.1918	0.0975	30	0.1966	0.0949

利用平均數差的 t 檢定進行兩組樣本的平均數比較，還有一個疑問要確認：A和B兩組數據的變異數(Variance)一樣或不一樣？在此例先假設變異數相等(Assume Equal Variances)。利用Minitab進行兩平均數差的 t 檢定之前先將數據輸入工作底稿(Worksheet)，使A和B的試驗數據各成一欄(表2-2)。

表2-2　Minitab的試驗數據(僅列前15 組)

	A	B		A	B
1	0.1658	0.1659	9	0.1736	0.2528
2	0.2347	0.2255	10	0.2223	0.1707
3	0.1374	0.2627	11	0.1789	0.1800
4	0.2507	0.0862	12	0.1637	0.1591
5	0.2446	0.2247	13	0.0042	0.2368
6	0.2218	0.1036	14	0.1257	0.1027
7	0.1793	0.1620	15	0.1918	0.0975
8	0.1744	0.1452			

Minitab(檔案：2 t-F.MTW)分析的步驟是 Stat>Basic Statistics>2-Sample 如圖2-4。將A和B欄選入「Samples in different columns(樣本數據在不同行)」，並勾選「Assume equal variances(假設變異數相等)」。點擊「Options(選項)」，呈現圖2-5。

圖2-4　2-Sample(2樣本) t 檢定

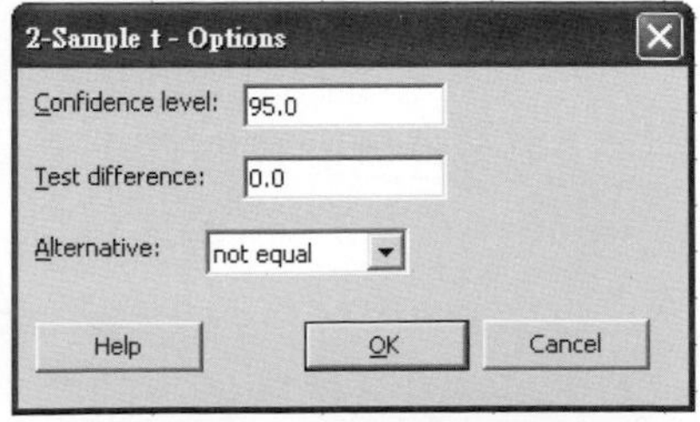

圖2-5　95%信心水準

在圖2-5中的「Confidence level(信心水準)」預設值是95.0，表示所作決定的信心水準爲95%，也就是決定是錯誤的話只有5%的風險(Risk)。「Test difference(檢定的差距)」的預設值是0.0，是比較A和B材料的差異大小爲0，也就是假設A和B材料彼此之間沒有差異。至於對立假設(Alternative)有三種選擇，預設值是「not equal(不相等)」表示只想比較A和B材料的平均數是有差異的，並不在意A和B的平均數那一個大(或小)。

習慣上，誤判的風險都採用5%，一般常用的風險值還有1%和10%。這就是所謂的 α 風險(α risk)。

表2-3　2-Sample(2樣本) t 檢定之數據

Two-Sample T-Test and CI： A, B

Two-sample T for A vs B

	N	Mean	StDev	SE Mean
A	30	0.1906	0.0542	0.0099
B	30	0.1731	0.0629	0.011

Difference = mu (A) - mu (B)

Estimate for difference：　0.0175

95% CI for difference：　(-0.0128, 0.0479)

T-Test of difference = 0 (vs not =)：　T-Value = 1.16

P-Value = 0.253　DF = 58

Both use Pooled StDev = 0.0587

在表2-3中A和B材料的平均數差異爲0.0175，這個差異值(0.0175)相對於A和B合併計算的標準差(Pooled StDev = 0.0587)並不算很大，因爲P-Value = 0.253，這個P-Value不小於0.05(或5%)，就表示A和B平均數的差異不大。A和B材料的平均數差異要夠大，才會使P-Value小於0.05，這時才可以判定A和B材料是不同的。如果沒有其他考量，研發部門不能說A和B材料彼此之間存在差異，所以，研發部門也應該認可B材料。

注意

由於詳細的統計解說不在本書的範圍，本書僅就會用到的統計做簡單的意義上之說明。

2-5　二變異數的比較：F檢定

F檢定(F Test)就是比較兩組數據的變異數大小，以獲得的比例或F值來做判斷。在二平均數差的 t 檢定例子中是假設A材料和B材料的「變異數相等(Assume Equal Variances)」，現在來驗證這一個假設是否正確。利用Minitab分析變異數是否相等，先將A材料及B材料的試驗數據放在各欄中(圖2-2)，F檢定的步驟是(檔案：2 t-F.MTW) Stat>Basic Statistics>2 Variances(圖2-6)，

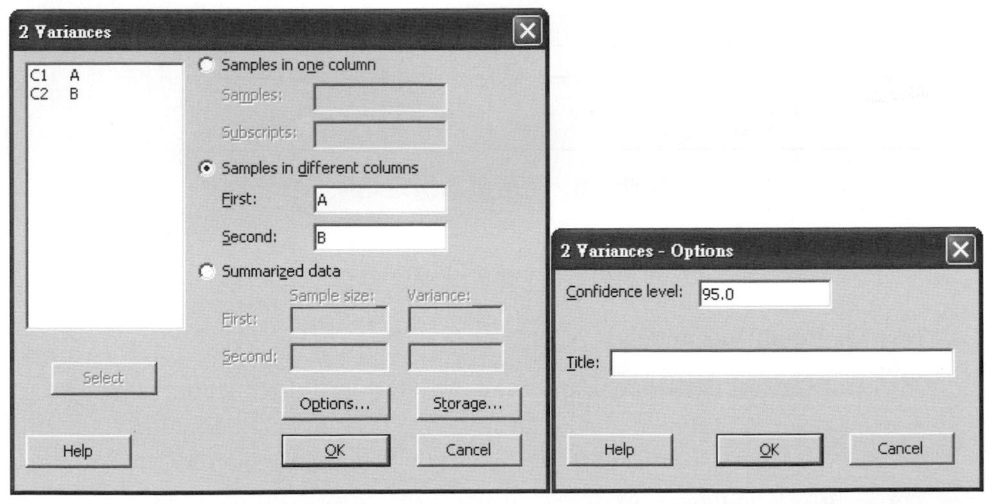

圖2-6　二變異數的檢定　　圖2-7　二變異數之95% 信心水準

點擊「Options(選項)」，顯示圖2-7，其中的「Confidence level(信心水準)」的預設值是95.0，代表信心水準爲95%，只有5%判定錯誤的風險。

檢定分析的結果呈現在圖2-8和表2-4中，比較得到的F值是0.74，P-Value是0.426(P=0.426是F值0.74對應的面積或機率)，P-Value大於0.05(或5%)，所以認為兩個變異數是相等的。因此，在 t 檢定時做的假設「A材料和B材料的變異數相等」在這裡得到證實該假設是正確的。

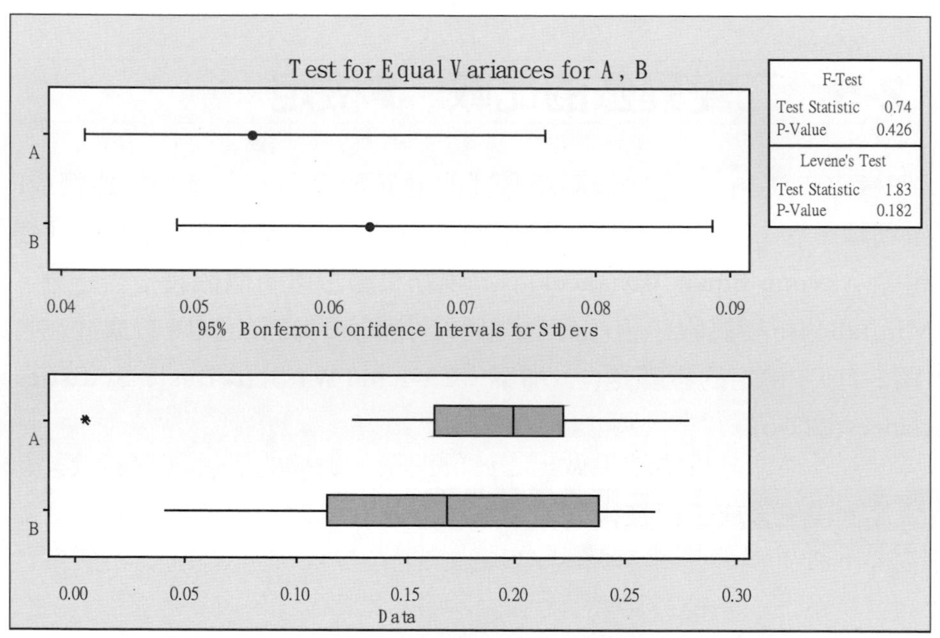

圖2-8　二變異數檢定結果

表2-4　二變異數檢定結果

Test for Equal Variances：A, B

95% Bonferroni confidence intervals for standard deviations

	N	Lower	StDev	Upper
A	30	0.0418408	0.0542062	0.0762439
B	30	0.0485815	0.0629389	0.0885269
F-Test (Normal Distribution)				
Test statistic = 0.74, p-value = 0.426				

通常做 t 檢定前應該先做F檢定，先決定變異數是否相等，再做平均數的比較。所以，兩組數據要進行比較時，平均數和變異數都應該比較，而且是「先比變異數，後比平均數」。有目標值(Target)的品質改善有兩個途徑，一個是提高產品的精密度(Precision)，也就是降低變異數，這部分使用F檢定進行比較，以了解變異數是否降低或精密度是否提高；另一個是提高產品的準確度(Accuracy)，也就是將平均數對準目標值，這部分使用 t 檢定進行比較，以了解平均數是否對準目標值或準確度是否提高。

結語

利用統計方法進行數據的分析，以便做出較正確的決策是非常重要的。許多的企業主管或工程技術人員常常錯誤地認爲統計是艱深的學問，而逃避學習統計的分析，這是相當可惜的。統計不過是對數據進行計算與分析，然後根據分析的結果做出正確的決策。數據的計算與分析交給統計軟體，企業主管或工程技術人員只要依據統計軟體的分析結果做出正確決策即可，眞正不能被統計軟體取代的是做決策。不能理解簡單統計的意義，將失去許多做出正確決策的機會。

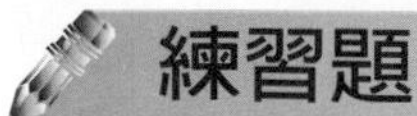

練習題

1. 某材料製造商宣稱，他們的研究人員研發出新配方的材料比原配方的材料有更好的性能(性能值愈大愈好)，LS公司希望在使用此製造商的新配方材料之前，先進行原配方及新配方的性能比較，實驗測得的數據分別是

   原配方：68.3 , 72.5 , 71.8 , 69.5 , 73.6 , 69.7 , 68.9 , 70.6

   新配方：73.5 , 75.6 , 77.4 , 75.8 , 76.2 , 78.6 , 74.7

   根據以上的數據，LS公司將會做出什麼決定(假設原配方及新配方的費用相同)？

2. A公司的研發人員想將自己的產品與競爭對手B公司的產品做比較，以便判定A公司自己的產品與B公司的產品性能之間的差異，經過測試後得到以下的數據：

   A：56 , 74 , 52 , 70 , 83 , 78 , 46 , 74 , 57 , 84 , 99 , 72 , 81 , 98 , 88 , 63 , 69

   B：65 , 61 , 59 , 73 , 76 , 64 , 66 , 83 , 74 , 65 , 75 , 58 , 63 , 81 , 59 , 76

   A公司的研發人員將會做出什麼樣的決策？(提示：先比較變異數，再比較平均數)

Chapter 3

一因子實驗設計

學習目標

- ❖ 了解變異數分析的意義及原理
- ❖ 了解如何利用Minitab分析變異數
- ❖ 了解Fisher的二水準檢定方式以確定水準之間差異是否存在
- ❖ 初步了解殘差的分析方式

僅僅使用一個因子(Factor)的實驗，是屬於最簡單的實驗設計，通常在眞實情況下這樣的實驗設計是不多見的。但是，爲了對實驗設計的分析步驟做詳細解說，選擇最簡單的一因子實驗設計卻是恰當的。一家產品開發設計公司在產品開發時，想要瞭解使用A、B及C三種不同材料對產品性能的影響是否有差異(性能值愈高愈好)。將材料視爲因子，三種材料(A、B及C)即爲三個水準(Level)。研發人員採用A、B及C三種材料，每一種材料分別完成4件產品，一共有12件的產品。研發人員將12件產品分別測試得到的測試值(表3-1)：

表3-1　使用不同材料的產品性能測試值

編號	A	B	C
1	30.4	28.1	30.4
2	30.3	28.7	30.8
3	29.8	29.6	31.1
4	29.6	29.0	29.5
總和	120.1	115.4	121.8
平均數	30.025	28.850	30.450

根據不同材料的性能測試平均數X_A-bar=30.425，X_B-bar=28.850，X_C-bar=30.450，研發人員或一般工程人員都會考慮選擇性能平均數較好的材料所構成的產品，所以C材料將是當然的選擇。研發人員如果能畫出盒形圖(Box Plot)會較清楚地看到數據的分布狀況(圖3-1)。

在一因子的實驗設計時，利用平均數進行最適值(或是最佳值)的變數選擇不會出大錯。但是實驗的誤差常常會被忽略，從平均數可以知道使用A材料的產品性能和使用C材料差不多。但是會衍生一個疑問，「到底差多少才是有差別？」要回答這個疑問必須使用統計的假設檢定(Hypothesis Test)才可以，將在接下來的章節中介紹變異數分析(ANalysis Of VAriance, ANOVA)來回答這類問題。

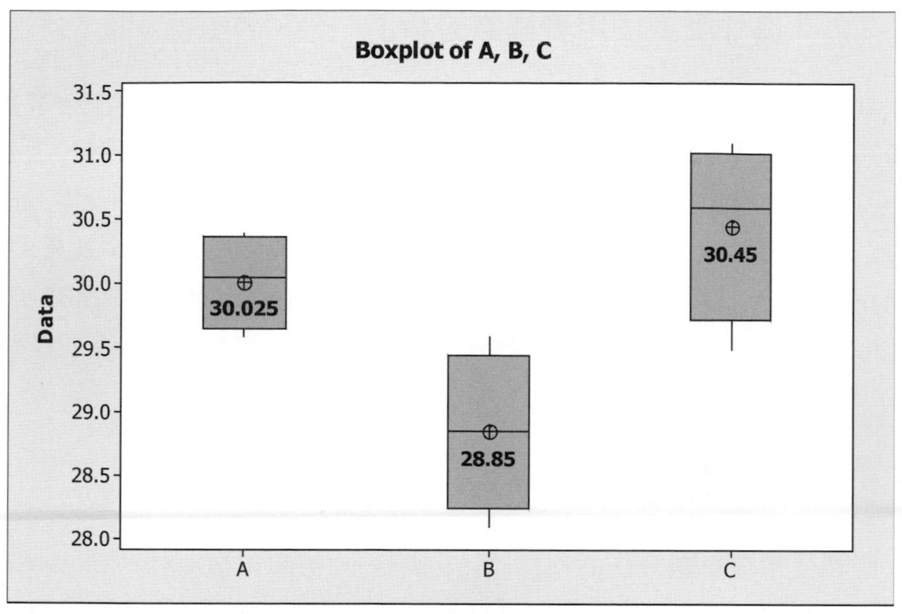

圖3-1　盒型圖(Box plot)

3-1　變異數分析的時機和目的

「什麼時候使用變異數分析」、「為什麼要使用變異數分析」，這是在說明如何進行變異數分析時必須先探討的問題。

3-1-1　「什麼時候使用變異數分析」

如果要比較的只有兩種情形的平均數之差異，可以使用 t 檢定，當要比較的情形不只兩種時就可以使用變異數分析(ANOVA)，這意謂著變異數分析是用於多重比較。例如，在研發設計或製造階段時想要知道改變前後產品的品質或性能的平均數有無差異，也就是有無改善，這是屬於兩種情形的比較，不適用變異數分析，應該使用 t 檢定。

3-1-2 「為什麼要使用變異數分析」

當有多種情形需要進行比較時，如果使用 t 檢定，而不使用變異數分析，將會增加型I錯誤(α風險)的機率。以三種情形的比較爲例，要知道μ_1，μ_2及μ_3的差異時，要進行3次的 t 檢定，分別是1與2比，1與3比，2與3比。假設每比較一次的型I錯誤(α風險)的機率爲5%(0.05)，比較3次都判斷正確的機率是$(1-0.05)^3$約爲0.86，則型I錯誤(α風險)的機率爲0.14，顯然比0.05大多了。如果使用變異數分析(F檢定)做多種情形的比較，其型I錯誤(α風險)的機率只有0.05，由此可知爲什麼要使用變異數分析。

3-1-3 「可以用變異數分析取代t檢定嗎」

既然使用變異數分析的型I錯誤(α風險)的機率可以維持，是不是可以完全用變異數分析取代 t 檢定？那倒未必，因爲使用 t 檢定時，必須先知道所要比較的兩母群體的變異數是相等或不相等，變異數分析則無需先行比較或判定。

3-2 一因子變異數分析

進行變異數分析之前先探討構成變異數的各單元，採用一組樣本數據時，可將變異數表示爲：

$$s^2 = \frac{\sum_{i=1}^{n}(X_i - \overline{X})^2}{n-1}$$

可以將其中的分子稱爲平方和(Sum of Square, SS)，分母稱爲自由度(Degree of Freedom, DF)。所以，要得到變異數必須先知道平方和(SS)及自由度(DF)。

根據獨立樣本的抽樣，得到的數據爲(表3-2)

表 3-2　一因子K水準，重複數n的數據表

No.	有K個水準的一因子實驗			
	1	2	…	k
1	X_{11}	X_{21}	….	X_{k1}
2	X_{12}	X_{22}	…	X_{k2}
…	…	…	…	…
n	X_{1n}	X_{2n}	…	X_{kn}
總和	$X_{1.}$	$X_{2.}$	…	$X_{k.}$
平均數	$\overline{X}_{1.}$	$\overline{X}_{2.}$	…	$\overline{X}_{k.}$

總平均數可以表示為$\overline{\overline{X}}$。對於每一個實驗數值X_{ij}則可以表示為：

$X_{ij}=\overline{\overline{X}}+\alpha_i+\varepsilon_{ij}=\overline{X}_{i.}+\varepsilon_{ij}$

其中 α_i 是第i水準的效應(Effect)，

ε_{ij} 是第i水準的第j個數據的殘差(Residual)。

注意

此處的α是屬於水準的效應值，與型I錯誤中的α風險不同，切勿混淆。

變異數分析是在比較各水準的效應是否存在差異？所以，可以做如下的假設：

H0：$\mu_1=\mu_2=\cdots=\mu_k$

H1：至少有兩平均數不相等

一般稱H0為虛無假設(Null Hypothesis)，H1為對立假設(Alternative Hypothesis)。想進一步瞭解假設檢定的相關內容，可以參考統計書籍。

以前面的三種材料對產品性能是否有影響的例子，先將各數據分解為$\overline{\overline{X}}+\alpha_i+\varepsilon_{ij}$的組成，分別參考表3-3 , 3-4 , 3-5及3-6。

表3-3 測量值

A	B	C
30.4	28.1	30.4
30.3	28.7	30.8
29.8	29.6	31.1
29.6	29.0	29.5

表3-4 總平均數

A	B	C
29.775	29.775	29.775
29.775	29.775	29.775
29.775	29.775	29.775
29.775	29.775	29.775

總平均 ($\bar{\bar{X}}$)

表3-5 各水準效應

A	B	C
0.250	-0.925	0.675
0.250	-0.925	0.675
0.250	-0.925	0.675
0.250	-0.925	0.675

水準的效應(α_i)

表3-6 誤差(殘差)

A	B	C
0.375	-0.750	-0.050
0.275	-0.150	0.350
-0.225	0.750	0.650
-0.425	0.150	-0.950

殘差(ε_{ij})

利用公式計算平方和(Sum of Square)為：

$$SS_{Total}=\sum_{i=1}^{3}\sum_{j=1}^{4}(X_{ij}-\bar{\bar{X}})^2=\sum_{i=1}^{3}\sum_{j=1}^{4}[(\bar{X}_{i.}-\bar{\bar{X}})+(X_{ij}-\bar{X}_{i.})]^2$$

$$=\sum_{i=1}^{3}\sum_{j=1}^{4}(\bar{X}_{i.}-\bar{\bar{X}})^2+\sum_{i=1}^{3}\sum_{j=1}^{4}(X_{ij}-\bar{X}_{i.})^2=4\sum_{i=1}^{3}(\bar{X}_{i.}-\bar{\bar{X}})^2+\sum_{i=1}^{3}\sum_{j=1}^{4}(X_{ij}-\bar{X}_{i.})^2$$

$$=SS_{水準間(Between)}+SS_{水準內(Within)}$$

簡寫為$SS_{Total}=SS_{Between}+SS_{Within}$，可以解釋為「總變異=水準間(Between)變異＋水準內(Within)變異」，而水準內變異即是誤差變異SS_{Error}。

經計算 $SS_{Total}=8.563$, $SS_{Between}=5.495$, $SS_{Within}=SS_{Error}=3.068$。

總自由度DF_{Total}=總實驗次數-1=12-1=11。

因子自由度$DF_{Between}$=水準數-1=3-1=2。

誤差自由度DF_{Error}=(總實驗次數-1)-(水準數-1)=總實驗次數-水準數=12-3=9。

下一步是計算均方(Mean Square,MS)，可以「將均方視爲變異數」，所以均方是平方和除以自由度：

$MS_{Between} = SS_{Between}/DF_{Between}$ =5.495/2 =2.748

$MS_{Error} = SS_{Error}/DF_{Error}$ =3.068/9 =0.341

F檢定中的F= 水準間變異數/水準內變異數

$= MS_{Between} / MS_{Error}$=2.748/0.341=8.06

現在必須知道臨界值(Critical) F_α是多少(一般習慣設α爲0.05)？再比較F與F_α的大小。根據F檢定判定原則，F比F_α大，表示三種材料之間對產品性能的影響存在顯著差異(Significant Difference)，根據α=0.05的F分配，得知F(0.05,2,9) = 4.26，顯然$F = 8.06 > F_\alpha = 4.26$

因此，可以初步得到結論，A、B及C三種材料之間對產品性能的影響是存在顯著差異的。現在將變異數分析整理成表3-7

表3-7　一因子變異數分析表

變異來源	自由度	平方和	均方	F
水準間	2	5.495	2.748	8.06
誤差	9	3.068	0.341	
總和	11	8.563		

3-2-1 [Minitab實作]：如何使用Minitab做一因子實驗設計的變異數分析

首先將數據做如表3-8之安排：(檔案：One Factor.MTW)

表3-8　一因子三水準實驗數據

	C1-T	C2		C1-T	C2
	水準	反應值		水準	反應值
1	A	30.4	7	B	29.6
2	A	30.3	8	B	29
3	A	29.8	9	C	30.4
4	A	29.6	10	C	30.8
5	B	28.1	11	C	31.1
6	B	28.7	12	C	29.5

以Minitab進行ANOVA分析的步驟是： Stat>ANOVA>One-Way

將A,B及C選入反應值(Response)中(圖3-2)。

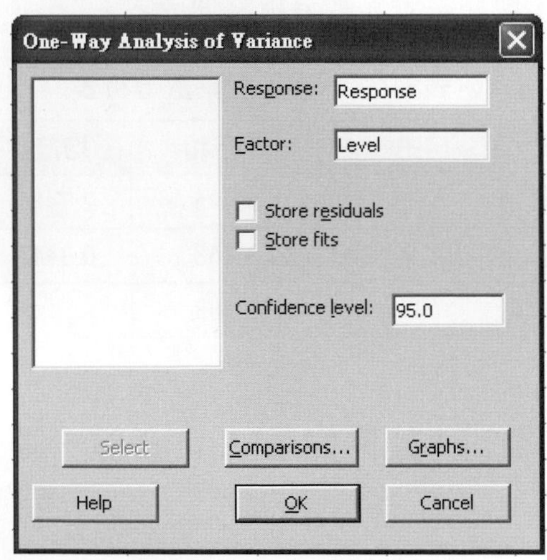

圖3-2　一因子變異數分析

對話框的Confidence level(信心水準)是95.0，表示信心水準為95%(即型I錯誤-α風險為5%)，點擊[OK]即完成變異數分析的計算(表3-9)。

表 3-9　一因子變異數分析

```
Results for： One Factor.MTW
One-way ANOVA： A, B, C
Source  DF    SS     MS     F     P
Factor   2  5.495  2.748  8.06  0.010
Error    9  3.068  0.341
Total   11  8.563
S = 0.5838   R-Sq = 64.18%   R-Sq(adj) = 56.21%
                       Individual 95% CIs For Mean Based on
                                 Pooled StDev
Level  N   Mean   StDev  --------+---------+---------+---------+-
A      4   30.025 0.386             (-------*--------)
B      4   28.850 0.624  (--------*-------)
C      4   30.450 0.695                  (--------*-------)
                         --------+---------+---------+---------+-
                              28.80     29.60     30.40     31.20
Pooled StDev = 0.584
```

這裡有許多符號及數值，例如S,R-Sq,R-sq(adj)等等，將於後面章節再做說明。從ANOVA表(表 3-9)知道A,B及C三種材料對產品性能的影響是有顯著差異的(P=0.010小於0.05)，又知道材料A(平均數30.025)及C(平均數30.450)對產品性能的影響應該相近，B與A及C相比則差距較遠。至於材料A及C有沒有顯著差異，則需藉助Fisher的檢定。

3-3　Fisher的兩水準相比較

藉由Fisher的差異比較，嘗試瞭解材料A及C是否對產品性能的影響存在顯著的差異(水準之間的差異)？選擇Minitab的對話框之「Comparisons(比較)」(圖 3-3) 中的「 Fisher's , individual Error Rate」(圖 3-4)。

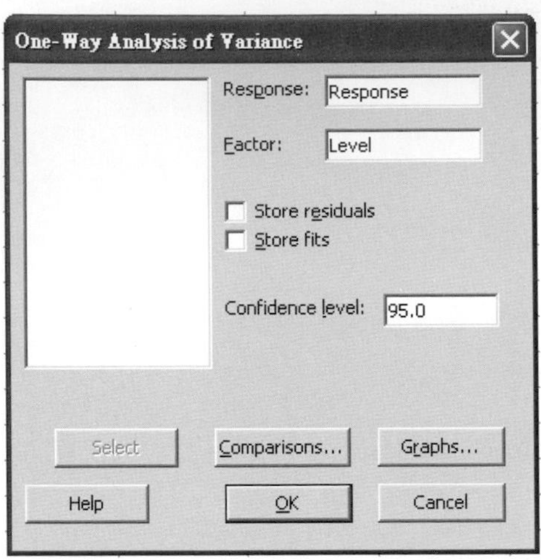

圖3-3　比較各水準的顯著性

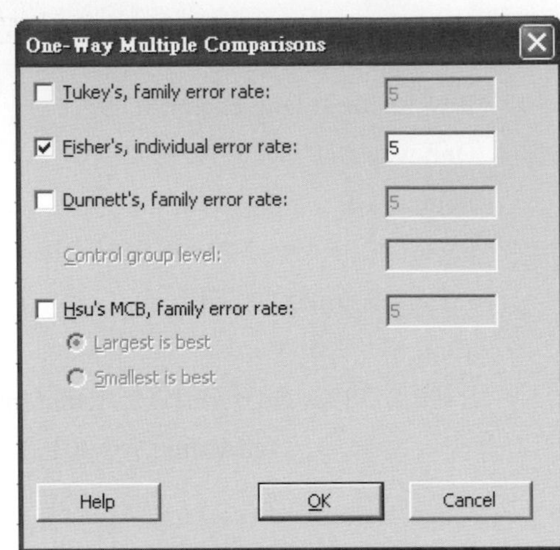

圖3-4　Fisher 檢定

表3-10 Fisher 檢定

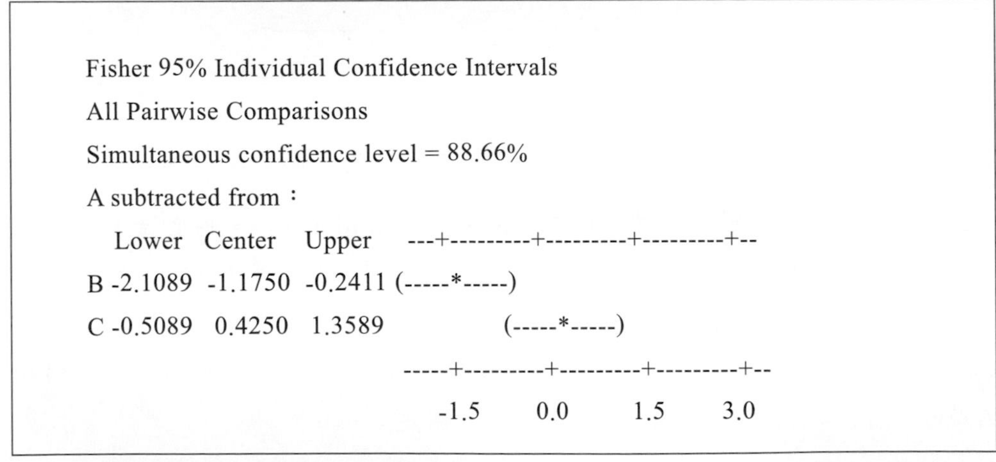

```
Fisher 95% Individual Confidence Intervals
All Pairwise Comparisons
Simultaneous confidence level = 88.66%
A subtracted from：
   Lower   Center   Upper   ---+---------+---------+---------+--
B -2.1089  -1.1750  -0.2411 (-----*-----)
C -0.5089   0.4250   1.3589             (-----*-----)
                            -----+---------+---------+---------+--
                                -1.5      0.0       1.5       3.0
```

根據表3-10中A與B及A與C相比較時，發現A與B相比較並不會存在「0」的機會(全爲負値)，所以A與B不同，且B小於A(因爲是負値-2.1089 ~ -0.2411)；A與C相比較則有「0」的機會存在(因爲範圍是-0.5089 ~1.3589)，所以A與C沒有顯著差異，表示A與C的結果可以當做相同。

表3-11　Fisher 檢定

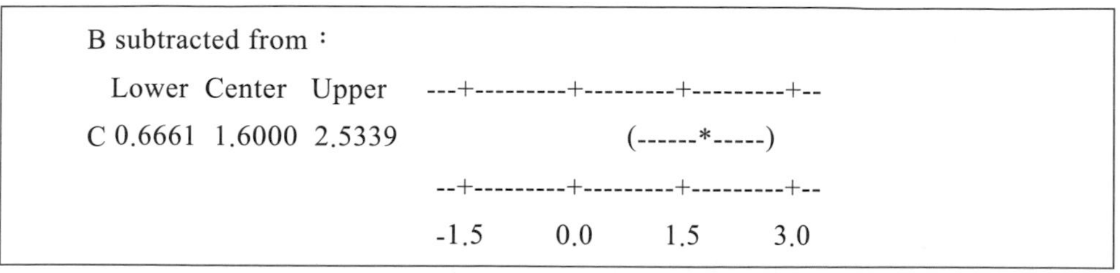

```
B subtracted from：
  Lower  Center   Upper    ---+---------+---------+---------+--
C 0.6661  1.6000  2.5339               (------*-----)
                           --+---------+---------+---------+--
                           -1.5       0.0       1.5       3.0
```

至於B與C相比較(表3-11)，都是正值(0.6661~2.5339)，且B小於C。所以，如果選擇產品性能是愈大愈好，則會選擇A或C，至於A及C則無法分出高下。至此，研發人員大概不會僅依據平均數的大小就選擇C而不選擇A。

3-3-1　Fisher的兩水準相比較公式

$$(\overline{y}_i - \overline{y}_j) \pm t(\alpha/2,\ DF_E) \times s \times \sqrt{\frac{1}{n_i} + \frac{1}{n_j}}$$

其中，DF_E是誤差項的自由度，s是誤差項的標準差(即爲MS_{Error}的開根號，$s=\sqrt{MS_{Error}}$)。假設α=0.05，則α/2=0.025。

以A和C的比較爲例，可以得到：

$$(30.450 - 30.025) \pm t(0.025,9) \times 0.5838 \times \sqrt{\frac{1}{4} + \frac{1}{4}}$$

$$= 0.4250 \pm 2.26216 \times 0.5838 \times \sqrt{\frac{1}{2}} = 0.4250 \pm 0.9339$$

$$= -0.5089 \sim 1.3589$$

表3-10中的A和C比較就是利用此Fisher的兩水準相比較的公式得到的。

3-4 殘差分析

利用一因子的統計模型$X_{ij} = \overline{\overline{X}} + \alpha_i + \varepsilon_{ij}$來說明殘差($\varepsilon_{ij}$)，殘差是每一個實驗值($X_{ij}$)與因子的水準平均數($\overline{\overline{X}} + \alpha_i$)的差，殘差有三種假設前提：(1)殘差具備常態性，即殘差是以「0」爲中心的常態分布，顯示在殘差的常態機率圖要接近一直線，顯示在殘差直方圖要呈中間高二邊低且左右對稱；(2)殘差具備獨立性，即殘差的分布是隨機的(Random)，殘差的分布是混亂的，殘差不隨實驗的順序而有固定的趨勢或形狀；(3)殘差變異數具備一致性(或稱均匀性)，即殘差在對應的數值 (反應値或預測値) 上具備同等大小，在殘差的配適圖(Fit)中殘差數據點接近長矩形就符合殘差變異數具備一致性的原則。如果殘差數據點呈喇叭形，則不符合殘差變異數一致性的原則。

在圖3-5中勾選【Store residuals(儲存殘差)】將殘差儲存起來。

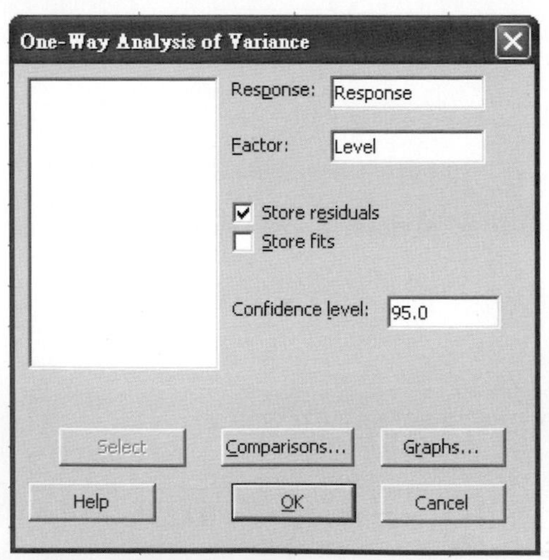

圖3-5　一因子變異數分析

另外，點擊「Graphs(圖形)」，選擇「Residual plots(殘差圖)」的「Four in one(四合一)」(圖3-6)，可以獲得四合一的殘差圖(圖3-7)，殘差圖的左邊兩個圖是檢測殘差的常態性；右上圖是檢測殘差的變異數一致性；至於殘差的獨立性，則顯示在殘差圖的右下方。

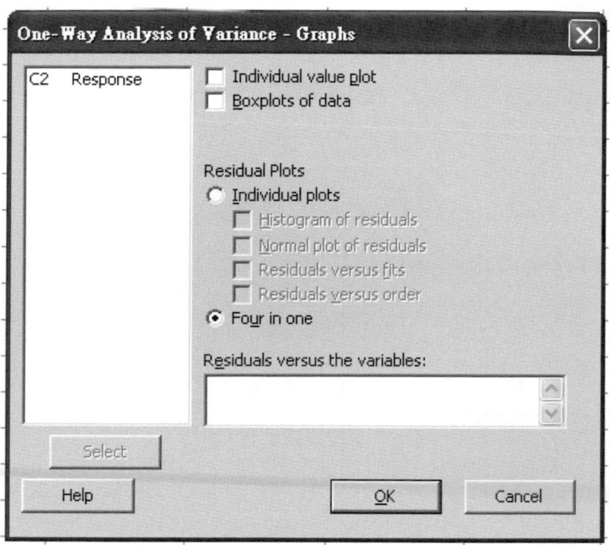

圖3-6　一因子變異數分析

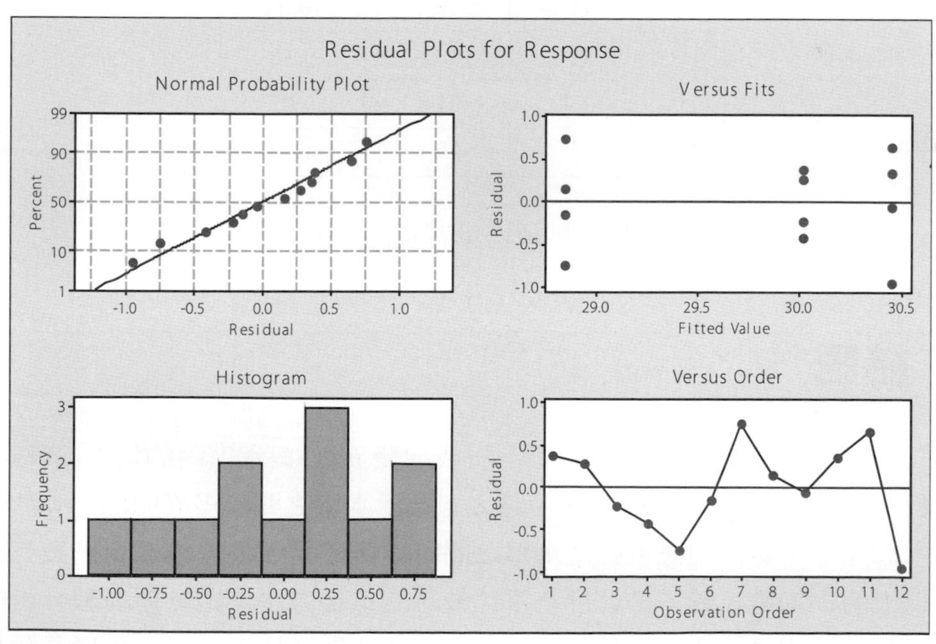

圖3-7　四合一殘差圖

表3-12是在Minitab的Worksheet工作表中顯示各反應值對應的殘差值。

表3-12　殘差值

	C1-T	C2	C3
	水準	反應值	殘差
1	A	30.4	0.375
2	A	30.3	0.275
3	A	29.8	-0.225
4	A	29.6	-0.425
5	B	28.1	-0.75
6	B	28.7	-0.15
7	B	29.6	0.75
8	B	29	0.15
9	C	30.4	-0.05
10	C	30.8	0.35
11	C	31.1	0.65
12	C	29.5	-0.95

對於殘差的進一步解釋，則留待第四章的「2^k因子設計」。

結語

變異數分析是比較水準間的均方(或稱變異數)與水準內的均方(或稱變異數)，得到的比值就是F值，F值越大，表示水準之間的差異明顯地大於水準內的差異，做出的決策就是水準之間有顯著差異。變異數分析是做三個及以上的平均數比較，是進行多重比較時的重要方法。由於變異數分析的基礎是假設水準內實驗數據(或稱反應值)具備常態分布，在進行殘差分析時也對殘差做了三項合理的假設：殘差數值具備常態分布、變異數一致性及獨立性。

練習題

1. LS公司想要知道三種廠牌的電池壽命是否有差異，於是對每一種廠牌的電池各測試5個，得到以下的數據(以週為單位)：

廠牌A	廠牌B	廠牌C
101	77	107
97	81	101
93	75	97
96	83	99
93	84	101

(1) 這些廠牌的壽命有差異嗎？會建議選用哪一廠牌的電池？

(2) 該廠牌的供應商承諾「如果電池壽命不足85週，願意免費更換」。該廠牌可能更換電池的比例為多少？

2. LS公司在尋找新材料時發現市面有A,B及C三種材料，這三種材料的成分標示均相同，LS公司希望知道這三種材料的結合強度中哪一種較好，哪一種最差？

No.	A	B	C	No.	A	B	C
1	61	75	70	7	57	63	61
2	70	71	72	8	51	60	62
3	65	64	58	9	53	59	80
4	63	59	68	10	60	74	63
5	73	63	69	11	67	72	55
6	62	69	64	12	62	65	61

試根據表格中的數據做出決策。

筆記欄

Chapter 4

2^k因子設計

學習目標

- ❖ 了解全因子實驗組合的配置
- ❖ 了解篩選實驗的分析步驟：變異數分析／迴歸分析
- ❖ 了解反應圖及等高線圖的判別分析
- ❖ 了解實驗數據的轉換分析，以利分析的正確性

4-1 不同的實驗設計組合

由於要配合不同實驗設計的目的，實驗設計的組合也有許多型式。例如，前一章的一因子實驗是實驗設計組合中最簡單的一種。依據不同的實驗設計需求，分別有2^k、2^{k-p}、Plackett-Burman、3^k、3^{k-p}、2^k加中心點、最陡上升法、反應曲面法、混合設計法及田口方法的直交表(L_8、L_{16}、L_9、L_{27})等等。田口方法請參閱第7章之介紹。

至於要如何選擇哪一個實驗設計組合？可以依據實驗的階段選擇(表4-1)：

表4-1　篩選階段與優化階段的比較

階段	使用時機	實驗設計組合
篩選階段	影響結果的原因有很多種，尋找哪些是真正原因？	2^{k-p}、Plackett-Burman、2^k (要探討交互作用時使用)、L_8、L_{16}
優化階段 (最佳化階段)	針對真正原因進行優化的條件選定或決定操作窗(Operating Window)	3^k、3^{k-p}、2^k加中心點、最陡上升法、反應曲面法、混合設計法(有限制條件時使用)、L_9、L_{27}

當對於產品或製程反應值的影響因素不是很清楚時，應該依據工程經驗、相關技術或研究報告等等，探討可能的因素。這些可能的因素如果利用特性要因圖(魚骨圖)或系統圖呈現出來，就是一般說的，可能的或潛在的原因。將可能的或潛在的原因分別標示出可能性更大的原因，以及是否爲可控性的。當既是高的可能性且是可控性的因素時，這些因素即適合成爲篩選階段的因子。我們可以想像這個過程，是將許多的可能原因流經一個篩子，這個篩子是由可能性和可控性二維方式交織而成的，留在篩子上的將是篩選階段實驗設計的因子。此部分可以參考第一章的漏斗模型(圖1-2)。

4-1-1　實例一說明

在輔導TFT-LCD的過程中，曾有製程工程師利用自己認為重要的因子進行實驗，實驗結果並不如預期能發現重要的因子，於是他又試了幾次，這幾次雖然有更換幾個不同的因子，但結果都沒有達到預期的目標。這些因子都是他認為重要的因子，於是他詢問接下來該怎麼辦？由於不是TFT-LCD製程的專家，無法給他關於製程技術上的建議，只能告訴他利用ANOVA既有的實驗數據來分析，發現各因子的平方和(Sum of Square)相對於誤差的平方和都很小，似乎重要因子可能沒有考慮到。但是他有些堅持，認為重要的因子應該都已考慮了，建議他暫時拋下堅持，重新審視還有哪些原因沒有納入實驗，他接納所提的建議，在接下來的實驗更換幾個原被視為次要的原因當作實驗的因子。最後，他終於找到關鍵的影響因子，且這幾個因子的平方和達到總平方和的80%左右。這個眞實的例子告訴我們：「不要在沒有魚的池子裡面撈魚，應該在有魚的池子裡面撈，否則你永遠撈不到想要的魚。」

4-1-2　實例二說明

據悉有一家在中國大陸生產電腦相關組件的台資企業，其中有一個事業部專門生產電腦排熱風扇，該公司經高層主管引入一位曾經負責推動全面品質管理(TQM)的顧問來推行6 Sigma的專案改善活動，在這位顧問的指導下對風扇葉片的射出成型過程進行實驗設計，結果在第一次實驗時就將射出成型的模具弄壞了。 經瞭解原因是射出成型的壓力設定值超過正常壓力值的規定，模具承受不了而損壞。從這個例子可以知道，設計實驗水準時，雖然應該儘可能探討可操作範圍內的條件，但是務必考慮到設備的承受範圍，以免引起「實驗未完成，設備先損壞」的後果。

4-2 2^2因子設計的解析

根據前節的敘述，2^{k-p}、2^k都是用於實驗設計初期的因子篩選。首先，利用2^2來說明2因子2水準設計的方法，經由此最簡單的2^2實驗設計說明，可以知道如何規劃(Plan)、執行(Do)及分析(Aanlyze)一項實驗(圖4-1)。所以，將依據此P-D-A的順序說明一個實驗的完整實施過程。

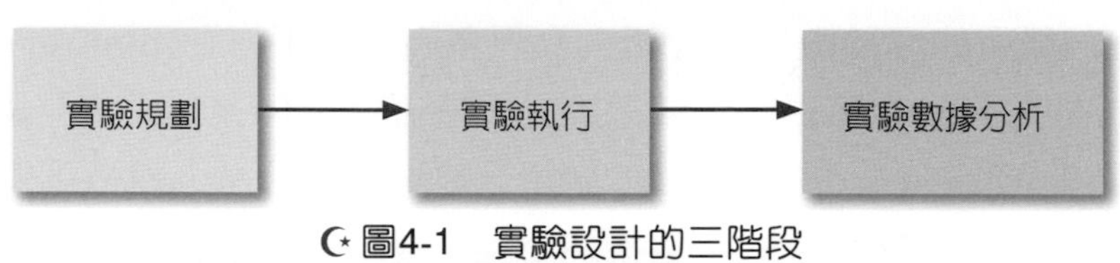

圖4-1　實驗設計的三階段

4-2-1　實驗規劃階段

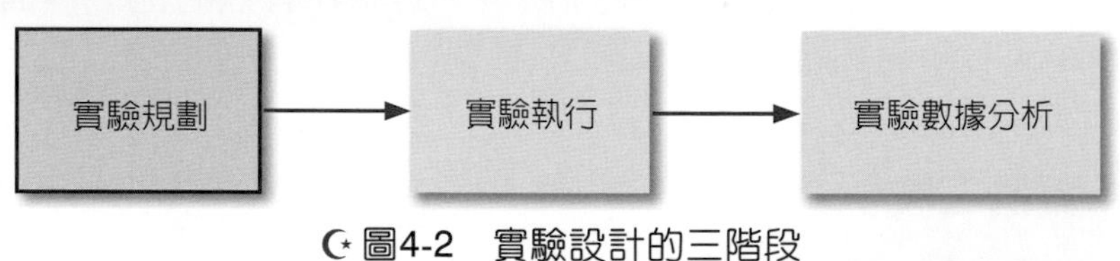

圖4-2　實驗設計的三階段

首先，必須知道所要探討的主題是什麼？主題的範圍大小如何？選擇的反應值是什麼？例如，一位資深工程人員想要提升產品的產量，產量的衡量是以多少克(Gram)爲單位，經過分析後認爲應該先從溫度(Temp)和時間(Time)著手，於是將兩者設爲實驗因子。該資深工程人員過去對此二因子(溫度及時間)的研究不太多，他決定以現行的條件125℃及70分鐘和可能較佳的條件135℃及80分鐘當作實驗的二水準(Levels)。所以，他規畫一個二因子二水準(2x2)的實驗組合(表 4-2)。

實際上，在協助企業進行實驗設計改進品質的過程中，發現企業界在做實驗設計時，常有以下的情況或疑問：在現行條件之外，要選擇哪一個條件來做實驗(例如，爲什麼要用135℃及80分鐘的實驗條件)？過去做實驗都是先固定其他條件，然後變動其中一個條件(此稱爲一次一因子 One

Factor at A Time, OFAT)，如果想同時變動兩個或兩個以上的條件，可能會太複雜了，實驗要如何進行？實驗順序要如何安排(實驗要隨機進行，什麼是隨機)？實驗的樣本數(Sample Size)或稱爲重複數(Replicates)要多少個？還有別的實驗組合安排方式嗎？

表4-2　2x2實驗組合

時間＼溫度	125	135
70		
80		

如果將上述的疑問全部要考慮完畢才能開始做實驗，對初學者而言就太複雜了。但是，做實驗本來就應該考慮周詳才進行的，以免做完實驗才想到有些要探討的情形未納入考慮而懊惱不已。

4-2-2　實例說明

曾經承接一件實驗設計的訓練案，該案是要做烤漆研究。在承接該訓練課程之前，工程人員已經進行了很多的實驗，但最後不知道如何決定哪一個實驗組合才是比較好的？這是一種典型的情況，工程人員有做實驗力求改善的熱誠是很值得讚許的，卻不知道如何做完整的實驗規劃和實驗後數據的分析，不僅容易造成實驗次數增加的浪費，且有可能因爲實驗的混淆而做出錯誤的或不確定的判斷。

我們嘗試用比較簡單的方式先回答對前面提到的幾個疑問：

1. **在現行條件之外，要選擇哪一個條件來做實驗(為什麼要用135°C及80分鐘)**？

   這必須根據過去的工程經驗或實際數據作初步判定，因爲趨勢的變化要能掌握才有辦法設定水準，否則只能先用猜測的方式。依據過去的經驗認爲在溫度較高和時間較長的情況下，可能會得到較好的結果，於是安排135℃及80分鐘爲第二水準。這樣的判斷或猜測可能對也可能錯，總是要做出實驗來驗證一番才能知道。

2. **過去做實驗都是先固定其他條件，然後變動其中一個條件，如果想同時變動兩個或兩個以上的條件，可能會太複雜了，實驗要如何進行？**

沒有經過實驗設計訓練的工程或技術人員大概的作法都是先固定其他條件，然後變動一個因子，就是一次只變動一個因子的水準，在獲得較佳的結果後，再變動其他因子中的一個，而將其他因子固定。這種作法對具有線性的反應值是可行的，但是對非線性的反應值(例如，具備二次項的反應值)是不正確的。在現實狀況下，實驗的因子之變動也不是只能一次只改變一個，經常會有數個因子同時變動的情形。實驗設計的組合能將各種實驗的可能組合以平衡的方式作安排，就是各種組合條件都有相同的實驗機會。這樣既不用擔心實驗的重覆或遺漏，也不用擔心實驗同時變動的複雜性，而不曉得如何分析判斷，當然，實驗的各種條件都有相同的機會(次數)被執行。

3. **實驗順序要如何安排(實驗要隨機進行，什麼是隨機)？**

要執行安排好的實驗設計組合時，應該注意實驗的隨機性。考慮實驗的隨機性的目的，是因爲實驗的非控制因子(可以視爲誤差因子或雜音)可能干擾實驗的準確性，可以透過隨機(Randomization)的做實驗，縱使干擾因素的發生，也不會因爲在一整段實驗的時間內都是同一水準的狀況下，造成被視爲是某一因子的某個水準的影響，而影響實驗數據的分析和判斷。

4. **實驗的樣本數要多少個？**

反應值是計量型(Variable)實驗的樣本數大約2~5個即可，如果反應值是計數型(Attribute)，則要數十或數百個都有可能。所以，儘可能選擇實驗反應值爲計量型的，才會節省實驗費用，又能獲得正確分析結果。常常碰到企業選擇良率或不良率為反應值，因為良率的提升或不良率的降低最容易衡量和理解，但是這是不好的選擇。如果能找出可以測量讀值的計量型反應值，才是較佳的選擇。

5. **還有別的實驗組合安排方式嗎？ 實驗的組合安排有好幾種，後面章節會將易用且常用的做介紹。**

回到前面談及的2^2實驗設計，將溫度和時間二個因子安排實驗組合(表4-3)。以表4.3這個型式來安排實驗的組合，是工程人員常用的方式，但在計算上卻是不方便的。

表4-3　2x2實驗組合

時間＼溫度	125	135
70		
80		

現在介紹另一種型式來安排實驗設計，其型式是如表4-4未編碼(Uncoded)的實驗組合。

表4-4　未編碼(uncoded)的實驗組合

	溫度	時間
1	125	70
2	135	70
3	125	80
4	135	80

可以將實際的溫度125及135轉換成-1及+1，轉換的公式是

$\frac{125-130}{5}=-1$ 及 $\frac{135-130}{5}=+1$，時間70及80也同樣轉為-1及+1。表4-4可以改寫為表4-5編碼(Coded)的實驗組合。

表4-5　編碼的實驗組合

	溫度	時間
1	-1	-1
2	+1	-1
3	-1	+1
4	+1	+1

將表4-5每一列的溫度及時間相乘，可以得到表4-6最後一行的組合「溫度x時間」，稱爲溫度及時間的交互作用(Interaction)。以上將眞實的水準值轉換爲-1及+1的方式稱爲編碼單位(Coded Unit)。

表4-6　編碼的實驗組合及交互作用

	溫度	時間	溫度x時間	交互作用的計算
1	-1	-1	+1	(-1)×(-1) = +1
2	+1	-1	-1	(+1)×(-1) = -1
3	-1	+1	-1	(-1)×(+1) = -1
4	+1	+1	+1	(+1)×(+1) = +1

這樣的實驗設計組合之安排稱爲「正負號表」。將溫度、時間及溫度x時間的各行之-1和+1各別加起來，其和均爲零，此稱爲具備直交特性。如果將表4-6的「-1改爲1，1改爲2」的實驗組合稱爲直交表(Orthogonal Array)，一般常用於田口方法的實驗上。

4-2-3　什麼是交互作用？

舉一個簡單的食物常識來說明，有個人他喜歡吃柿子，也喜歡吃螃蟹，這兩種東西的盛產期都在秋天。但是，切記不要在短時間內同時吃這兩種食物，那是會引起腹瀉的。所以，可以稱這兩種食物彼此在胃內產生交互作用，這樣的交互作用並不是想要的效果，一般稱爲破壞性的(Destructive)交互作用，也就是效果會相互抵銷。大家在中學時可能都學過或聽過「王水」這個名稱，它的配方是一硝三鹽(比例爲硝酸一份加鹽酸三份)，聽到這樣的名字就知道它具備超強的腐蝕性。如果配方的目的是要找出最強的腐蝕性，一硝三鹽的王水是最好的組合，這也是一種交互作用，是屬於建設性的(Constructive)交互作用，也就是效果會相互增強。表4-6中「溫度×時間」就是交互作用，它的正負號是由溫度及時間決定，例如溫度(-1)×時間(-1)=溫度×時間(+1)，其餘類推可得。

4-2-4　以正負號表的方式安排實驗有什麼好處？

首先，可以很容易看出實驗的交互作用所處的行的位置，這樣也可以很容易徒手計算出交互作用的效果(Interaction Effect)。現在都使用電腦軟體計算實驗的效果，已不需要用到徒手計算了。另外，利用正負號表的方式發展出部分因子(Fractional Factorial)的實驗設計，這會用到交絡(Confounding)的觀念(將於部分因子章節再來討論交絡)。

4-2-5　[Minitab實作]：如何使用Minitab做2^2因子實驗設計組合

在Minitab上做實驗設計的實驗組合，步驟是Stat>DOE>Factorial>Create Factorial Design(圖4-3)，先產出一份組合表準備做實驗時的配置。

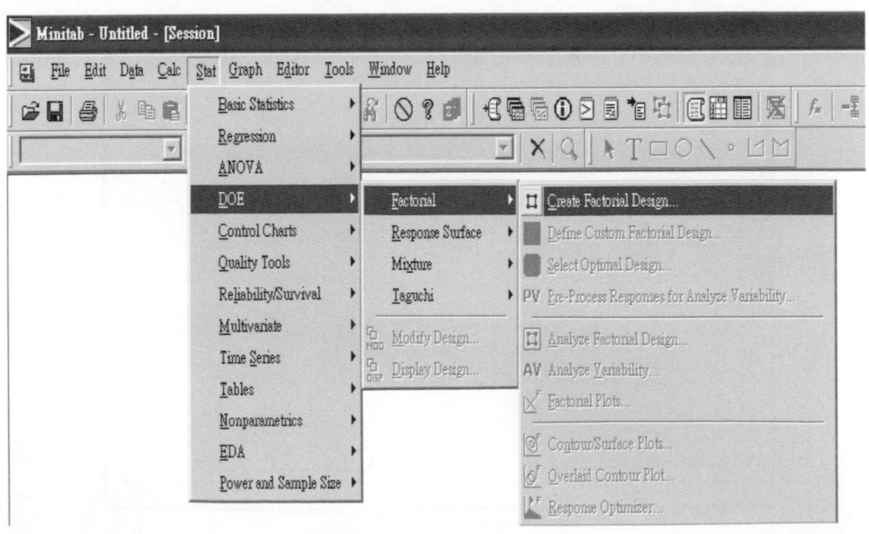

圖4-3　建立實驗組合

如果以前述的溫度和時間設計二因子二水準(2^2)的全因子設計(Full Factorial Design)，則在Minitab上應該做的選擇是圖 4-4：

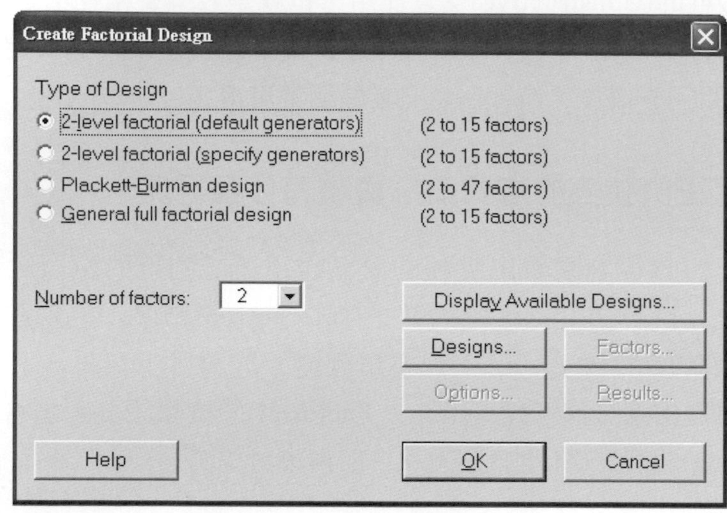

圖4-4　選擇實驗因子及水準

因爲是採用二因子及二水準，所以選擇2-level factorial(2水準因子設計)和「Number of factors(因子數)」設爲2。接下來選擇Designs(設計)，進行實驗組合的選擇(圖4-5)。

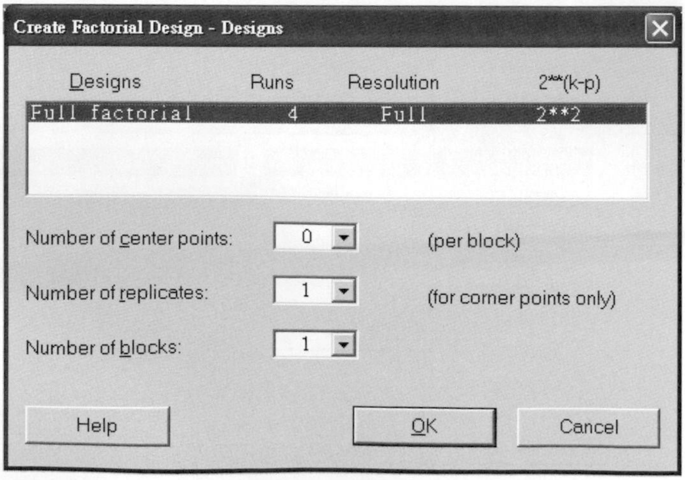

Create Factorial Design - Designs

Designs	Runs	Resolution	2**(k-p)
Full factorial	4	Full	2**2

Number of center points: 0 (per block)

Number of replicates: 1 (for corner points only)

Number of blocks: 1

Help　OK　Cancel

圖4-5　選擇實驗重複次數

實驗組合的選擇會有許多種，因爲設計最小的2^2的實驗，在選項中Designs(設計)只有一項Full factorial(全因子)，它的Runs(實驗組合)是4。其中Resolution(解析度)、2**(k-p)(部分因子)、Number of center points(中心點個數)、Number of blocks(集區個數)等暫時不在此討論。

Number of replicates(重複數)是指實驗組合的重複次數，通常稱爲實驗的樣本數。如果相同的實驗條件要一次做兩個樣品或做兩次實驗(一次一個樣品)，則Number of replicates(重複數)設爲2。如果Number of replicates(重複數)設爲1，則此二因子二水準的實驗將有四個實驗數據，其總的自由度將是3(總自由度=總實驗數據數量-1=4-1=3)。各因子的自由度是1 (因子自由度=因子水準數-1=2-1=1)。誤差的自由度是1(誤差自由度 = 總自由度 − 因子自由度及交互作用自由度之和=3-(1+1+0)=1，此實驗因爲實驗組合不重複(Non-replicate)，即Number of replicates(重複數)爲1，故無法探討交互作用)。在此說明2^2不重複的實驗設計的自由度，是因爲考慮要做最少的實驗數量，而且假設交互作用不是很重要。如果認爲交互作用是重要的，且實驗後要分析交互作用，則應該做有重複次數的實驗設計(例如，Number of replicates(重複數)選擇2或2以上)。此部分在實驗分析階段會再做補充說明。

點擊OK回到Minitab前頁，選擇「Factors(因子)」，可以將要探討的因子「溫度和時間」分別輸入，低水準內訂爲-1，高水準爲+1(圖 4-6)。

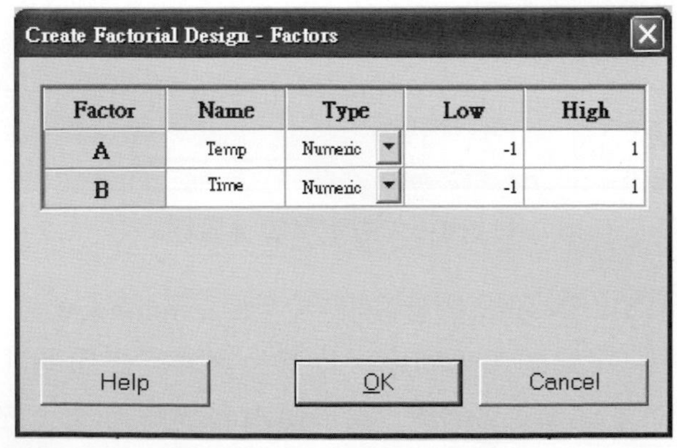

圖4-6　水準設定(編碼)

將高、低水準改為要設定的實際水準(圖4-7)。這樣比使用–1,+1的符號更不會在實驗時看錯，而做錯實驗。

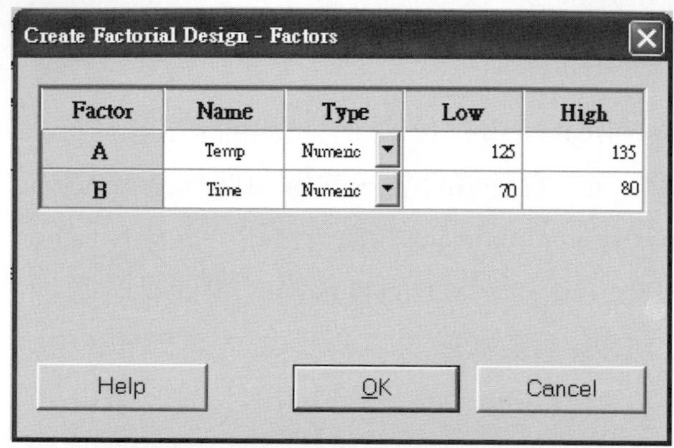

☪ 圖4-7　水準設定(未編碼Uncoded)

點擊OK回到Minitab前頁，選擇「Options(選項)」，得到圖4-8。

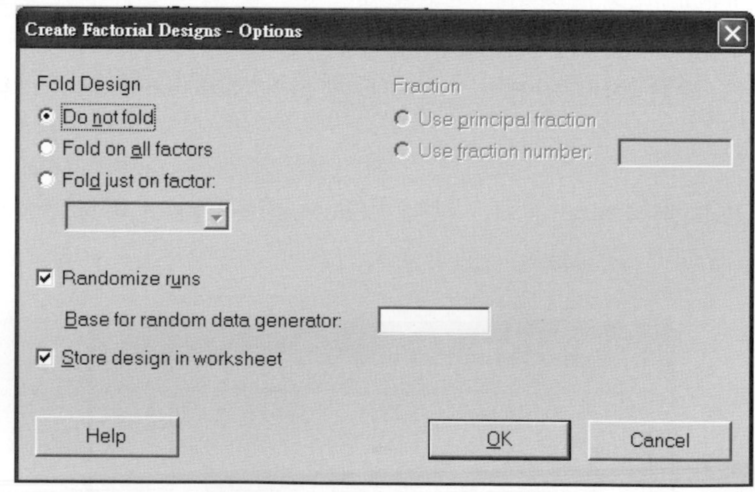

☪ 圖4-8　設定實驗隨機性

在此不說明Fold Design(摺疊設計)。至於Randomize runs(隨機實驗)是做實驗時希望採取隨機的實驗順序，以避免實驗反應值的「殘差的獨立性假設」受影響(將後面章節說明)。為了使內容講解方便，先將Randomize runs(隨機實驗)的打勾符號去掉，採用標準的實驗順序(Standard Order)。

點擊OK回到Minitab前頁，選擇「Results(結果)」，得到圖4-9。

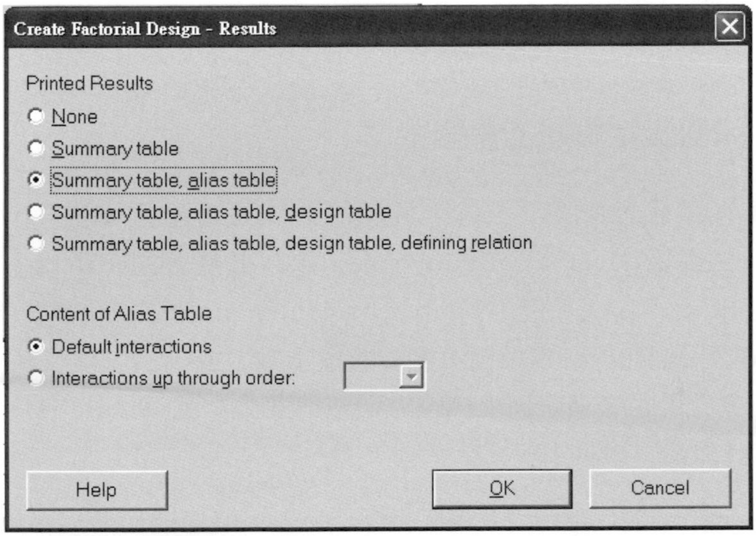

Create Factorial Design - Results

Printed Results
- None
- Summary table
- Summary table, alias table
- Summary table, alias table, design table
- Summary table, alias table, design table, defining relation

Content of Alias Table
- Default interactions
- Interactions up through order:

Help　OK　Cancel

圖4-9　選擇所要呈現的實驗結果

在此不準備說明Results(結果)顯示的畫面，可以自行試試看，不同的選項有什麼不同的輸出結果。在解析度的章節中會簡單介紹圖4-9中別名(Alias)的意義和用途。

在連續點擊OK後，將會看到工作底稿(Worksheet)的顯示(表 4-7)。

表4-7　無重複的實驗組合

C1	C2	C3	C4	C5	C6
StdOrder	RunOrder	CenterPt	Blocks	Temperature	Time
1	1	1	1	125	70
2	2	1	1	135	70
3	3	1	1	125	80
4	4	1	1	135	80

由於沒有選擇Randomize runs(隨機實驗)，所以StdOrder(標準順序)和RunOrder(實驗順序)的順序是相同的。現在已經將實驗設計的組合配置完成，可以在Minitab主畫面工具欄(Tool Bar)的檔案(File)下將工作底稿另存

新檔(Save Current Worksheet As)，並列印下來準備做實驗。在這裡只考慮樣本數為1個，也就是不考慮重複次數(Replicates)。如果實驗的成本及複雜度都不高的情形下，最好設定重複數為2至5個。

4-2-6 如何決定實驗的重複數？

雖然前面章節有簡單敘述，具體的方式是考慮因子數(Number of factors)、角點數(Number of corner points)、效應差距(Effects)，檢出力(Power values)、中心點數(Number of center points)、標準差(Standard deviation)等。例如，二水準因子實驗的樣本數要多少個，這時候要思考效應差距是多少倍的標準差以及檢差力期望為多少？就可以利用Minitab將我們的需求計算出來(圖4-10)

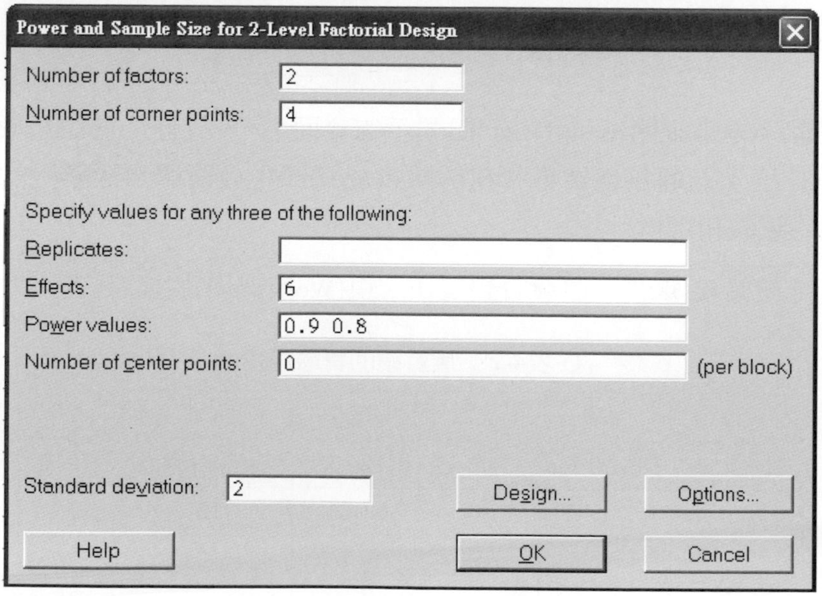

Power and Sample Size for 2-Level Factorial Design

Number of factors: 2

Number of corner points: 4

Specify values for any three of the following:

Replicates:

Effects: 6

Power values: 0.9 0.8

Number of center points: 0 (per block)

Standard deviation: 2

Design... Options...

Help OK Cancel

圖4-10 決定二水準因子實驗的樣本數

計算出來的樣本數，見(表4-8)。

表4-8 產生二水準因子實驗的樣本數

Power and Sample Size
2-Level Factorial Design
Alpha = 0.05 Assumed standard deviation = 2
Factors： 2 Base Design： 2, 4
Blocks： none

Center Points	Effect	Reps	Total Runs	Target Power	Actual Power
0	6	**3**	12	**0.9**	0.994562
0	6	**2**	8	**0.8**	0.880212

根據所需的檢出能力(Power)的不同，會得到不同的樣本數(表4-8)。一般使用檢出能力80%(即0.8)以上就足夠，因此，採用2個樣本數做實驗應該已經可以符合要求。檢出能力是1-β，將錯的判定爲對的之誤判風險稱爲β(型II錯誤)。將對的判定爲錯的之誤判風險稱爲α(型I錯誤)，也就是在圖4-10選擇Options(選項)會有Significance level(顯著水準)是0.05的預設值，而1-α(1-5% = 95%)則稱爲信心水準(Confidence level)。誤判的風險(α或β)如表4-9所示。

表4-9 型I與型II錯誤

判定結果＼真實狀況	對	錯
錯	α	1-β
對	1-α	β

4-2-7 實驗反應值的測量

要測量實驗的反應值應該先知道測量系統的能力如何，如果測量系統的能力不夠，得到的反應值將會失真，無法知道眞正的反應值，對數據分析會引起錯誤的判斷。因此，執行實驗設計之前應該先作測量系統分析(Measurement System Analysis, MSA)，確認MSA沒問題之後再做實驗設計是較保險的方式。當然，如果對測量系統有一定的信心，這部分是可以先省略的。另外，要考慮測量系統的解析度(或精密度)，即是可以讀取的最小刻度，以確保實驗結果的可比較性及正確性。

4-2-8 實驗執行階段

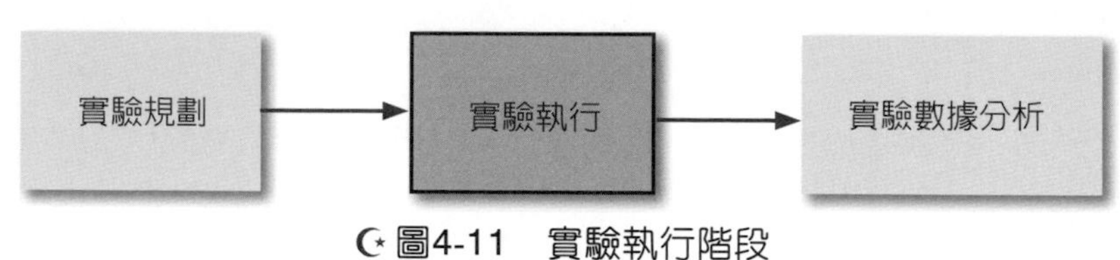

圖4-11 實驗執行階段

執行實驗是三階段中最容易出錯的階段。可能會被認爲這怎麼可能？又不是沒做過實驗。根據經驗得知執行實驗最容易出錯的可能原因有以下幾種：1.自認爲經常做實驗早就駕輕就熟，但是真的對產品或製程充分瞭解嗎？2.實驗眞的是親自操作或觀測嗎，他人代爲操作時是否正確？3.實驗的誤差會從哪裡產生，能避免嗎？

一個實際的例子，在探討無鉛(Lead-free)的焊錫過程中使用實驗設計的方法，嘗試找出最佳的焊錫條件，影響的條件包括：輸送速度、預熱溫度、焊錫溫度、錫波高度等等。工程主管們認爲依據過去的經驗，新的生產設備應該很容易找出最適條件，並獲得客戶的認證。但是問題卻不是那麼容易就解決，經過實驗設計的方法還是沒有結果。在親自到現場瞭解後才知道，輸送帶的穩定性根本就有問題，設備的固定也不確實，甚至跟幾位工程主管親眼目睹組裝的印刷電路板(PCB)都已經泡在焊錫槽中。

在這裡要提出一個觀點：「製程極端不穩定可以做實驗設計找出最佳(適)條件嗎？」當然是不行的。做實驗時設定不同的水準，目的常常是要區別出水準與水準之間效果的差異。例如，要設定溫度的第一水準爲200℃，第二水準爲210℃，如果水準設定不穩定，第一水準的200℃實際是±10℃(190℃到210℃)都有可能，則因爲水準的變化有重疊，實驗的結果將無法確定。所以，製程實驗時，設備的能力及穩定性都應該事先考量，不要認爲理所當然而輕忽，否則花再多的時間學習或執行實驗設計也是沒用的。

在實驗設計的課堂上經常詢問學員，學習實驗設計的期望或用意是什麼？當然大部分學員的回答是要改善產品設計或製程條件，提高產品的品質。當再詢問願意安排多大的實驗組合時，得到的答案則常是小於10次，甚至有2成以上的學員只希望做實驗組合在5次以內的實驗。這是最現實的一個現象，工程人員只想「學」，但不一定想「習(練習)」。「只想用最少的努力得到最好的結果，甚至能不要經過努力，就得到最好的結果，那就更好」的想法。這是非常要不得的，應該記得「要怎麼收穫，先那麼栽」的道理。當然，也有許多學員經過一再嘗試實驗後，終於獲得巨大回報的。既然是實驗設計，一定要從實務操作中獲得經驗，紙上談兵並無法解決實務問題。

執行實驗時建議先做一次先導實驗(Dummy)，這一次實驗可以當作是正式實驗的練習。先導實驗可以是原實驗設計的組合中的任何一種組合。一旦實驗正式開始，因子或水準的考量正確與否將直接影響實驗結果。如果能先做一次先導實驗，將會有助於瞭解實際實驗時可能發生的狀況。在一次實驗設計輔導中有一個專案是探討筆記型電腦的電池焊接問題，焊接時是利用電流將電池和鎳片焊在一起，使用的焊接設備中有一種是利用電容充電及放電功能將電池與鎳片焊在一起，每一次充電都需要一段時間，但是不知道到底要多少時間才充電完成，放電時間又是多少？這是當初規劃實驗，進行因子討論與水準選擇時所沒有考慮的，做了實驗才知道有這個重要的因子未考慮到，於是重新考慮實驗設計的組合的安排以符合眞實狀況。

表4-10　實驗反應値

C1	C2	C3	C4	C5	C6	C7
StdOrder	RunOrder	CenterPt	Blocks	Temperature	Time	Response
1	1	1	1	125	70	299
2	2	1	1	135	70	301
3	3	1	1	125	80	345
4	4	1	1	135	80	360

回到原先的實驗，在實驗結束後將收集的反應值(Response)輸入到Minitab的預存工作底稿(表4-10)。

4-2-9 實驗的樣品保存

做完實驗之後應該先將實驗的樣品先妥善保留，不要報廢處理。因爲後續如果要追查樣品的測量或判定是否正確？樣品的保留有助於實驗後疑問的釐清。

4-2-10 實驗數據分析階段

如果實驗已經做完，也收集到實驗的數據，接下來應該是進行實驗數據的分析，參考圖4-12。

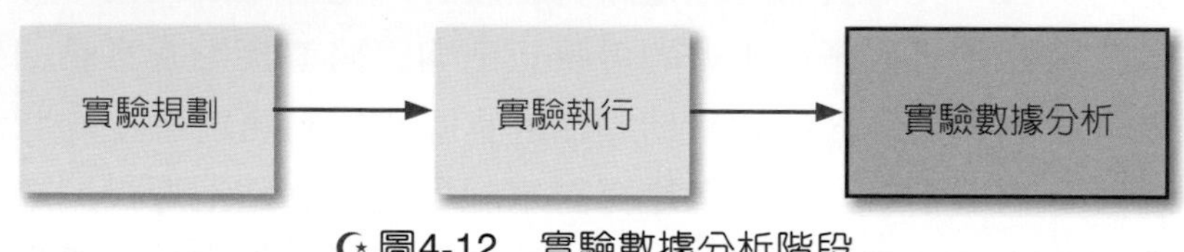

圖4-12 實驗數據分析階段

對於實驗數據分析可分爲以下步驟：

1. **檢查實驗數據**

   要分析實驗數據之前最好先檢查所收集數據的合理性，也就是先看看數據的狀況是否正確，有沒有極端值、有沒有數據的位數不對等等。視初步檢查數據的正確與否，例如，會不會實驗的誤差很大，引起實驗數據之間極大的差異；會不會測量系統的測量不穩定，引起實驗數據的不客觀；會不會輸入數據的錯誤，造成數據存在不應有的極端值等等。

   在一次實驗設計輔導案中，曾經觀察到工程人員在輸入數據時，原來每一組的樣品爲5個，因此每組都應該有5個數據，但是實驗時其中一組的樣品遺失一個只有4個數據，他於是計算這4個數據的平均數當作第5個樣品的數據。這是相當不正確的，樣品遺失可以視情況決定要不要補做實驗，但是並不需要用這種方法去補數值，而使得每一組的實驗數據都一樣。

這裡實際上存在另一個可能或風險，就是會有人善意的或並非故意的加入一些動作(例如，計算某幾個的平均數當作另一個實驗的實驗值)。實驗最好能親自操作，如果不能親自操作，也要在一旁觀察，以免有不可預期的動作加到實驗中，這些不可預期的動作是無法在數據分析中判定出來的。

2. 模型的數值評估

所謂模型，就是實驗之初預定的統計模型。例如，一因子的實驗，模型將是$X_{ij} = \overline{\overline{X}} + \alpha_i + \varepsilon_{ij}$；二因子沒有重複數的實驗，不需要考慮交互作用，模型將是$X_{ij} = \overline{\overline{X}} + \alpha_i + \beta_j + \varepsilon_{ij}$；二因子重複數的實驗，需要考慮交互作用，模型將是$X_{ijk} = \overline{\overline{X}} + \alpha_i + \beta_j + (\alpha\beta)_{ij} + \varepsilon_{ijk}$。相同的實驗，會因爲模型的不同，結果也會不同。這些不同的模型將會影響到分析的正確性及效果。

3. 殘差分析

利用一因子的統計模型$X_{ij} = \overline{\overline{X}} + \alpha_i + \varepsilon_{ij}$來說明殘差($\varepsilon_{ij}$)，殘差是每一個實驗值($X_{ij}$)與因子的水準平均數($\overline{\overline{X}} + \alpha_i$)的差，殘差有三種假設前提：(1)殘差具備常態性，即殘差是以「0」爲中心的常態分布，顯示在殘差的常態機率圖要接近一直線，顯示在殘差直方圖要呈中間高二邊低且左右對稱；(2)殘差具備獨立性，即殘差的分布是隨機的(Random)，殘差的分布是混亂的，殘差不隨實驗的順序而有固定的趨勢或形狀；(3)殘差變異數具備一致性，即殘差在對應的數值 (反應值或預測值) 上具備同等大小，在殘差的配適圖(Fit)中接近長矩形，不要呈喇叭形(本段落在前一章「一因子實驗設計」已經有說明，在這裡再次闡述可以使分析邏輯更順暢)。

嚴謹地說，在分析變異數時要同時分析殘差，當殘差不能符合三個假設前提時，變異數分析的正確性將會有疑問。此時可以利用數據轉換的方式，將反應值做轉換，以查證殘差的分布狀況。或是將分析模型做修正，觀察修正後的模型的殘差是否符合三項假設前提。

4. **數據轉換**

當殘差不符合三個假設前提時，可以利用數據轉換(Data Transformation)，使殘差能符合該假設前提。請參閱「數據轉換」一節。

5. **模型修正**

在第2步驟模型的數值評估時有討論到「相同的實驗，會因爲模型的不同，結果也會不同。」由於有統計軟體的協助，不同模型的統計分析並不需花費長時間計算，只需要調整選項內容即可。因此，模型的修正是極容易達成的。經由模型的修正得到較適當的統計模型，更能適切地解釋實驗的變化趨勢。

在修正模型時常常會用到合併(Pool)，合併的意思就是將交互作用或是主要因子併入誤差項(Error)中，使誤差項的自由度(Degree of Freedom)增加，因爲誤差的自由度增加使變異數分析判定的準確度提高。以變異數分析中的F檢定來說明，使用顯著水準是α=0.05，分子是A因子且自由度是1，分母是誤差項且假設自由度分別是1,2,3,4,5,6，$F=MSA/MS_{Error}$。查F分配的統計表，可以得到表4-11不同自由度下的F值。

表4-11　分母自由度不同的F值

分母自由度(誤差項)	F值(α=0.05)
1	161.45
2	18.51
3	10.13
4	7.71
5	6.61
6	5.99

從表4-11中可以知道，誤差自由度爲1時的F值是161.45，到誤差自由度爲3時的F值是10.13，再到誤差自由度爲6時的F值是5.99。當誤差自由度增加時F值的降低極爲迅速，到自由度爲3(或6)時，就會緩和下來，這就是使用合併的效果。合併不需要無限制地持續下去，誤差項的自由度到6即可停止，因爲自由度的增加，而使F值降低的幅度變小，再增加誤差項的自由度會引起顯著差異的效果也是有限的，參考表4-12可以知道此情形。

表4-12　分母自由度不同的F值

分母自由度 (誤差項)	F值 (α =0.05)
7	5.59
8	5.32
9	5.12
10	4.96

現在來做實驗完成後的數據分析，實驗數據在表4-13中。如果在做實驗前認爲溫度和時間之間不存在交互作用，因此只需要安排做四次實驗，每次一個樣本。

表4-13　實驗反應值

C1	C2	C3	C4	C5	C6	C7
StdOrder	RunOrder	CenterPt	Blocks	Temperature	Time	Response
1	1	1	1	125	70	299
2	2	1	1	135	70	301
3	3	1	1	125	80	345
4	4	1	1	135	80	360

這樣的實驗其總自由度將爲3，因爲「總自由度 = 總樣本數−1」。本表中因子爲二水準，因子的自由度將是1，因爲「因子的自由度 = 因子的水準數−1」，「交互作用的自由度 = 因子自由度相乘」，本表的交互作用將不會有自由度。如果要知道交互作用的狀況，將使誤差項沒有自由度，變異數分析將無法進行。

4-2-11　[Minitab實作]變異數分析(檔案：GRAM-RESPONSE.MTW)

以Minitab進行變異數分析的步驟：Stat>DOE>Factorial>Analyze Factorial Design(圖4-13)，並顯示出圖4-14。

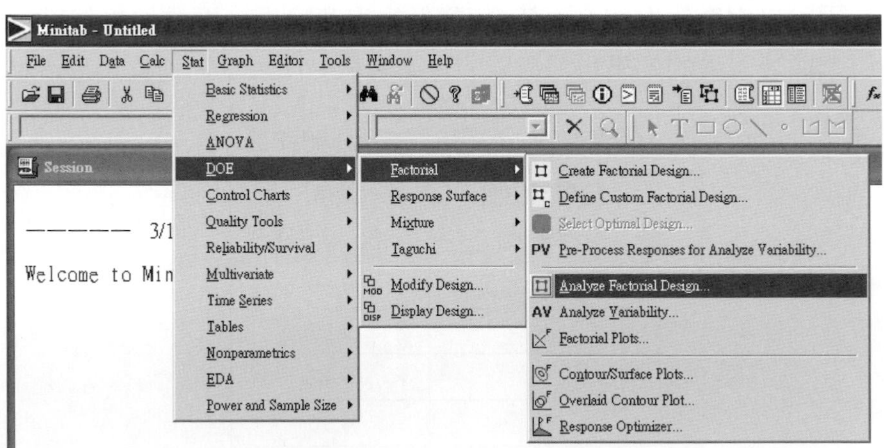

圖4-13　實驗設計數據分析

在圖4-14將Response(反應值)選入Responses(反應值)欄中。

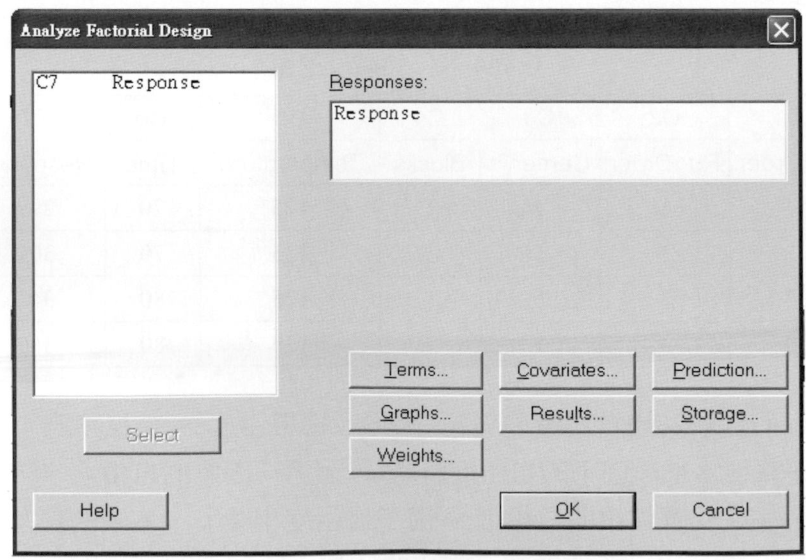

圖4-14　選取實驗反應值

選擇「Terms(項目)」得到圖4-15，設定實驗分析的統計模型(Model)的階次(Order)，Minitab設定的階次都是最高的，其階次等於因子個數(二因子實驗，故階次爲2)。

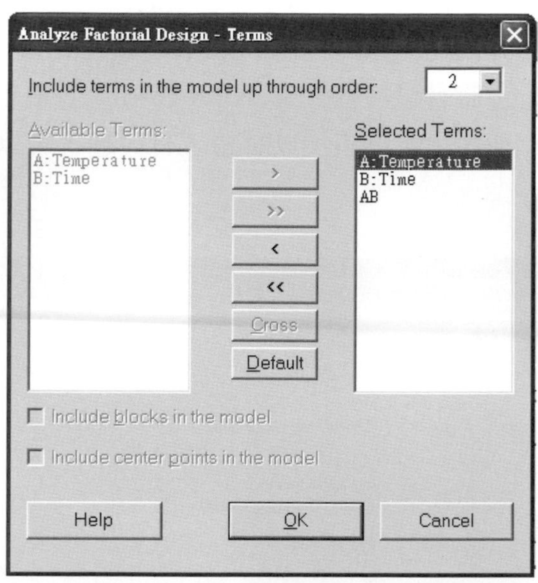

圖4-15　設定分析數據的統計模型

但是，因爲這是一個不重複(Non-replicate)的實驗，不想考慮交互作用(因爲實驗之初已假設交互作用不重要)，故將階次改爲1，只要分析主效應(Main Effects)即可(圖4-16)。

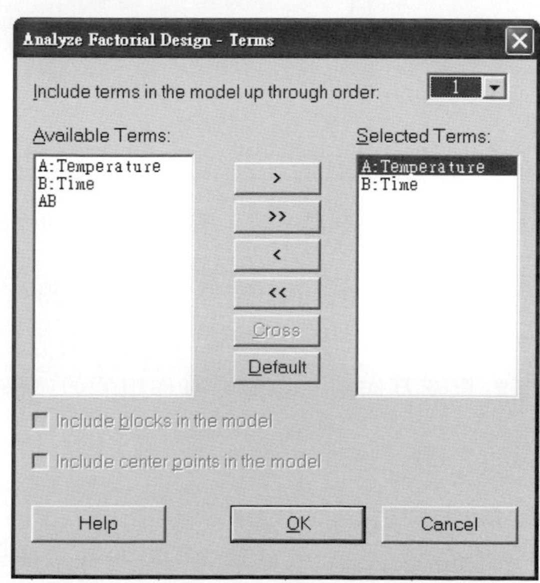

圖4-16　設定分析數據的統計模型

選擇「Graphs(圖形)」，勾選「Effects Plots(效應圖)」中的Normal(常態圖)和Pareto(柏拉圖)，如圖4-17。會將實驗的效應影響度的大小以常態機率圖(Normal)及柏拉圖(Pareto)方式呈現。本例的實驗數據不多，將不探討殘差假設的正當性。否則，應該選取圖4-17中的四合一(Four in one)，以驗證殘差(Residuals)的常態性、獨立性及變異數一致性等等。在圖4-17繪製效應圖「Effects Plots」時有另一個選項「Half Normal」並未勾選，它的意義和「Normal」是相似的，所以不加以討論，有興趣者可以自行試試並做比較。

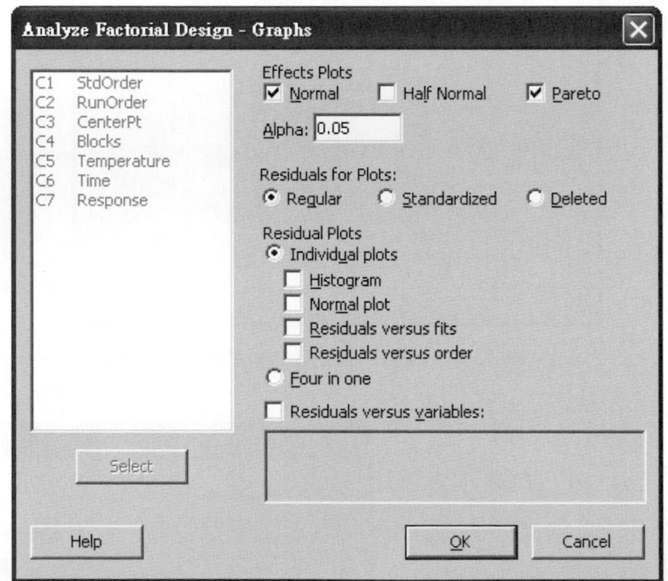

圖4-17　選取效應圖(Effects)及殘差圖(Residual)

再選擇「Results(結果)」項目，將A：溫度，B：時間 選入右邊的選項(Selected Terms)，如圖4-18。分析時將得到因子或交互作用的效應值(本例不計算交互作用，故無交互作用的效應值)。

注意

實驗分析中的「Covariate(共變異)」、「Prediction(預測)」及「Storage(儲存)」等功能，將暫時不做說明。

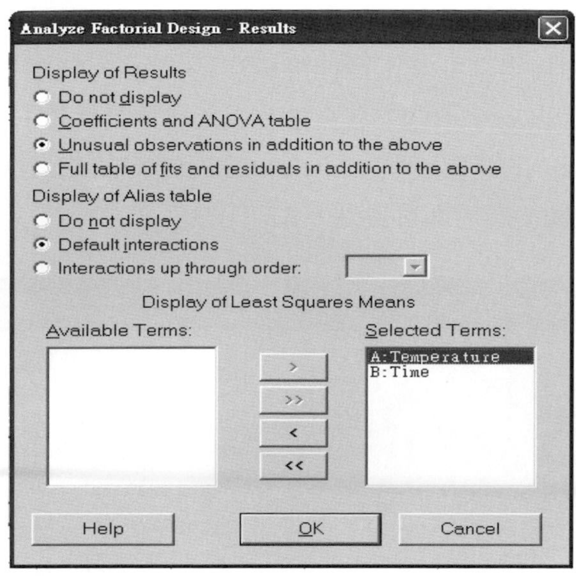

圖4-18　選取計算及分析的項次

4-2-12　分析獲得的圖形

因爲圖4-19之柏拉圖(Pareto)上的時間(Time)及溫度(Temp)的效應值比關鍵值(Critical value)12.71小，所以時間或溫度的兩個水準之間沒有明顯的差異，也就是時間或溫度沒有哪一個水準比另一個水準好或壞。

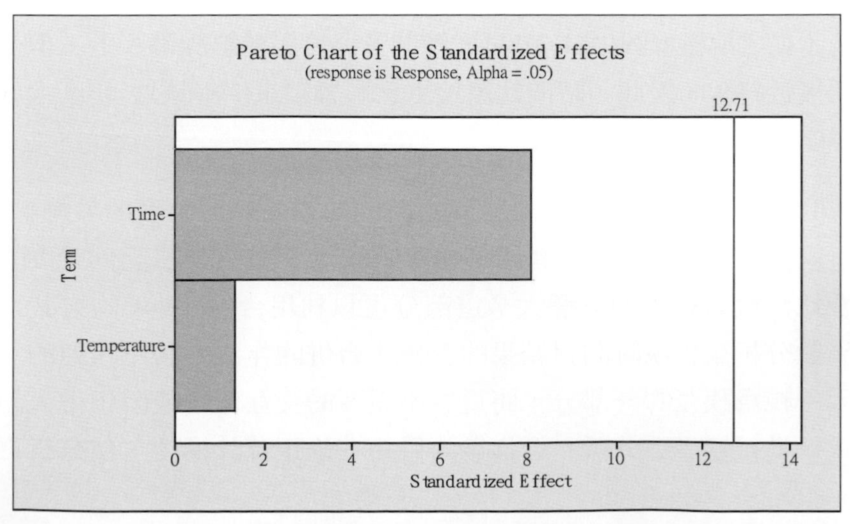

圖4-19　效應柏拉圖

在此不急著檢視變異數分析的結果，因爲還要作統計模型的修正。至於12.71值是如何得到的？因爲採用風險 α=0.05，利用 t 分配(其中單側的 t 值是百分率爲1-α/2=0.975，自由度以誤差的自由度1計算)就可以得到12.71。在Minitab中的選取途徑Minitab：Calc > Probability Distributions > t，填入相關資料在圖4-20，即可得到 t=12.71的數值。

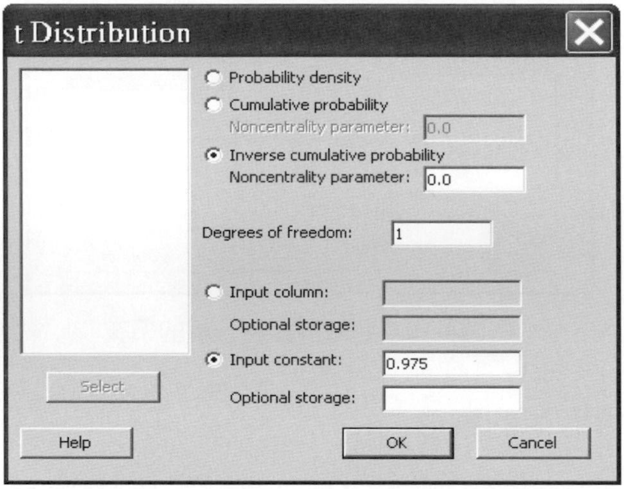

圖4-20　t 分布數值計算

常態機率圖(Normal Probability Plot)顯示的數據點(實際是因子或交互作用)距離斜線越近表示該因子或交互作用的影響度不大，或是效應值差異不顯著。從常態機率圖(圖4-21)可知時間及溫度距離斜線都不近，但是溫度比時間接近斜線，因此，時間比溫度更會影響結果(時間的影響度大於溫度的影響度)。

時間比溫度的效應值大(柏拉圖上時間的效應值比溫度的效應值大)，但是這兩個因子的效應都沒有超過關鍵值12.71，是否無法認爲時間對結果的影響比溫度對結果的影響大？這部分可以利用合併(Pool)的方式再做一次變異數分析來檢視時間對結果的影響。合併的作法是將不重要的交互作用或因子視爲誤差的一部分，將這些不重要的交互作用或因子併入誤差項中，重新進行變異數分析。這樣做的目的在修正統計模型，使分析更準確一些。

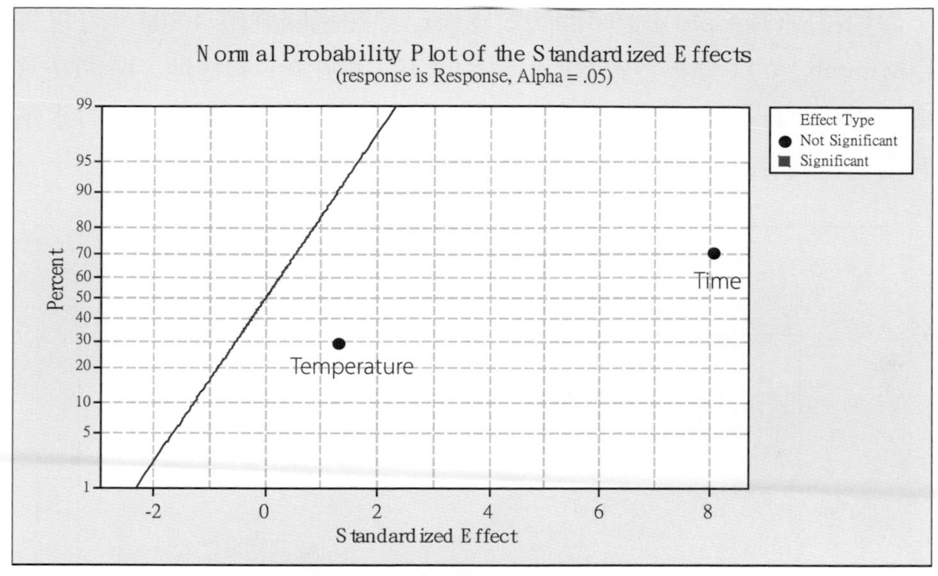

圖4-21　效應值之常態機率圖

仍將「Terms(項目)」選項中的模式之階次(model up through order)設爲1，將Selected Terms(被選取的項目)的Temperature(溫度)傳回左邊的Available Terms(可使用的項目)中，僅保留 Time(時間)即可，如圖4-22。因爲只想看Time(時間)對結果的影響。

Analyze Factorial Design - Terms

Include terms in the model up through order: 1

Available Terms: A:Temperature, B:Time, AB

Selected Terms: B:Time

> | >> | < | << | Cross | Default

Include blocks in the model

Include center points in the model

Help | OK | Cancel

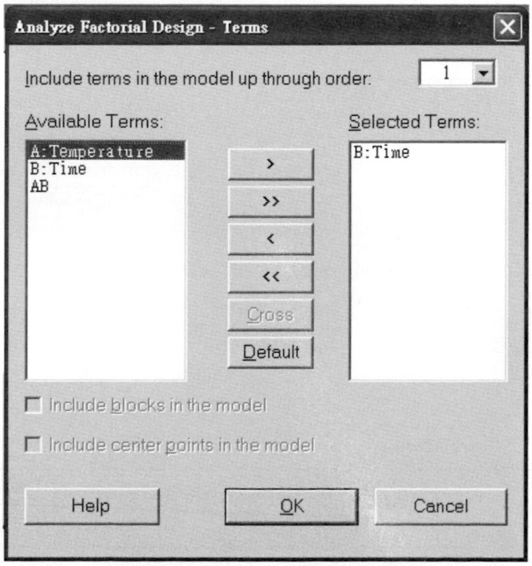

圖4-22　修正統計模型

從柏拉圖(圖4-23)知道時間的效應值已經超過關鍵值 4.303。可以嘗試利用Minitab上的 t 分布做做看如何得到 4.303這個值。同樣地，時間在常態機率圖(圖4-24)上是以小方形表示顯著(Significant)，也顯示時間的水準間是有顯著差異存在的。

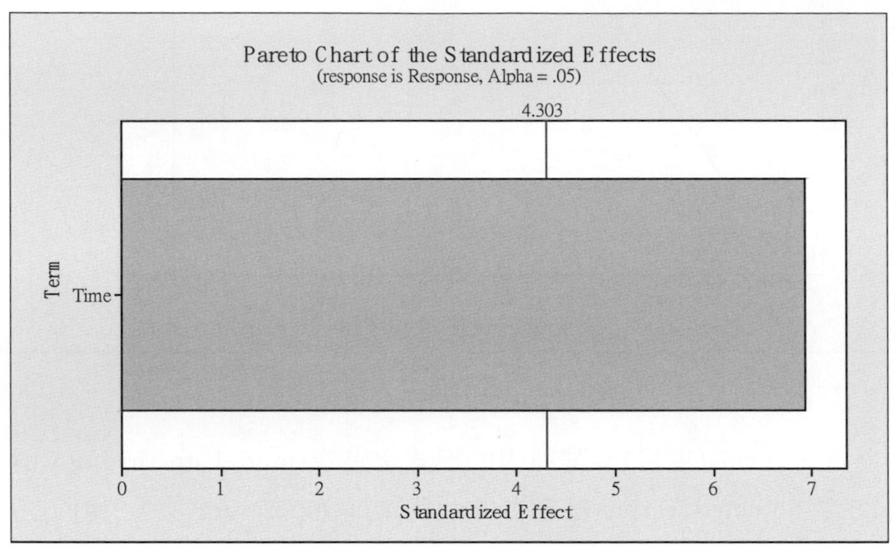

圖4-23　時間的柏拉圖

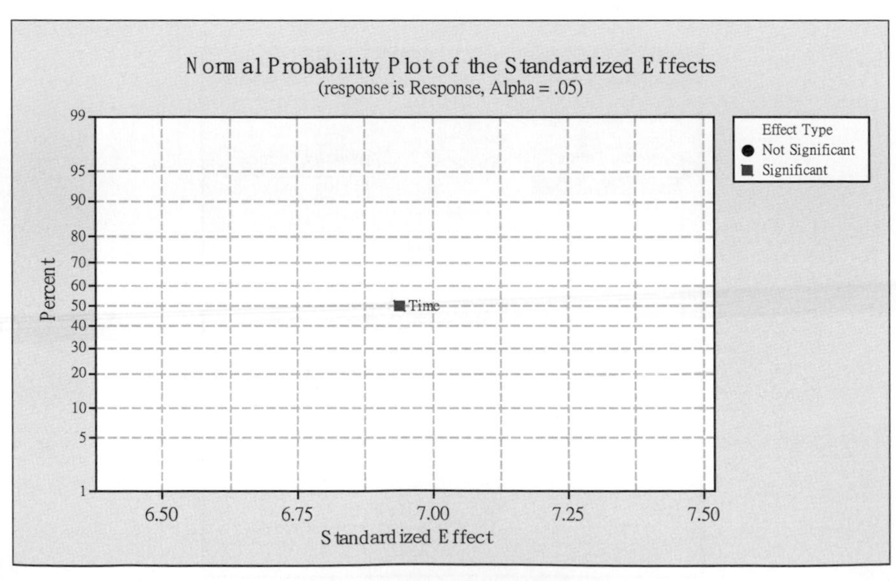

圖4-24　時間的常態機率圖

4-2-13　變異數分析

以時間為僅有的影響因子進行變異數分析，分析的結果如以下的變異數分析表(ANOVA Table)，如表4-14。

表4-14　變異數分析之迴歸分析

Factorial Fit： Response versus Time Estimated Effects and Coefficients for Response (coded units)					
Term	Effect	Coef	SE Coef	T	P
Constant		326.25	3.783	86.24	0.000
Time	52.50	26.25	3.783	6.94	0.020
S = 7.56637　PRESS = 458 R-Sq = 96.01%　R-Sq(pred) = 84.05%　R-Sq(adj) = 94.02%					

經由編碼(Coded units)的方式計算出效應值(Effect)、迴歸係數(Coef-Coefficient)、迴歸係數的標準誤(SE Coef-Standard Error of Coefficient)、t分配的值(T)及t分配值的機率值(P)。主要觀察的數值是P的值，當$P<0.05=\alpha$時，稱該變數是有意義的(是顯著差異的)。表4-14計算所得到的常數項(Constant)的P=0.000<0.05，時間的P=0.02<0.05。因此，時間是一個顯著的因子，對結果有明顯的影響。

4-2-14　PRESS代表什麼意義？

PRESS預測殘差平方和(Predicted REsidual Sums of Squares)是原來殘差給予加權計算，利用加權得到的殘差成為PRESS殘差。PRESS的公式是

$$\text{PRESS} = \sum_{i=1}^{n} e_{(i)}^2 = \sum_{i=1}^{n} \left[y_i - \hat{y}_{(i)} \right]^2$$

是實際值(y_i)減去預測值($\hat{y}_{(i)}$)的平方和，表4-14的PRESS經計算是458。

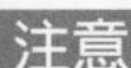

PRESS的解釋僅供參考，有興趣者可以參考迴歸方面的書籍。

4-2-15 R-Sq具備何種意義？

這部分的解釋要與下面的變異數分析表數據一起來探討。R-Sq=96.01%代表效應的平方和(SS-Sum of Square)占總平方和(Total SS)的百分比，此處的效應是時間。時間平方和SS=2756.25，總平方和SS=2870.75，R-Sq = (效應SS/總SS)x100%=[1-(誤差SS/總SS)]x100%=(2756.25/2870.75)x100%=[1-(114.50/2870.75)]x100% = 96.01%。基本上，R-Sq=96.01%的意義是時間的重要性高達96.01%，誤差的重要性只有3.99%。另一方面，R-Sq也可以看出在這個實驗中時間是最重要的因子。

除了時間之外，還有沒有重要的因子沒有考慮進來？應該是沒有了，就算有，它的影響也是很小的。所以，可能有人在實驗後會質疑：是不是還有其他重要的因子遺漏，而沒有被納入實驗之中？這應該可以從R-Sq的百分比上約略知道。例如，如果實驗的結果R-Sq約30%，且P<0.05，則可以知道因子及／或交互作用是有顯著差異的。但是，可能仍有重要的因子沒有被納入實驗中考慮，而被隱藏在誤差之中。因此，誤差平方和約占總平方和的70%。

4-2-16 R-Sq(adj) = 94.02% 代表什麼意思？

調整的(Adjusted)R-Sq是將自由度併入計算，計算式是

R-Sq(adj)

= {1-[(誤差SS/誤差自由度)/(總SS/總自由度)]}x100%

= {1-[(114.50/2)/(2870.75/3)]}x100% = 94.02%

R-Sq(adj)可以視爲比R-Sq保守的估計。因爲當不重要的因子也被納入變異數分析時，R-Sq會一直增加，可以利用自由度來調整R-Sq，而獲得保守的R-Sq(adj)。

4-2-17　R-Sq(pred)代表什麼意思？

R-Sq和 R-Sq(adj)是衡量實際數據的符合程度(Goodness-of-fit)，而R-Sq(pred)是衡量預測數據的符合程度(Goodness-of-prediction)，也可以說R-Sq(pred)是表示統計模型符合未來數據的程度。在統計模型中考量或納入更多的因子或交互作用，會使模型的符合程度增加，但是對於利用預測數據構成的迴歸方程式的判定係數R-Sq(pred)則不一定會有所改善或增加。所以，站在預測未來的角度而言，R-Sq(pred)比R-Sq和 R-Sq(adj)更恰當。R-Sq(pred)的計算公式是 R-Sq(pred)= [1- (PRESS/總SS)]*100%

表4-14的R-Sq(pred)= [1- (PRESS/總SS)]*100%
= [1-(458/2870.75)]*100%=84.05%

另外，S=7.56637可以從變異數分析表(表4-15)中誤差的均方(MS) 57.25開根號可以得到S=7.56637。因為MS屬於變異數，S是標準差，變異數(MS)是標準差(S)的平方。

表4-15　變異數分析表

Analysis of Variance for Response (coded units)						
Source	DF	Seq SS	Adj SS	Adj MS	F	P
Main Effects	1	2756.25	2756.25	2756.25	48.14	0.020
Residual Error	2	114.50	114.50	57.25		
Pure Error	2	114.50	114.50	57.25		
Total	3	2870.75				

變異數分析表(表4-15)中F=48.14，對應的P值是0.020，P值小於0.05，表示因子的主效應(Main Effects)具備顯著的差異(因子水準間對反應值的影響是有顯著差異的)，這裡的因子只有時間。所以，不同的時間對結果(反應值)有顯著差異的影響。

表4-16　常數項及時間的迴歸係數

Estimated Coefficients for Response using data in uncoded units

Term	**Coef**
Constant	-67.5000
Time	5.2500

表4-16的迴歸係數(Coef)是以未編碼(Uncoded units)的原始數值計算得到的。如果要以迴歸方程式表示，則此迴歸方程式將是 Y= -67.5+5.25 Time

(其中，常數項爲-67.5，時間的迴歸係數是5.25)

要注意Minitab計算的迴歸係數，必須是因子(Factors)及反應值(Responses)都屬於連續型數值(Numeric)，所計算得到的迴歸係數才有意義。

表4-17　平均數與標準誤(或標準誤差)

Least Squares Means for Response

Time	**Mean**	**SE Mean**
70	300.0	5.350
80	352.5	5.350

至於時間在70分鐘及80分鐘的平均效應值(Mean)分別是300.0及352.5(表 4-17)，這可以從實驗的反應值(Response)各別計算屬於70分鐘(299及301的平均)及80分鐘(345及360的平均)的效應值。SE Mean是誤差變異數(57.25)開根號，再除以該水準樣本數(2)開根號，例如$\sqrt{57.25} \div \sqrt{2}$ = 5.350。

4-2-18　2^2有重複的實驗設計

前面章節介紹的是2^2無重複的實驗設計，至於2^2有重複的實驗設計將具備較多的實驗數據，因此自由度將相對足夠以利於交互作用的分析。如果使用前例的實驗配置，每種實驗組合的重複數爲2(樣本數爲2)。利用Minitab建立實驗組合(Minitab：Stat>DOE>Factorial>Create Factorial Design)，設定「Number of replicates for corner points(角點的重複數)」爲2(圖4-25)。

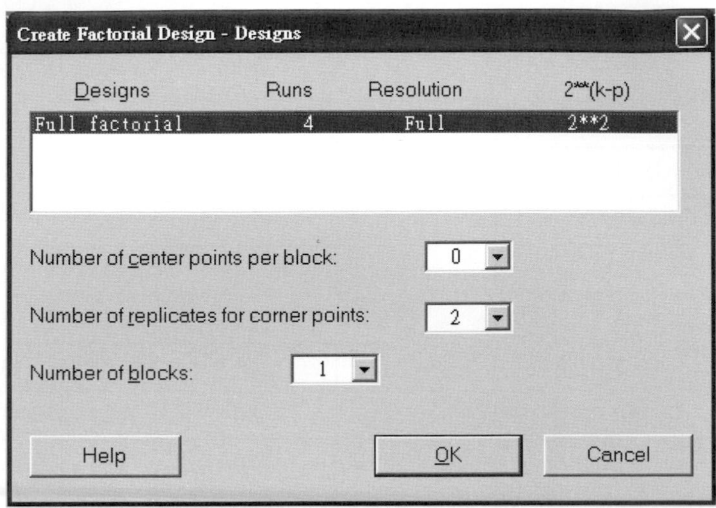

圖4-25　設定實驗樣本數

其他設定與2^2無重複實驗設計相同，則得到以下的實驗組合(表4-18)：

表4-18　樣本重複數為2的實驗組合

C1	C2	C3	C4	C5	C6
StdOrder	RunOrder	CenterPt	Blocks	Temperature	Time
1	1	1	1	70	125
2	2	1	1	80	125
3	3	1	1	70	135
4	4	1	1	80	135
5	5	1	1	70	125
6	6	1	1	80	125
7	7	1	1	70	135
8	8	1	1	80	135

此實驗組合共有8列(Row)，8列的產生是因爲二因子、二水準及重複數爲2，所以 2x2x2=8。此處再次強調，實驗組合的安排應該是隨機的，但是爲了方便說明，在此將隨機(Randomize)去除(所以，StdOrder與RunOrder是一致的)。實驗後得到的數據如表4-19。(檔案：GRAM-RESPONSE-2.MTW)

表4-19　樣本重複數為2的實驗反應值

C1	C2	C3	C4	C5	C6	C7
StdOrder	RunOrder	CenterPt	Blocks	Temperature	Time	Response
1	1	1	1	70	125	299
2	2	1	1	80	125	301
3	3	1	1	70	135	345
4	4	1	1	80	135	360
5	5	1	1	70	125	302
6	6	1	1	80	125	302
7	7	1	1	70	135	349
8	8	1	1	80	135	359

由於實驗是重複數爲2，有較多的自由度，可以分析交互作用的狀況，因此在Stat>DOE>Factorial>Analyze Factorial Design時，將「Terms」選項中的模式之階次(model up through order)設爲2。也因爲實驗數值較多，將殘差的選項選爲「Four in one」以便判斷殘差的狀況。

在圖4-26及圖 4-27可以知道溫度(Temperature)、時間(Time)及溫度和時間交互作用(Temperature x Time)都是存在顯著的差異。

觀察殘差的四個圖形(圖4-28)，在常態機率圖和直方圖中可以知道殘差符合常態性(常態機率圖－殘差的點落在斜直線上；直方圖－中間多兩邊少，近似鐘形)；殘差的配適(Fit)圖基本上呈現變異約略相等的情形(不是極端的一端大一端小，即類似喇叭型的形狀，而是接近長方形)，因此符合殘差變異數一致性；殘差的獨立性 (隨實驗順序Residuals Versus the Order of the Data)應該也成立，因爲沒有特定形狀或規律的出現。

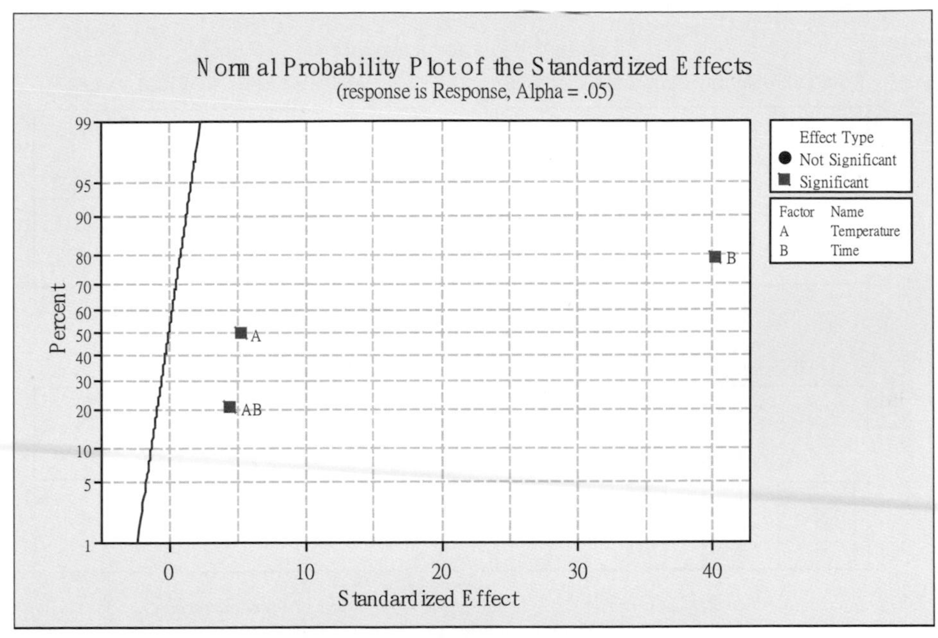

圖4-26　A,B及AB的常態機率圖

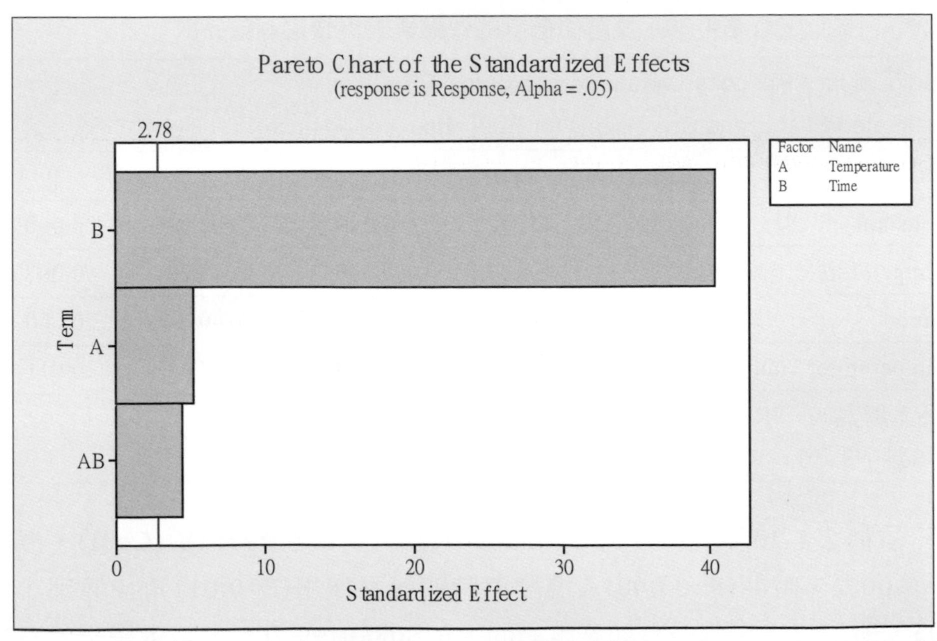

圖4-27　A,B及AB的柏拉圖

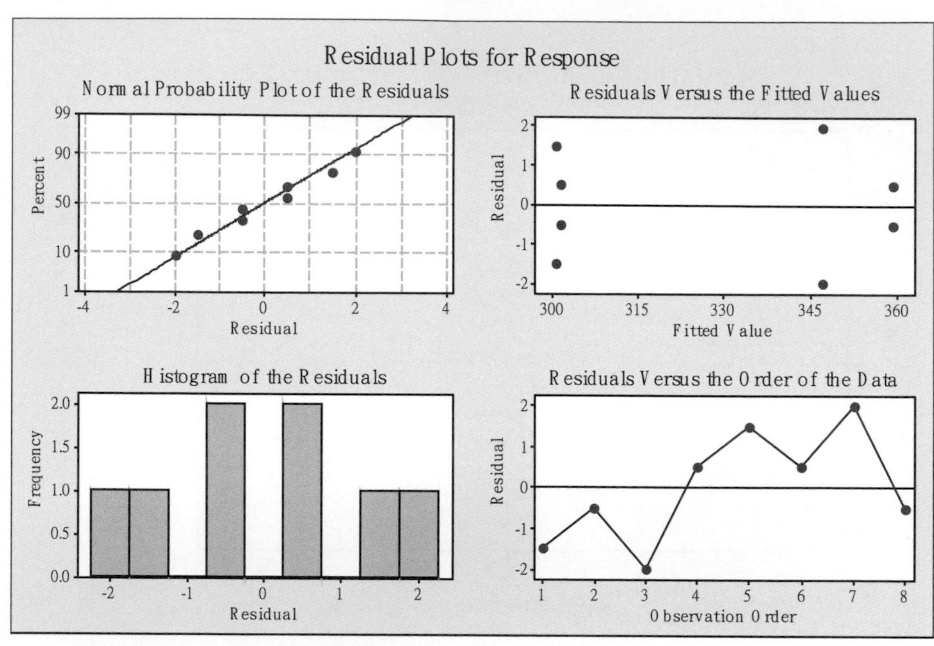

圖4-28　四合一殘差圖

表4-20　反應值估計的效應與編碼後之迴歸係數

Factorial Fit：Response versus Temperature, Time Estimated Effects and Coefficients for Response (coded units)					
Term	Effect	Coef	SE Coef	T	P
Constant	6.750	327.125	0.6495	503.64	0.000
Temperature		3.375	0.6495	5.20	0.007
Time	52.250	26.125	0.6495	40.22	0.000
Temperature*Time	5.750	2.875	0.6495	4.43	0.011
S = 1.83712　PRESS = 54 R-Sq = 99.76%　R-Sq(pred) = 99.04%　R-Sq(adj) = 99.58%					

依據表4-20評估的效應(Estimated)及編碼後之迴歸係數(Coef)，溫度(P=0.007)、時間(P=0.000)及溫度與時間交互作用(P=0.011)的P值都小於0.05，所以這三項都是有顯著差異的。R-Sq高達99.76%，表示幾乎所有的影響因素都已經掌握到。表4-21則顯示出變異數分析的結果。

表4-21　變異數分析表

Analysis of Variance for Response (coded units)						
Source	DF	Seq SS	Adj SS	Adj MS	F	P
Main Effects	2	5551.25	5551.25	2775.62	822.41	0.000
2-Way Interactions	1	66.13	66.13	66.13	19.59	0.011
Residual Error	4	13.50	13.50	3.37		
Pure Error	4	13.50	13.50	3.38		
Total	7	5630.87				

同樣地，根據變異數分析表顯示主效應(Main Effects)和二因子交互作用(2-Way Interaction)的P值都小於0.05，所以主效應及交互作用都有顯著差異的，而得到的迴歸係數在表 4-22。

表4-22　未編碼之迴歸係數

Estimated Coefficients for Response using data in uncoded units	
Term	Coef
Constant	718.500
Temperature	-14.275
Time	-3.400
Temperature*Time	0.115

迴歸方程式將是

Y=718.5-14.275 x 溫度(Temperature)-3.4 x 時間(Time)
+ 0.115 x 溫度 x 時間(Temperature x Time)

表4-23分別是主要因子和交互作用的平均數與標準誤差。如果要選擇平均數越大越好，從主要因子選擇，則時間的水準應是80分鐘，溫度的水準應是135℃。從交互作用的組合來選擇，應該是溫度80及時間135的組合。

主效應的SE Mean = 0.918 $=\sqrt{3.37}\div\sqrt{4}$，因爲主效應各水準有4個樣本數；交互作用的SE Mean = 1.2990$=\sqrt{3.37}\div\sqrt{2}$，因爲交互作用各組合條件有2個樣本數。

表4-23　主要因子和交互作用的平均數與標準誤差

Least Squares Means for Response			
		Mean	SE Mean
Temperature			
70		323.8	0.9186
80		**330.5**	0.9186
Time			
125		301.0	0.9186
135		**353.3**	0.9186
Temperature*Time			
70	125	300.5	1.2990
80	125	301.5	1.2990
70	**135**	**347.0**	1.2990
80	**135**	**359.5**	1.2990

從表4-23主要因子或交互作用的角度選擇的最佳水準組合都是一樣的，但是並非每次都這樣。有可能主要因子的最佳水準組合與交互作用最佳水準組合是不一樣的，這時候應該看看交互作用的顯著差異是否存在。如果交互作用的顯著差異是存在的，則應該選擇交互作用最佳水準的組合，否則應該選主要因子最佳水準的組合。應該如何選擇主要因子或交互作用的水準組合，使組合的結果最佳，可以參考圖 4-29。

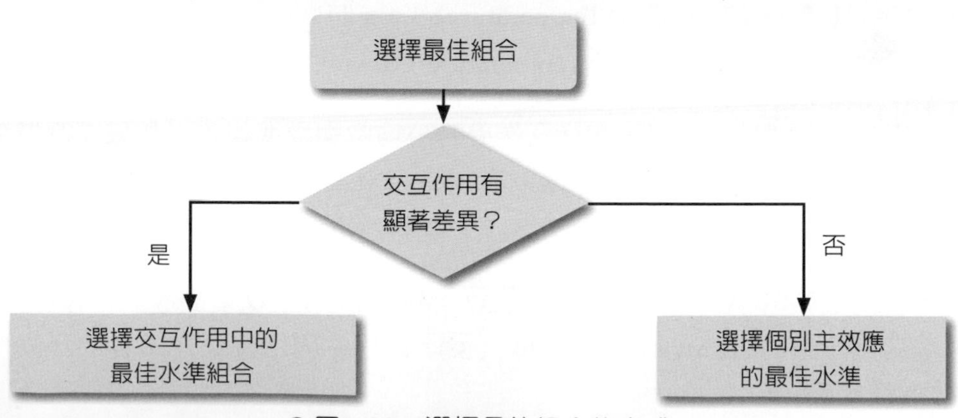

圖4-29　選擇最佳組合的方式

4-2-19　繪製主要效應及交互作用反應圖(Response Chart)：(仍使用 檔案：GRAM-RESPONSE-2.MTW)

主效應及交互作用的反應圖是輔助選取哪一個水準的效應是較佳的一種方式。Minitab的操作步驟是：Stat>DOE>Factorial> Factorial Plots先選擇主效應反應圖(圖 4-30)。

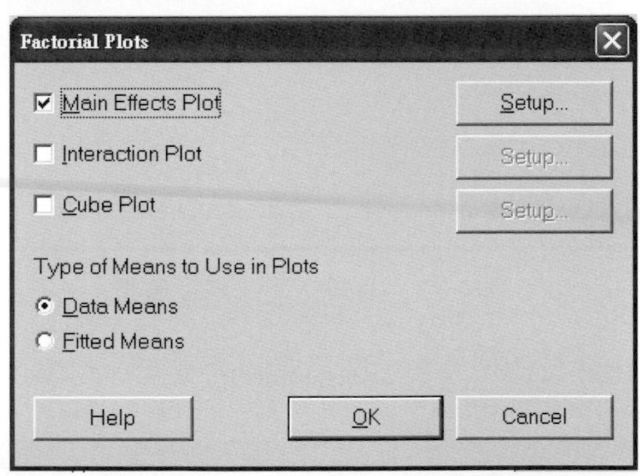

圖4-30　繪製主效應反應圖

選定主效應的反應值及想要繪製反應圖的主要因子(圖4-31)。

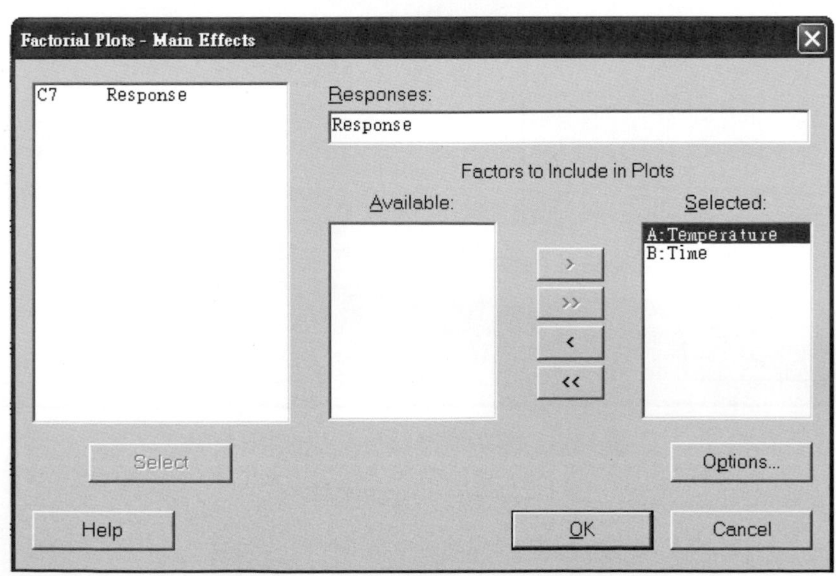

圖4-31　選定反應值及主要因子(A,B)

下一步是選擇交互作用反應圖(圖4-32)。

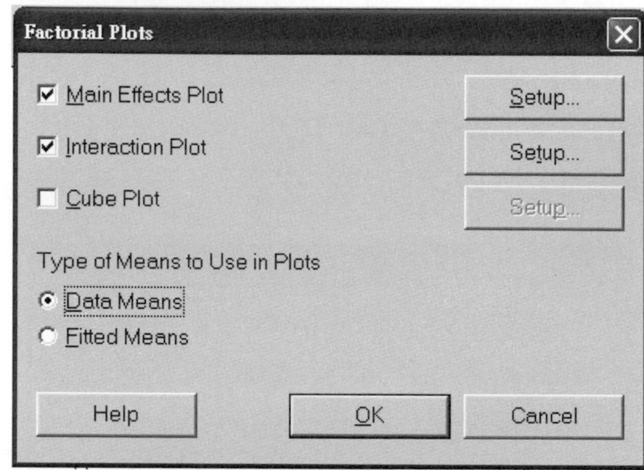

圖4-32　繪製交互作用反應圖

選定交互作用的反應值及要繪製反應圖的交互作用(圖4-33)。

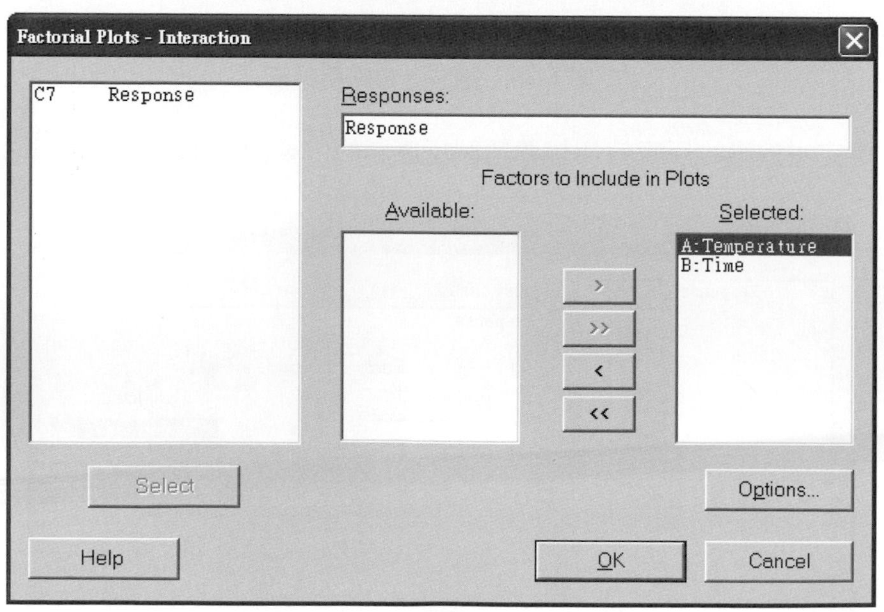

圖4-33　選定反應值及交互作用(A,B)

繪製出來的主效應反應圖(圖4-34)和交互作用反應圖(圖4-35)。從主效應反應圖可以協助選擇較好的實驗組合，時間的水準應該選擇80分鐘，溫度的水準應選擇135℃。

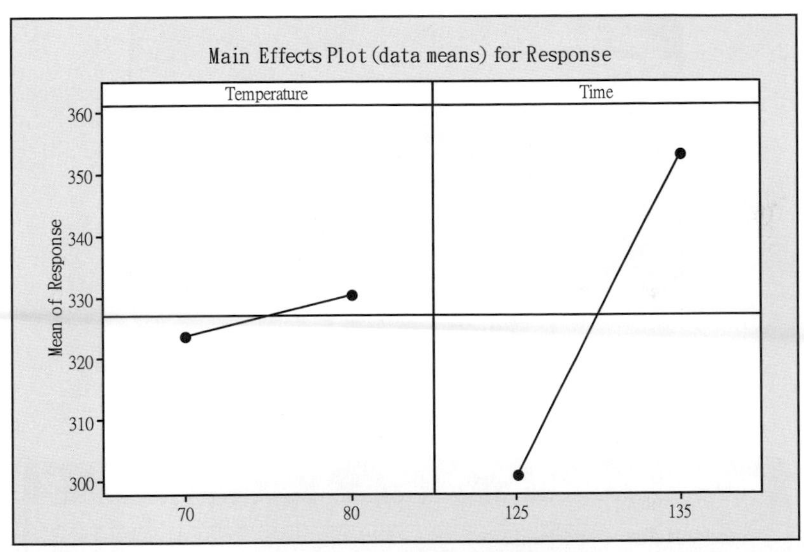

圖4-34　主效應反應圖

從交互作用的組合來選擇，應該是溫度80及時間135的組合。

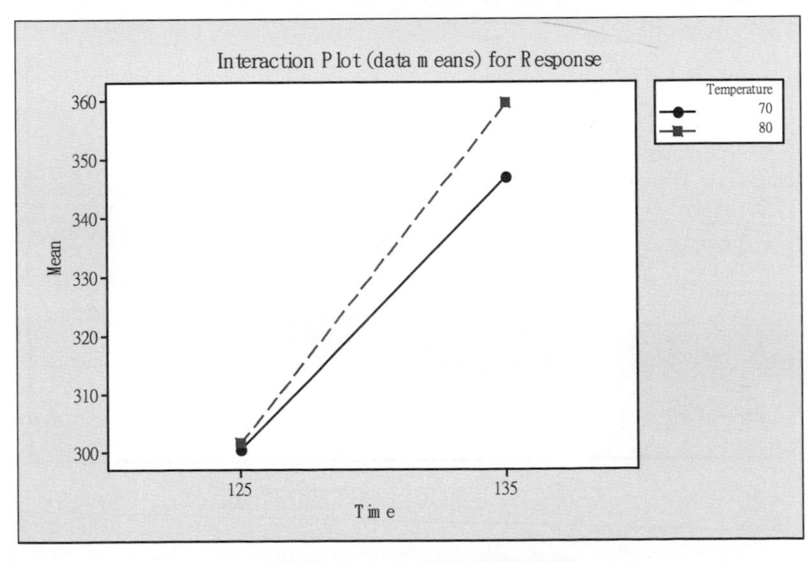

圖4-35　交互作用反應圖

如果想從等高線圖思考溫度及時間對反應值的影響及對應的分布狀況，可以利用Stat>DOE>Factorial> Contour/Surface Plots產生圖4-36，準備繪製等高線圖。

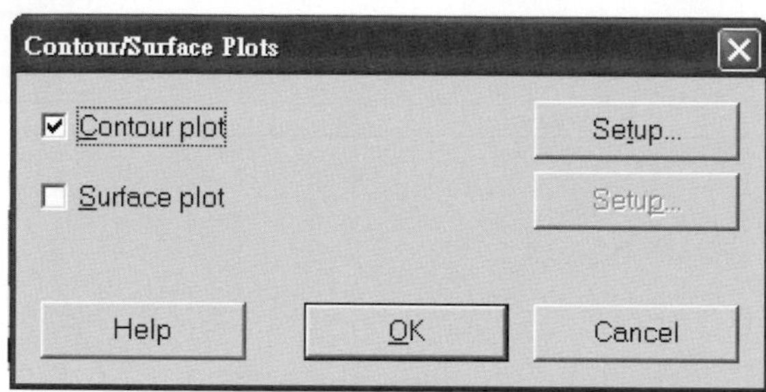

圖4-36　繪製等高線圖

點擊「Setup」設定等高線的所需的相關變數，如圖4-37：

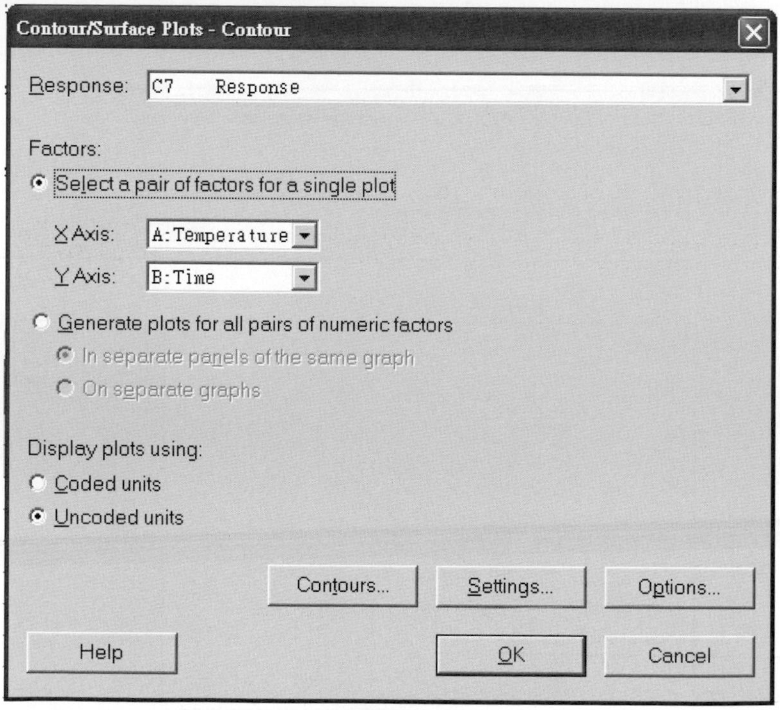

圖4-37　設定等高線圖的變數

分別點擊「Contours(等高線)」及「Settings(設定值)」，可以設定等高線要呈現的樣式(圖4-38)及等高線的數值(圖4-39)。

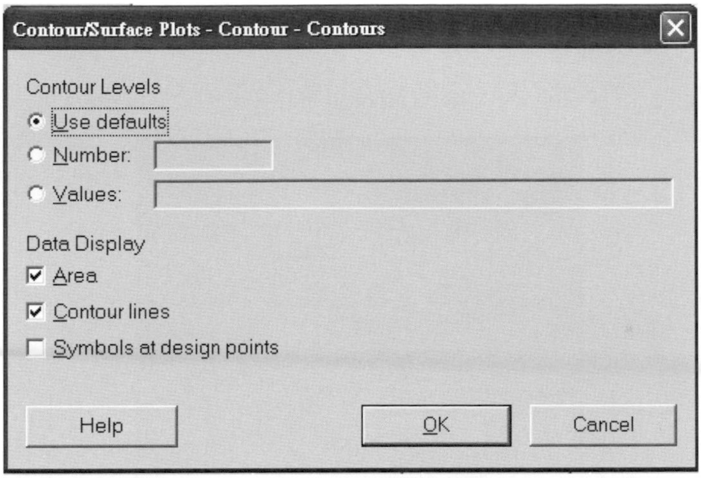

Contour/Surface Plots - Contour - Contours

Contour Levels
- (●) Use defaults
- ( ) Number:
- ( ) Values:

Data Display
- [x] Area
- [x] Contour lines
- [ ] Symbols at design points

Help　OK　Cancel

圖4-38　設定等高線的圖示

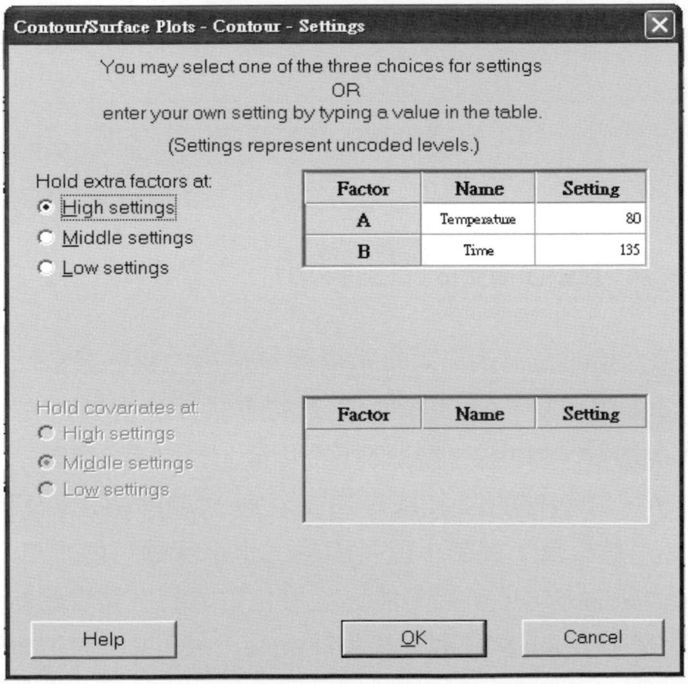

Contour/Surface Plots - Contour - Settings

You may select one of the three choices for settings
OR
enter your own setting by typing a value in the table.

(Settings represent uncoded levels.)

Hold extra factors at:
- (●) High settings
- ( ) Middle settings
- ( ) Low settings

Factor	Name	Setting
A	Temperature	80
B	Time	135

Hold covariates at:
- ( ) High settings
- (●) Middle settings
- ( ) Low settings

Factor	Name	Setting

Help　OK　Cancel

圖4-39　設定其他因子的水準值

呈現出來的等高線圖(圖4-40)可以顯示出不同的層次。如果希望的結果是越大越好，則應該選擇右上角的部分，藉由等高線圖可以清楚的展示未來的改進方向。

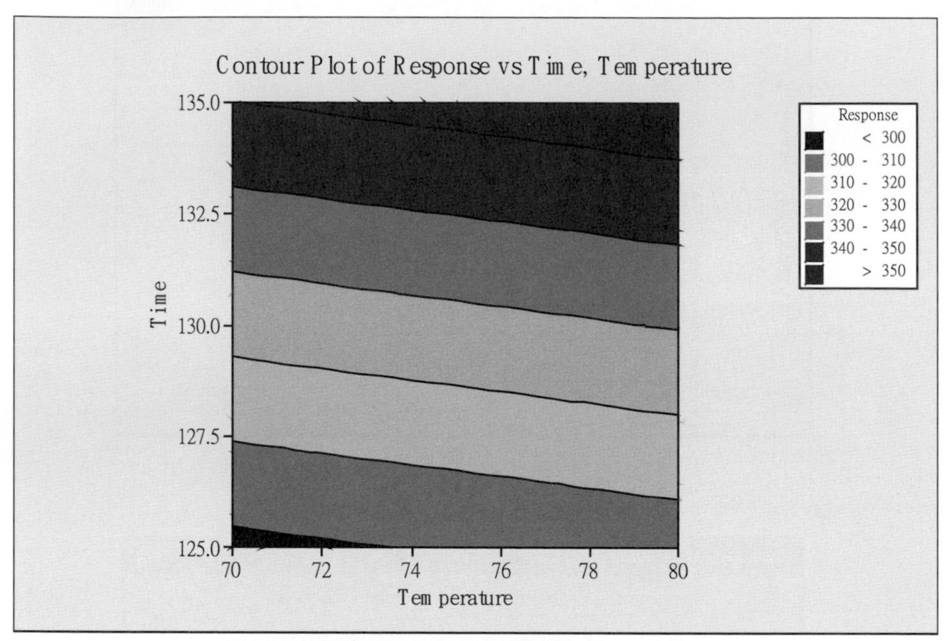

圖4-40　等高線圖

4-3　2^k因子設計的解析

前一章節介紹的是二因子2^2的重複或無重複的實驗設計，如果有多個因子(例如，k個因子)，則可以表示爲2^k的方式，通常稱這是全因子(Full Factorial)實驗設計。採用2^k實驗設計的時機，是當有k個因子及其交互作用要研究分析。二水準的設計都是用在實驗初期的篩選階段(Screening Phase)，既使這是全因子實驗，但是因爲二水準實驗只能提供下一階段(優化階段)一個概略的方向，所以不能算是優化實驗的一種實驗組合。仍然使用已經在第一章使用的圖1-2漏斗模型(Funnel Model)，釐清實驗設計的一些觀念。

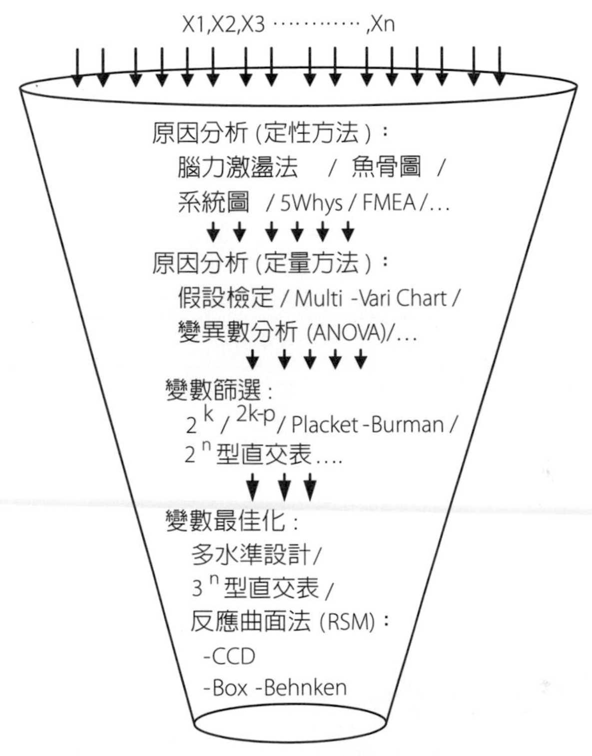

圖4-41　漏斗模型

現在利用一個實際的案例，說明實驗設計的執行方式。LS公司是一家專門設計與製造攪拌器(Plunger)的公司，研發部門正在考慮如何提高攪拌器的效率。一項新設計的攪拌器希望具備超高的攪拌效率(Y)，研發部門根據過去經驗及已經發表的研究報告，認爲影響攪拌效率的主要因子(Xs)，包括：形狀、大小、型式、外力及旋轉。

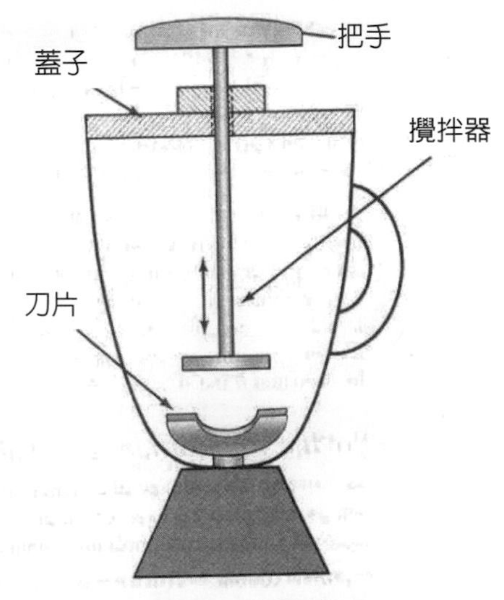

圖4-42　攪拌器

攪拌器的各部分示意圖，如圖4-42。

將此5個主要因子設計為二水準的實驗，各因子對應的水準如表4-24。

表4-24　攪拌器實驗組合

變數 \ 水準	Lower(-)	Upper(+)
形狀 (Shape)	長方形 Rectangle	圓形 Circle
大小 (Size)	6.4 cm	9.7 cm
型式 (Type)	集中式 Convergence	分散式 Divergence
外力 (Force)	不加外力 Yes	加外力 No (1Hz,40N)
旋轉 (Rotation)	不旋轉 No	旋轉 Yes

使用Minitab：Stat>DOE>Factorial>Create Factorial Design設計實驗組合。實驗因子都是二水準，並採用Minitab內設的產生器(Default generators)，因此選擇2-level factorial(default generators)(採用內設產生器的二水準因子設計)。有5個因子，在Number of factors(因子數)選5(圖 4-43)。

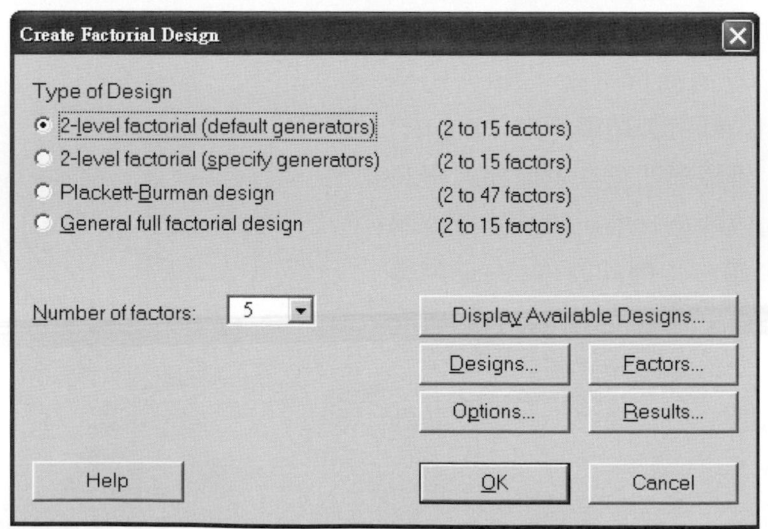

圖4-43　選定實驗因子及水準數

點擊圖4-43「Design(設計)」，因為考慮實驗後將分析交互作用，設計的實驗組合要選擇全因子(Full factorial)形式(圖4-44)，將會有32個不同實驗組合。每一種實驗組合的樣本重複數設為2，一共將有64個實驗數據。

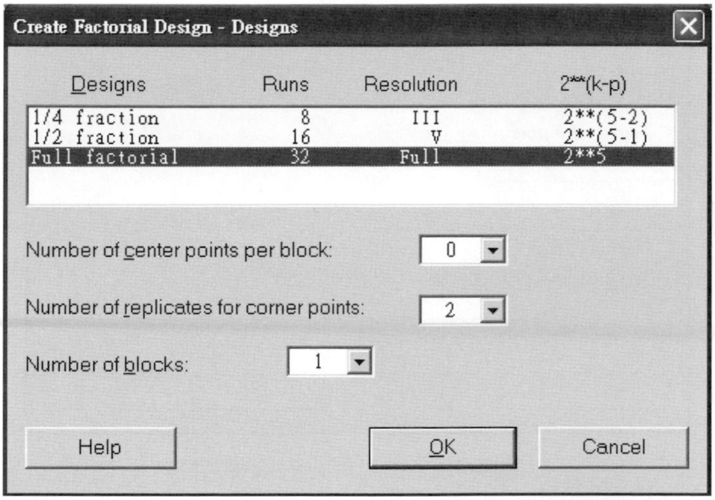

Create Factorial Design - Designs

Designs	Runs	Resolution	2**(k-p)
1/4 fraction	8	III	2**(5-2)
1/2 fraction	16	V	2**(5-1)
Full factorial	32	Full	2**5

Number of center points per block: 0

Number of replicates for corner points: 2

Number of blocks: 1

Help　OK　Cancel

圖4-44　選擇全因子實驗組合及設定重複數

點擊圖4-43「Factors(因子)」，設定5個因子的名稱(Name)、水準的型態(Type)及低水準(Low)與高水準(High)的種類或數值(圖4-45)。這裡特別要注意的是因子水準的型態，這會跟做變異數分析及迴歸分析時有相關聯。做迴歸分析時，因子(Xs)及反應值(Ys)的數據型態必須均為連續的(Continuous)或計量型的(Variable)。

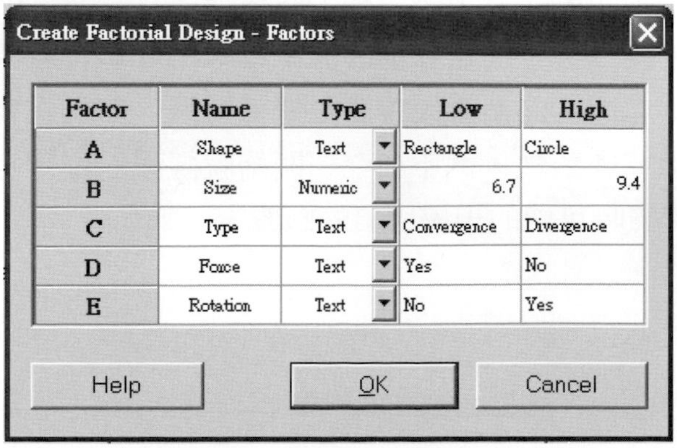

Create Factorial Design - Factors

Factor	Name	Type	Low	High
A	Shape	Text	Rectangle	Circle
B	Size	Numeric	6.7	9.4
C	Type	Text	Convergence	Divergence
D	Force	Text	Yes	No
E	Rotation	Text	No	Yes

Help　OK　Cancel

圖4-45　輸入因子名稱及水準值

爲了實驗的解說容易，刻意將隨機實驗順序「Randomize runs」消去打勾符號(圖4-46)，實際執行實驗時，最好以隨機方式進行，確保每次實驗數據的獨立性。

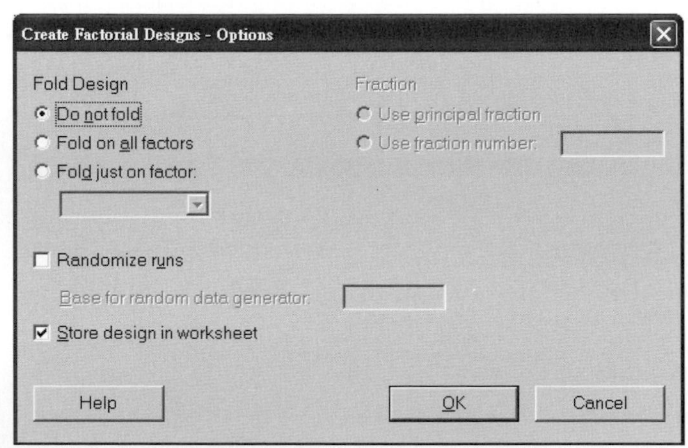

圖4-46　取消實驗的隨機順序

實驗組合及實驗數據如表4-25及表4-26，按照實驗組合的排列方式，應該有64次實驗，每次1個樣本，共有64個實驗樣本。但是，由於實驗的方便性，通常會在1次實驗中做2個樣本。所以，只做32次實驗，每次2個樣本，一樣仍會有64個實驗樣本。這只是考量實驗的方便性，必須對實驗隨機性沒有重大影響才使用。

實驗完畢後將實驗的數據填入Minitab所建立的實驗組合中，注意要檢查填入的數據是否正確，避免發生輸入的錯誤。實驗設計的成功與否是在做實驗時就決定的，甚至在實驗前的因子或水準的選擇就決定的。因爲實驗的不正確或不客觀，必然會使實驗數據受質疑。與其在實驗完畢後才質疑實驗的正確性或客觀性，倒不如在一開始就謹慎的進行實驗的準備和安排，同時注意實驗時可能的干擾因素的影響。

表4-25　實驗組合及實驗數據(1至32)

StdOrder	RunOrder	Shape	Size	Type	Force	Rotation	Response
1	1	Rectangle	6.4	Convergence	Yes	No	33.3
2	2	Circle	6.4	Convergence	Yes	No	13.3
3	3	Rectangle	9.7	Convergence	Yes	No	25.0
4	4	Circle	9.7	Convergence	Yes	No	16.7
5	5	Rectangle	6.4	Divergence	Yes	No	26.7
6	6	Circle	6.4	Divergence	Yes	No	26.7
7	7	Rectangle	9.7	Divergence	Yes	No	43.3
8	8	Circle	9.7	Divergence	Yes	No	26.7
9	9	Rectangle	6.4	Convergence	No	No	83.3
10	10	Circle	6.4	Convergence	No	No	58.3
11	11	Rectangle	9.7	Convergence	No	No	83.3
12	12	Circle	9.7	Convergence	No	No	25.0
13	13	Rectangle	6.4	Divergence	No	No	48.3
14	14	Circle	6.4	Divergence	No	No	58.3
15	15	Rectangle	9.7	Divergence	No	No	51.7
16	16	Circle	9.7	Divergence	No	No	41.7
17	17	Rectangle	6.4	Convergence	Yes	Yes	41.7
18	18	Circle	6.4	Convergence	Yes	Yes	30.3
19	19	Rectangle	9.7	Convergence	Yes	Yes	33.3
20	20	Circle	9.7	Convergence	Yes	Yes	20.0
21	21	Rectangle	6.4	Divergence	Yes	Yes	40.0
22	22	Circle	6.4	Divergence	Yes	Yes	48.3
23	23	Rectangle	9.7	Divergence	Yes	Yes	48.3
24	24	Circle	9.7	Divergence	Yes	Yes	41.7
25	25	Rectangle	6.4	Convergence	No	Yes	68.3
26	26	Circle	6.4	Convergence	No	Yes	83.3
27	27	Rectangle	9.7	Convergence	No	Yes	91.7
28	28	Circle	9.7	Convergence	No	Yes	15.0
29	29	Rectangle	6.4	Divergence	No	Yes	81.7
30	30	Circle	6.4	Divergence	No	Yes	95.0
31	31	Rectangle	9.7	Divergence	No	Yes	66.7
32	32	Circle	9.7	Divergence	No	Yes	58.3

表4-26 實驗組合及實驗數據(33至64)

StdOrder	RunOrder	Shape	Size	Type	Force	Rotation	Response
33	33	Rectangle	6.4	Convergence	Yes	No	30.0
34	34	Circle	6.4	Convergence	Yes	No	33.3
35	35	Rectangle	9.7	Convergence	Yes	No	16.7
36	36	Circle	9.7	Convergence	Yes	No	16.7
37	37	Rectangle	6.4	Divergence	Yes	No	25.0
38	38	Circle	6.4	Divergence	Yes	No	21.7
39	39	Rectangle	9.7	Divergence	Yes	No	22.3
40	40	Circle	9.7	Divergence	Yes	No	23.3
41	41	Rectangle	6.4	Convergence	No	No	93.3
42	42	Circle	6.4	Convergence	No	No	60.0
43	43	Rectangle	9.7	Convergence	No	No	75.0
44	44	Circle	9.7	Convergence	No	No	28.3
45	45	Rectangle	6.4	Divergence	No	No	51.7
46	46	Circle	6.4	Divergence	No	No	60.0
47	47	Rectangle	9.7	Divergence	No	No	41.7
48	48	Circle	9.7	Divergence	No	No	45.0
49	49	Rectangle	6.4	Convergence	Yes	Yes	30.0
50	50	Circle	6.4	Convergence	Yes	Yes	33.3
51	51	Rectangle	9.7	Convergence	Yes	Yes	41.7
52	52	Circle	9.7	Convergence	Yes	Yes	30.0
53	53	Rectangle	6.4	Divergence	Yes	Yes	41.7
54	54	Circle	6.4	Divergence	Yes	Yes	53.3
55	55	Rectangle	9.7	Divergence	Yes	Yes	46.7
56	56	Circle	9.7	Divergence	Yes	Yes	38.3
57	57	Rectangle	6.4	Convergence	No	Yes	65.0
58	58	Circle	6.4	Convergence	No	Yes	71.7
59	59	Rectangle	9.7	Convergence	No	Yes	83.3
60	60	Circle	9.7	Convergence	No	Yes	33.3
61	61	Rectangle	6.4	Divergence	No	Yes	83.3
62	62	Circle	6.4	Divergence	No	Yes	83.0
63	63	Rectangle	9.7	Divergence	No	Yes	75.0
64	64	Circle	9.7	Divergence	No	Yes	66.7

一旦實驗數據填入實驗組合中，即可進行分析。分析的方法與之前的2^2實驗一樣。在Minitab(檔案：PLUNGER-UNCODED.MTW)：Stat> DOE> Factorial> Analyze Factorial Design下執行實驗的分析。首先，將實驗的反應值(Response)選入「Responses(反應值)」(圖4-47)。

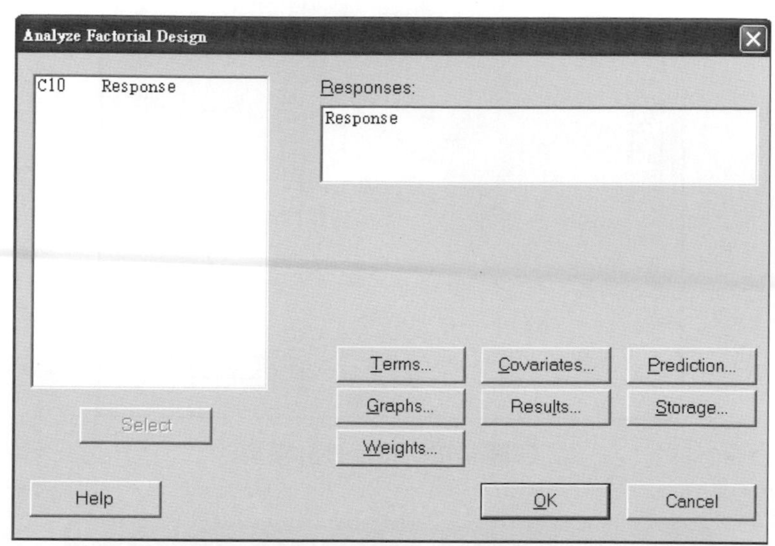

圖4-47　選定反應值

接下來只選擇「Terms(項目)」、「Graphs(圖形)」及「Results(結果)」三項。選擇「Terms(項目)」是要建構變異數分析的統計模型(Model)，在這裡選擇「2」，是將模型假想爲由二階的變數所構成，例如：

$Y=a+b_1X_1+b_2X_2+b_{12}X_1X_2+b_{11}X_{11}+b_{22}X_{22}$，這就是二階的模型或函數。這個範例共有5個因子，最多可以選擇的階次爲5，卻沒有直接選擇5，是因爲高階的交互作用(3階或3階以上)一般較無顯著差異。因此，先以2階開始分析，如圖4-48，是將所有的1階因子與2階交互作用全部納入考慮。

在「Graphs(圖形)」中勾選「Normal(常態圖)」及「Pareto(柏拉圖)」(圖4-49)。沒有選擇殘差(Residual)進行分析，是因爲想瞭解模型的適用性是否恰當，不急著看殘差的狀況。另一原因是數據有經過修飾，並不完全是眞實數據。

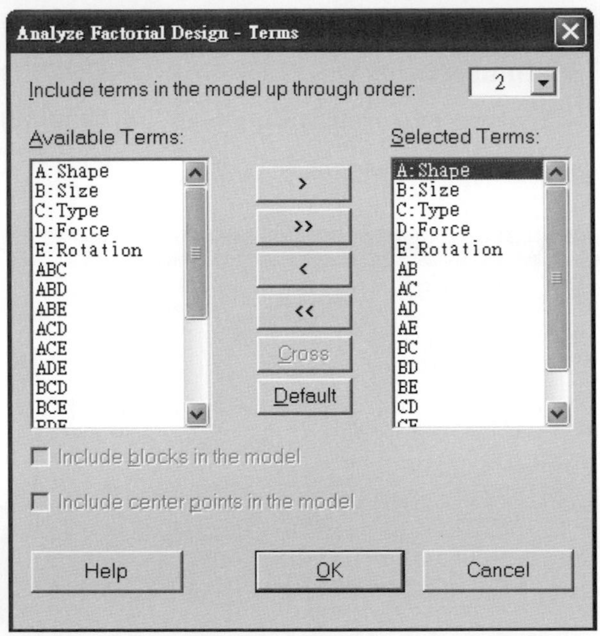

圖4-48　設定統計模型

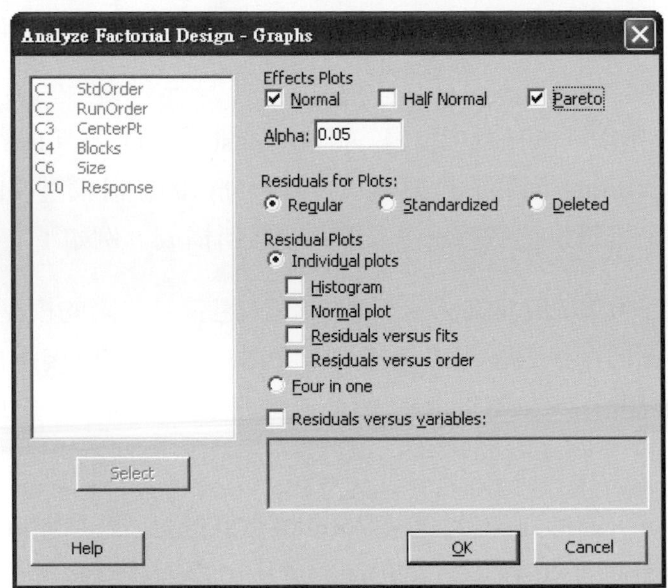

圖4-49　選擇以常態機率圖及柏拉圖呈現

從柏拉圖(圖4-50)及常態機率圖(圖4-51)可以知道，2階的模型中D,E,A,AC,AB,B,CE,BD,AD具有顯著的差異，超過臨界值2.01(柏拉圖上的垂直線)。

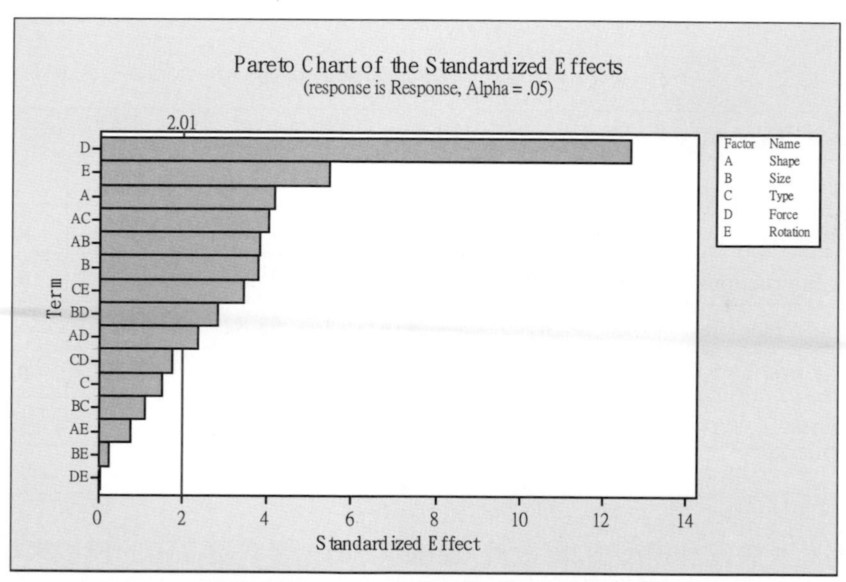

圖4-50　因子及交互作用之柏拉圖

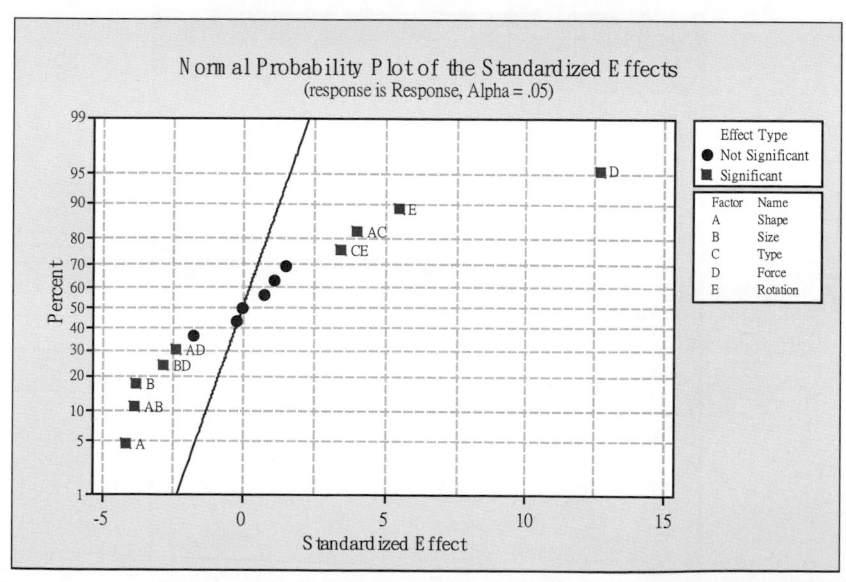

圖4-51　因子及交互作用之常態機率圖

變異數分析表(表4-27)的主效應(Main Effects)及交互作用(2-Way Interactions)的P值明顯小於0.05，所以主效應及交互作用對結果的影響不容忽視。另外，必須注意的是缺適性(Lack of Fit)，它的P值是0.000小於0.05，可以知道此模型並不完全符合要求(有缺適性存在)。

表4-27　2階變異數分析表

Analysis of Variance for Response (coded units)						
Source	DF	Seq SS	Adj SS	Adj MS	F	P
Main Effects	5	22149	22149	4429.78	44.83	0.000
2-Way Interactions	10	6050	6050	605.04	6.12	0.000
Residual Error	48	4743	4743	98.82		
Lack of Fit	**16**	**3511**	**3511**	**219.46**	**5.70**	**0.000**
Pure Error	32	1232	1232	38.49		
Total	63	32942				

因此，將統計模型由2階改為3階(圖4-52)，尋求更高階的模型來試試看是否能符合需求。

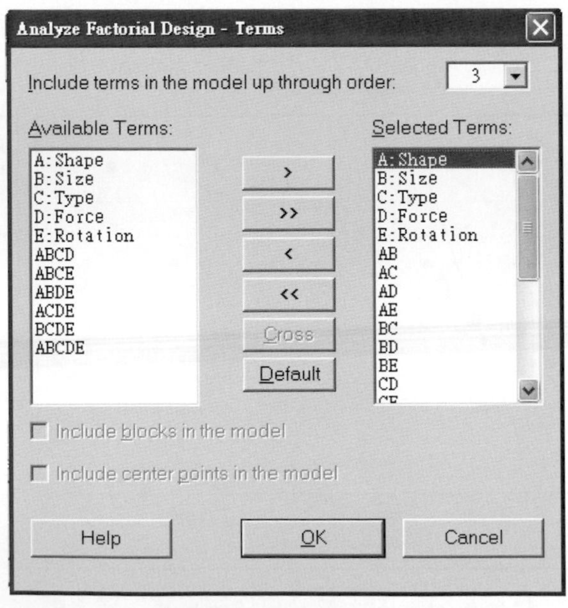

圖4-52　設定統計模型

將統計模型設為3階，顯著的因子或交互作用是D,E,A,AC,AB,B,CE,ACD,BD,ABD,AD,ABE,CDE,CD等(ACD,ABD,ABE,CDE,CD是增加的部分)，如圖 4-53及圖4-54。

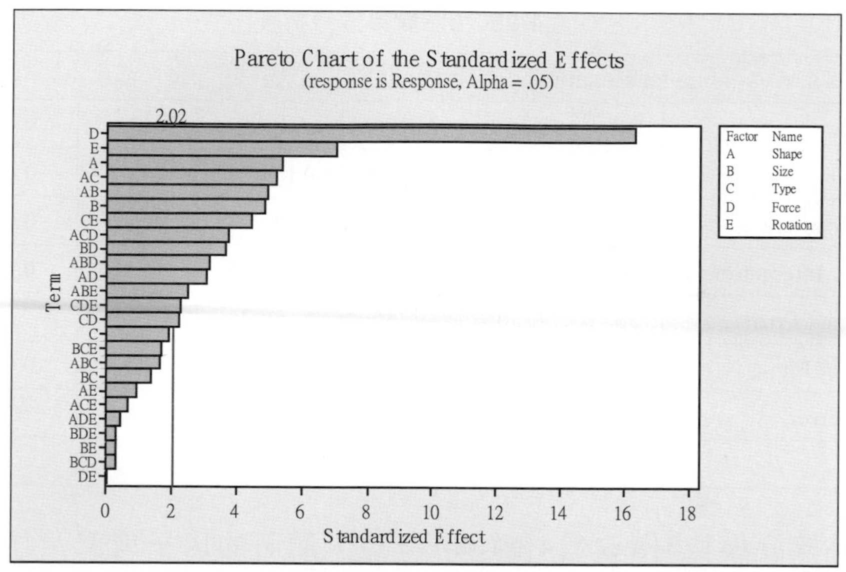

圖4-53　柏拉圖

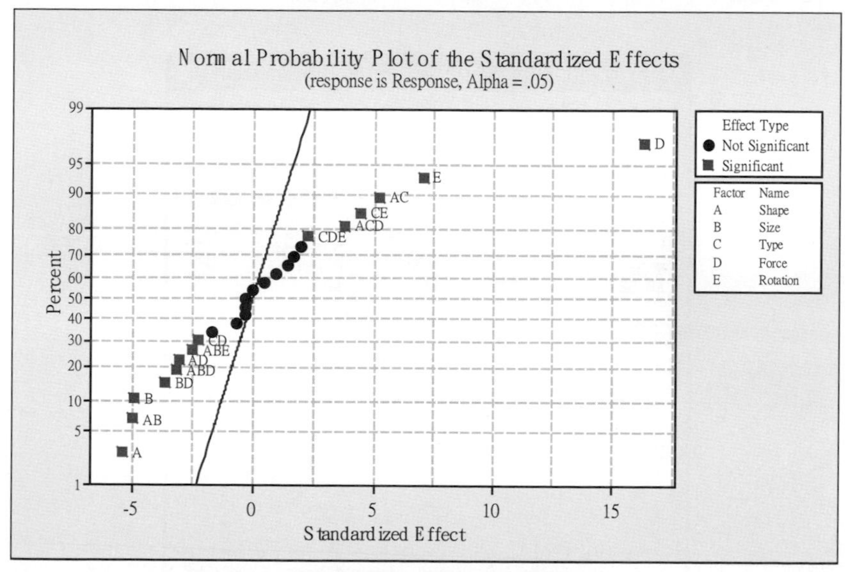

圖4-54　常態機率圖

3階變異數分析的結果與2階的分析相似，只增加3-Way Interactions有顯著的影響。缺適性(Lack of Fit)只有0.002(仍小於0.05)，可以知道此模型仍不完全符合要求(有缺適性存在)，如表4-28，因此有必要將模型再做修正。

表4-28　3階變異數分析表

Analysis of Variance for Response (coded units)						
Source	DF	Seq SS	Adj SS	Adj MS	F	P
Main Effects	5	22149	22149	4429.78	74.63	0.000
2-Way Interactions	10	6050	6050	605.04	10.19	0.000
3-Way Interactions	10	2487	2487	248.75	4.19	0.001
Residual Error	38	2256	2256	59.36		
Lack of Fit	6	1024	1024	170.64	4.43	0.002
Pure Error	32	1232	1232	38.49		
Total	63	32942				

將統計模型3階改爲4階(圖4-55)，顯著的因子或交互作用是D,E,A,AC,AB,B, CE,ACD,BD,ABD,AD,ABCD,ABE,CDE,CD,C,ACDE等(ABCD,C,ACDE是增加的部分)，如圖 4-56及圖4-57。

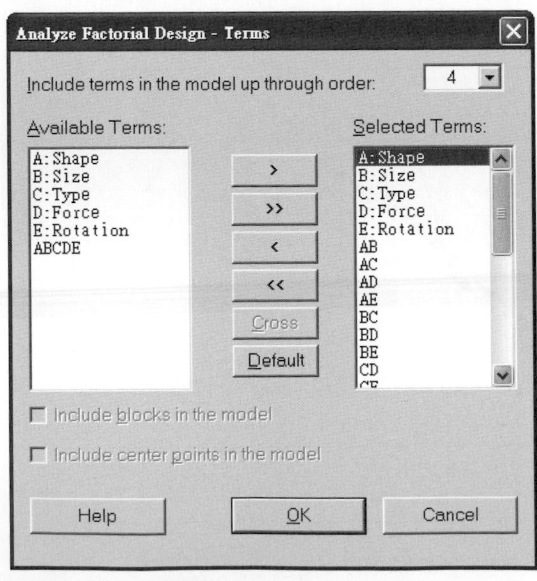

圖4-55　設定統計模型

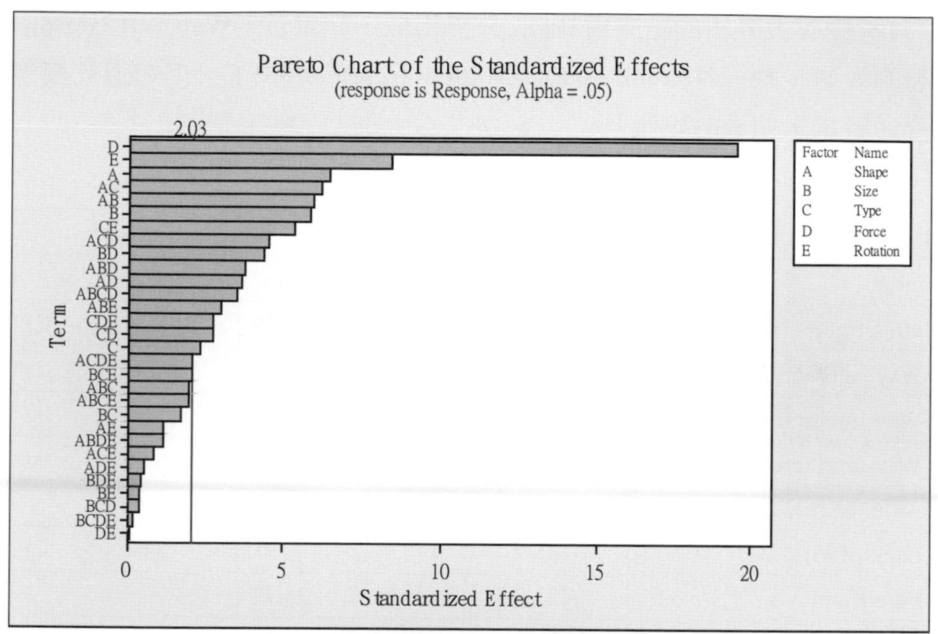

圖4-56　柏拉圖

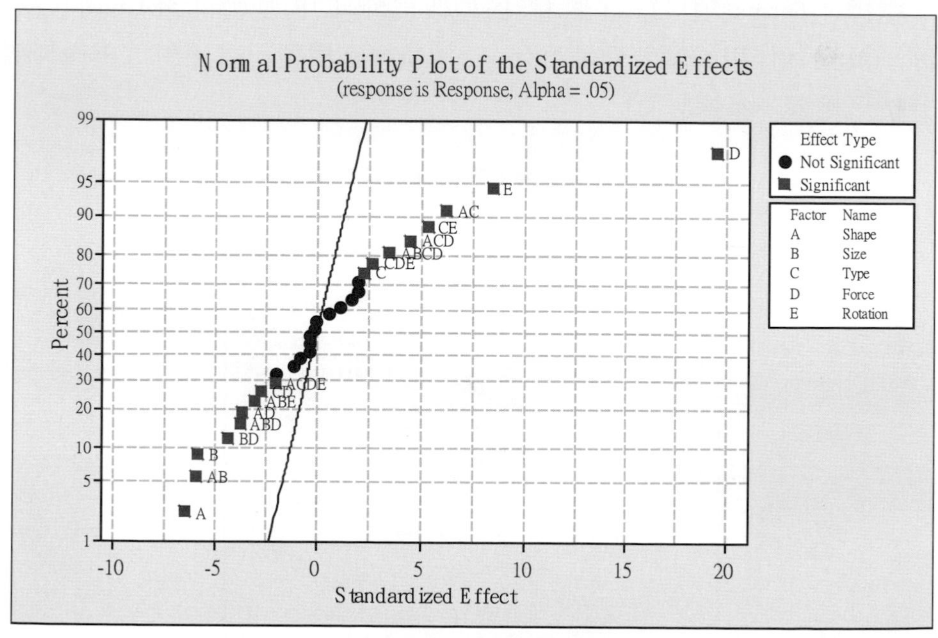

圖4-57　常態機率圖

4階變異數分析的結果與3階的分析相似，只增加4-Way Interactions有顯著的影響。缺適性(Lack of Fit)爲0.066(稍大於0.05)，可以知道此模型已經符合要求，如表4-29。

表4-29　4階變異數分析

Analysis of Variance for Response (coded units)						
Source	DF	Seq SS	Adj SS	Adj MS	F	P
Main Effects	5	22148.9	22148.9	4429.78	106.64	0.000
2-Way Interactions	10	6050.4	6050.4	605.04	14.57	0.000
3-Way Interactions	10	2487.5	2487.5	248.75	5.99	0.000
4-Way Interactions	5	884.9	884.9	176.98	4.26	0.004
Residual Error	33	1370.8	1370.8	41.54		
Lack of Fit	1	138.9	138.9	138.95	3.61	0.066
Pure Error	32	1231.8	1231.8	38.49		
Total	63	32942.5				

選擇「Terms(項目)」，將4階模型改爲5階的模型(圖4-58)，再次檢視主因子及交互作用的顯著性是否存在。由於4階模型已可適用，再做5階模型分析只是進一步探討而已。

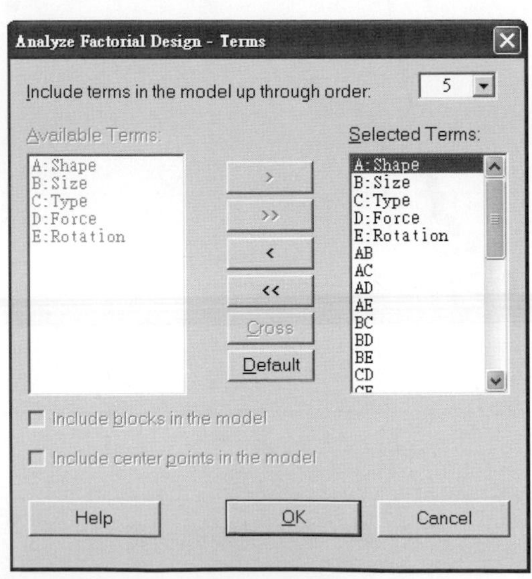

圖4-58　設定統計模型

顯著的因子或交互作用是D,E,A,AC,AB,B,CE,ACD,BD,ABD,AD,ABCD,ABE, CDE,CD,C,ACDE,BCE,ABC等(BCE,ABC是增加的部分)，如圖4-59柏拉圖及圖4-60常態機率圖。

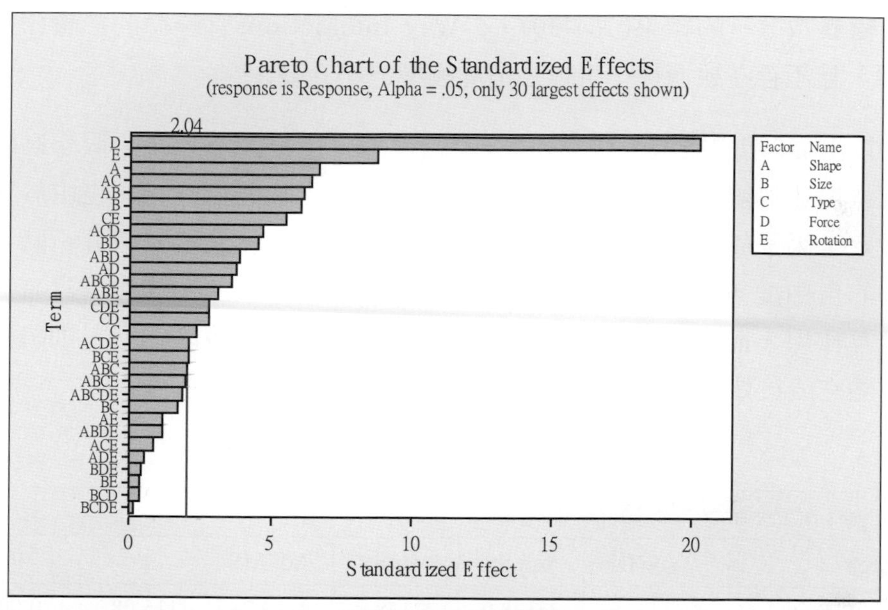

圖4-59　柏拉圖

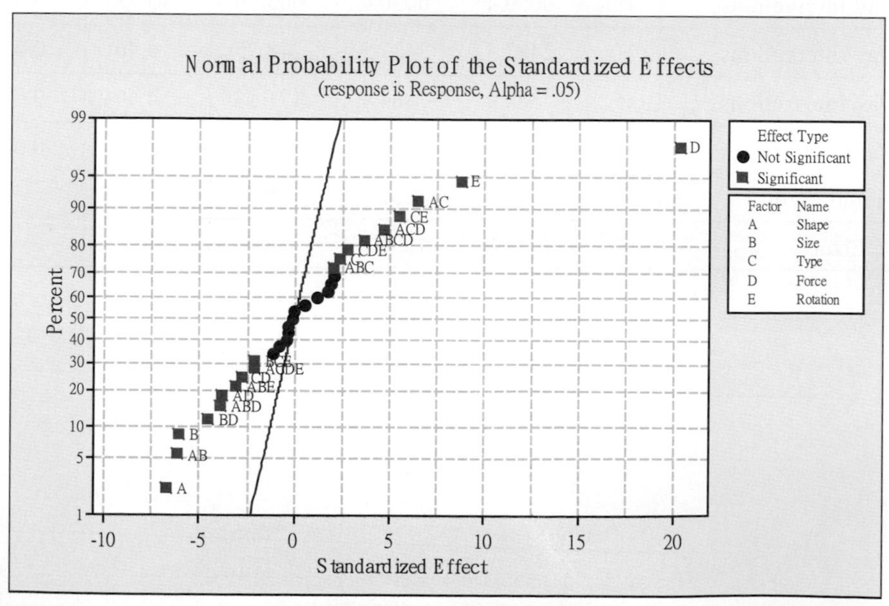

圖4-60　常態機率圖

從圖4-59(柏拉圖)及圖4-60(常態機率圖)可以知道具有顯著性的因子或交互作用有相當多個，其中交互作用顯著的有3階和4階的，顯然地，交互作用在這個題目裡扮演重要的地位。

變異數分析的結果(表4-30)，5-Way Interactions有輕微的影響(p值爲0.06)，且不存在缺適性，可以知道此模型已符合要求。

以上從2階的模型一路修正到5階的模型，這是因爲一開始假想高階的交互作用並無顯著的差異，這種假設通常都是正確而可行的。也由於實驗時設定全因子(Full Factorial)的組合及使重複數爲2，使變異數分析時具備足夠的自由度，才能分析到高階的交互作用。如果一開始假想爲沒有高階的交互作用，而使用部分因子(Fractional Factorial)的實驗組合，則將無法在實驗完成後要求做高階交互作用的分析。

表4-30　5階變異數分析表

Analysis of Variance for Response (coded units)						
Source	DF	Seq SS	Adj SS	Adj MS	F	P
Main Effects	5	22148.9	22148.9	4429.78	115.08	0.000
2-Way Interactions	10	6050.4	6050.4	605.04	15.72	0.000
3-Way Interactions	10	2487.5	2487.5	248.75	6.46	0.000
4-Way Interactions	5	884.9	884.9	176.98	4.60	0.003
5-Way Interactions	1	138.9	138.9	138.95	3.61	0.066
Residual Error	32	1231.8	1231.8	38.49		
Pure Error	32	1231.8	1231.8	38.49		
Total	63	32942.5				

4-4 加入中心點的設計

加入中心點的設計是一種在高低實驗水準之間加入中心點，以探討在高低水準之間是否存在非線性的反應值。二水準之設計通常假設為直線關係，加入中心點可看出二點間是否有曲線關係。一般以加入3至5個中心點為原則，在前面的實驗溫度125℃及135℃的中心是130℃，時間70分和80分的中心是75分，可以安排實驗的方式為圖 4-61。

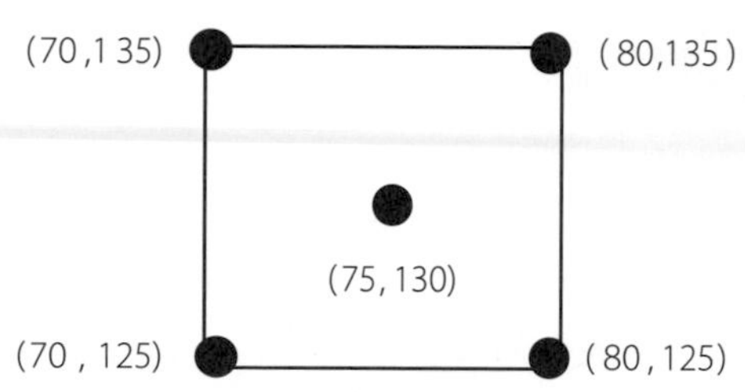

圖4-61　2x2加中心點

4-4-1 加入中心點的好處

加入中心點的好處除了可以探討在二點間是否有曲線關係，還可以因此增加實驗的自由度，使誤差的分析更充分；不會有自由度的不足，造成分析上的判斷風險。因為自由度越多，誤差的均方(MS_{Error})分析越準確。

4-4-2 加入中心點的作法

現在以加入3個中心點的實驗為例，先設計實驗組合。在Minitab：Stat>DOE>Factorial>Create Factorial Design>Designs設定「Number of center points(中心點個數)」為3 (圖4-62)。

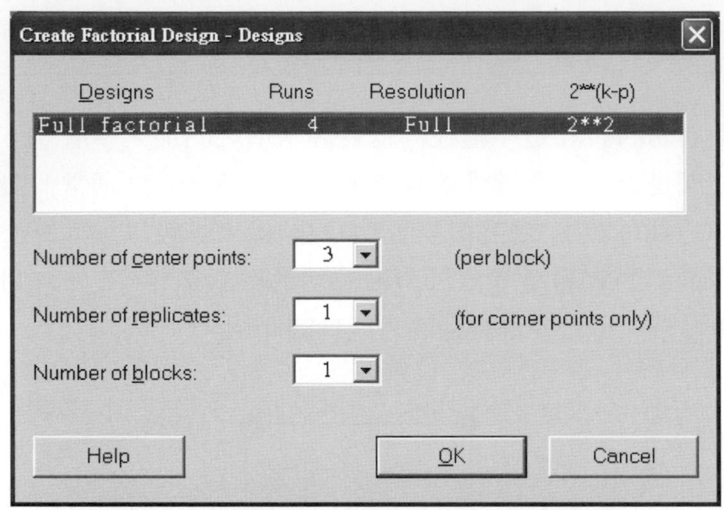

圖4-62　2x2全因子加3個中心點之實驗設計組合

所建立的實驗組合為表4-31：

表4-31　2x2加3個中心點的實驗組合

C1	C2	C3	C4	C5	C6
StdOrder	RunOrder	CenterPt	Blocks	Temperature	Time
1	1	1	1	125	70
2	2	1	1	135	70
3	3	1	1	125	80
4	4	1	1	135	80
5	5	0	1	130	75
6	6	0	1	130	75
7	7	0	1	130	75

填入實驗數據(表4-32)，此實驗數據是修飾過的數據，這裡將不做殘差的檢定分析。

表4-32　2x2加3個中心點的實驗數據

C1	C2	C3	C4	C5	C6	C7
StdOrder	RunOrder	CenterPt	Blocks	Temperature	Time	Response
1	1	1	1	125	70	299
2	2	1	1	135	70	301
3	3	1	1	125	80	345
4	4	1	1	135	80	360
5	5	0	1	130	75	354
6	6	0	1	130	75	358
7	7	0	1	130	75	355

將實驗數據進行變異數分析表(表4-33)可以得知主效應有非常顯著差異(P<0.05)，2階交互作用只有輕微的差異(P<0.10)。另外，可以發現曲率(Curvature)的機率值很低(P=0.003)，所以知道在高低水準之間的反應值存在彎曲現象(高低水準之間的反應值不是直線變化)。

在Minitab(檔案：GRAM-RESPONSE W CENTER.MTW)：Stat> DOE > Factorial > Analyze Factorial Design直接點擊OK即可得到變異數分析表。

表4-33　變異數分析表

Analysis of Variance for Response (coded units)						
Source	DF	Seq SS	Adj SS	Adj MS	F	P
Main Effects	2	2828.50	2828.50	1414.25	326.37	0.003
2-Way Interactions	1	42.25	42.25	42.25	9.75	0.089
Curvature	1	1483.44	1483.44	1483.44	342.33	0.003
Residual Error	2	8.67	8.67	4.33		
Pure Error	2	8.67	8.67	4.33		
Total	6	4362.86				

利用Minitab：Stat>DOE>Factorial>Factorial Plots可以獲得主效應反應圖(圖4-63)及交互作用反應圖(圖4-64)，由於有加入中心點的關係，在反應圖的高低水準的直線間多了一個中心點。

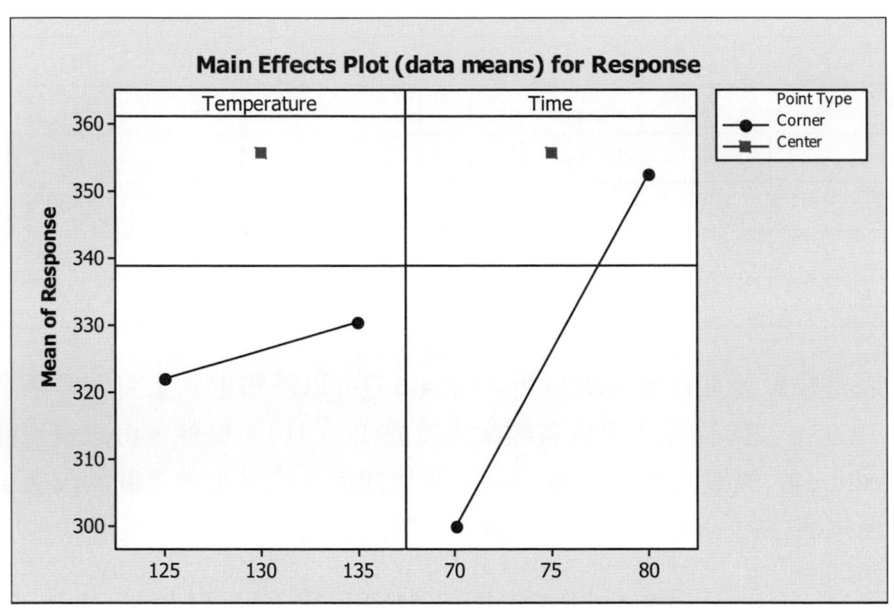

圖4-63　有中心點的主效應反應圖

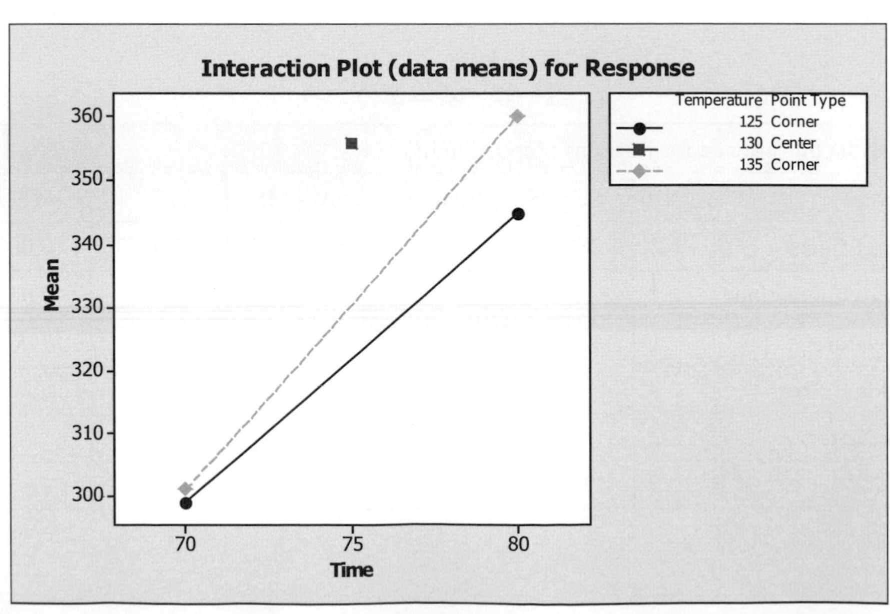

圖4-64　有中心點的交互作用反應圖

在Factorial Plot也可以選擇Cube Plot(立體圖)的功能，顯示出圖4-65，可以清楚看出各實驗條件的反應值或其平均數。其中，中心點的平均數是355.667。

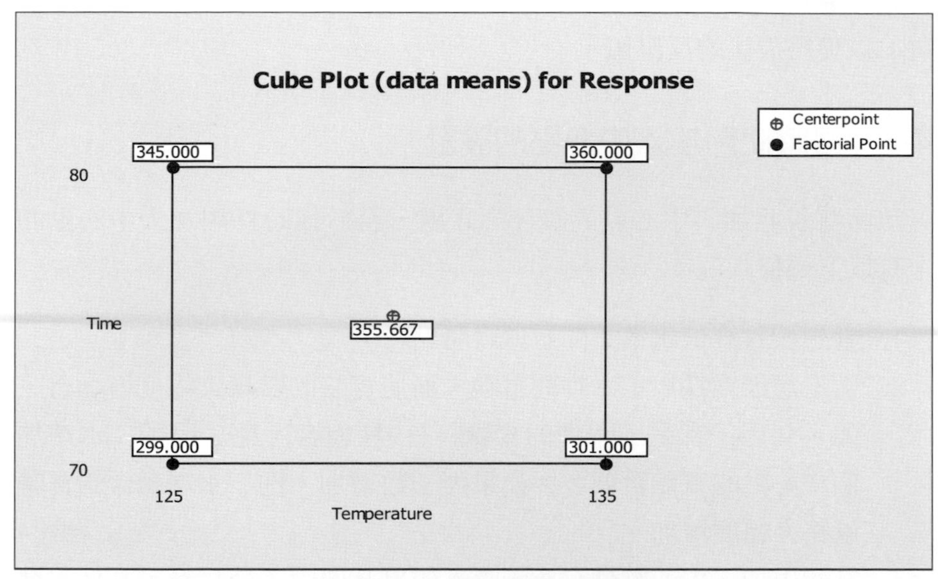

圖4-65　有中心點的立體圖

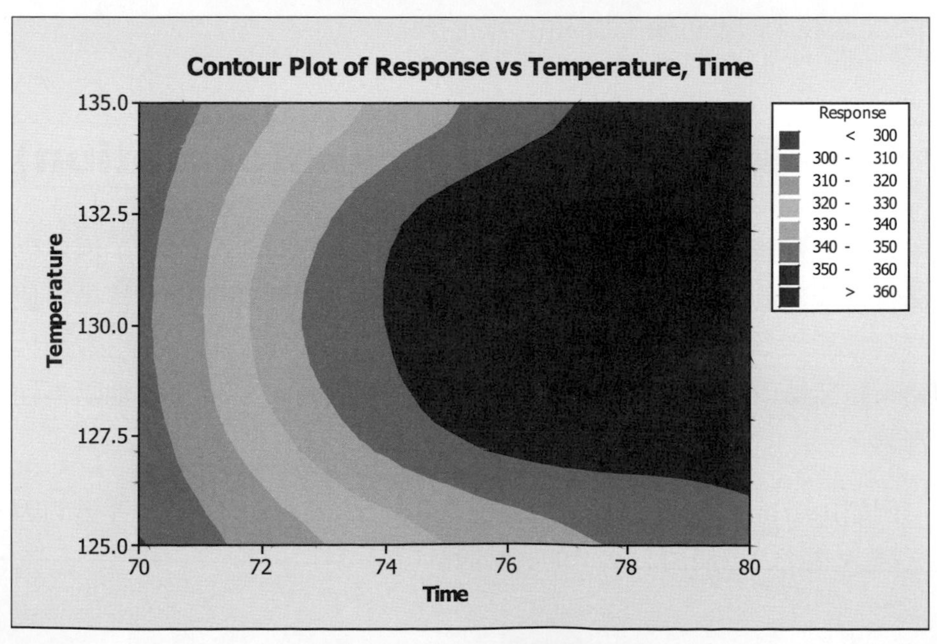

圖4-66　反應值的等高線圖

由於Minitab：Stat>DOE>Factorial>Contour/Surface Plot繪不出加入中心點的等高線圖，另行採用Graph>Contour Plot可以繪出具參考意義的等高線圖(圖4-66)。在等高線的右邊深色部分是反應值高於360的區域，可以指出未來實驗將朝該區域前進的方向，後續可以利用反應曲面法做更細緻的探討，以獲得最佳的反應值。

4-4-3 何時使用加入中心點的設計

前面有說明加入中心點的設計之好處，至於何時採用加入中心點的設計，有以下幾種狀況：

1. 當想探討高低水準之間有無彎曲點時。
2. 當不想因爲採用三水準的實驗，而使實驗的數量大幅度增加時。例如，二因子都是三水準的實驗將有9種組合，比二因子二水準加三個中心點的實驗數要多。如果因子數增加，則三水準組合的實驗數量將大幅度增加。
3. 當採用加入中心點是有意義時。如果某個因子是材料，高低水準是A和B種類的材料，其中心點將是(A+B)/2。如果(A+B)/2並不具備意義，則不可使用加入中心點的設計。

4-5 數據轉換(Data Transformation)

當進行殘差分析時，雖然調整統計模型(Statistical Model)，但是仍然無法符合殘差的常態性及變異數一致性時，可以對反應值進行轉換，使殘差符合常態性及變異數一致性。但是殘差獨立性不符合時，利用數據轉換的結果將無法改善獨立性，因此在做實驗時要特別注意儘可能地隨機性進行實驗。

例如Bearing設計技術人員想要提高Bearing的壽命(Life)，考量的因子有三種(A,B及C)，使用二水準的實驗設計(表4-34)：

表4-34　實驗因子與水準數

因子	水準(-1)	水準(1)
A： Osculation	-1	1
B： Heat treatment	-1	1
C： Cage	Steel：-1	Polymer：1

Osculation：$R_{bearing}/R_{cage}$ (=滾珠半徑/外殼半徑)，設定二水準

Heat treatment：是對內環做熱處理，設定二水準

Cage：外殼，有鋼(Steel)和聚合物(Polymer)，設定二水準

以全因子實驗組合進行實驗，獲得實驗數據如表4-35：

表4-35　實驗組合及反應值

C1	C2	C3	C4	C5	C6	C7	C8
StdOrder	RunOrder	CenterPt	Blocks	A	B	C	Life (hours)
1	1	1	1	-1	-1	-1	17
2	2	1	1	1	-1	-1	25
3	3	1	1	-1	1	-1	26
4	4	1	1	1	1	-1	85
5	5	1	1	-1	-1	1	19
6	6	1	1	1	-1	1	21
7	7	1	1	-1	1	1	16
8	8	1	1	1	1	1	128

(資料來源：" Software Sleuth Solves Engineering Problem", Mark J. Anderson & Patrick J. Whitcomb)

進行變異數及殘差分析，執行步驟Minitab(檔案：BEARING LIFE. MTW)： Stat> DOE> Factorial> Analyze Factorial Design，將Life(hours)選入「Responses(反應值)」中，如圖4-67。

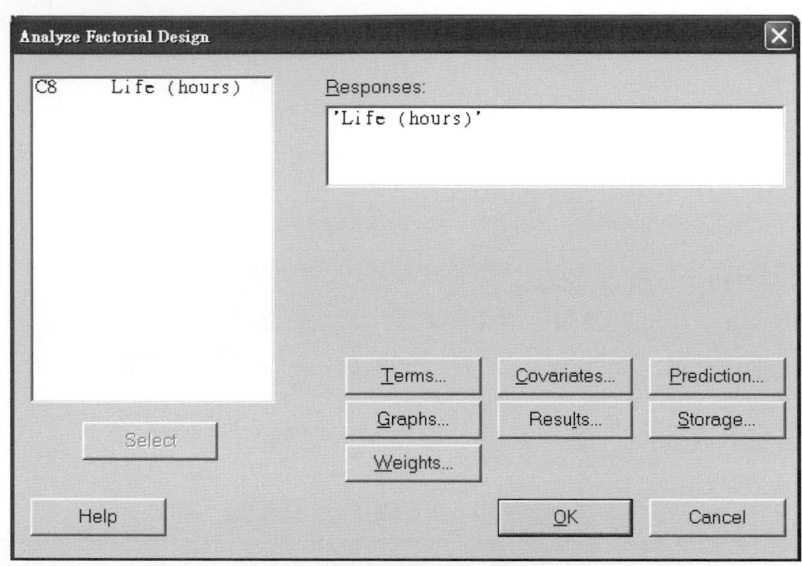

圖4-67　分析實驗數據

選擇「Terms(項目)」，在「Include terms in the model up through order(模型的階次)」選取2，分析因子及交互作用的效應大小，以瞭解哪些因子或交互作用是重要的影響因素(圖4-68)。

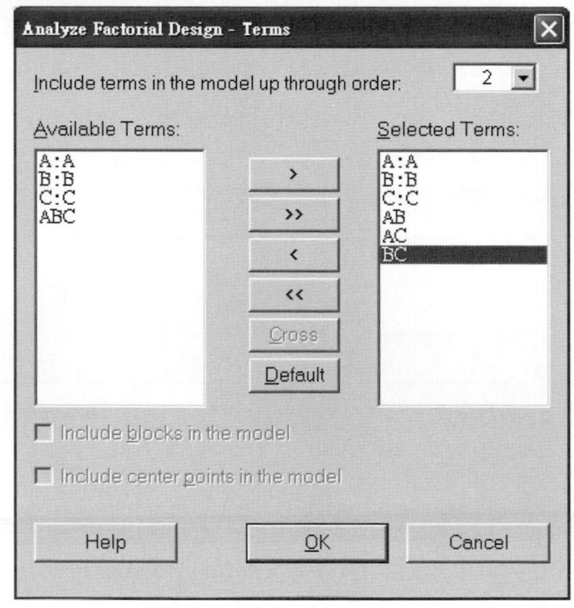

圖4-68　設定統計模型

選擇「Graphs(圖形)」，在圖4-69中的效應圖Effects Plots勾選「Normal(常態圖)」及「Pareto(柏拉圖)」以顯示因子及交互作用的顯著性(圖4-70，圖4-71)，並於殘差圖Residual Plots(圖4-69)勾選「Four in one(四合一)」檢視殘差的狀況(圖4-72)。

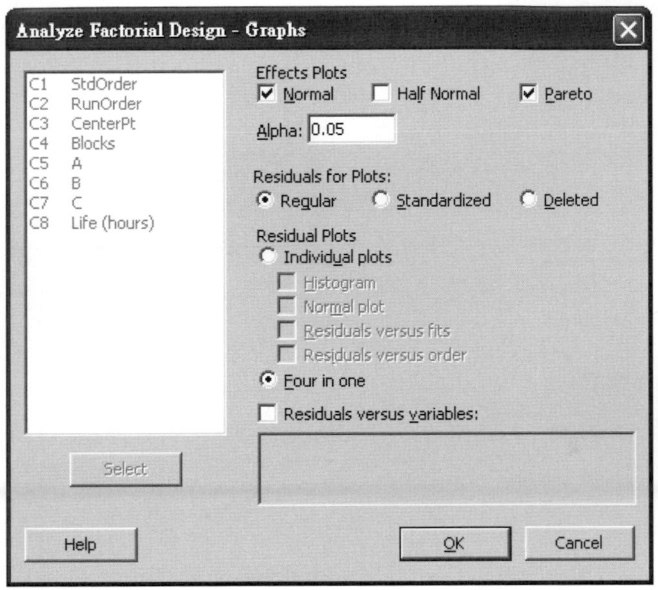

圖4-69　繪製效應的常態機率圖及柏拉圖與殘差圖

在常態機率圖(圖4-70)中並未顯示有因子或交互作用對反應值具有顯著性的差異。這可能是誤差項的自由度不足，無法檢測出因子或交互作用的顯著性。

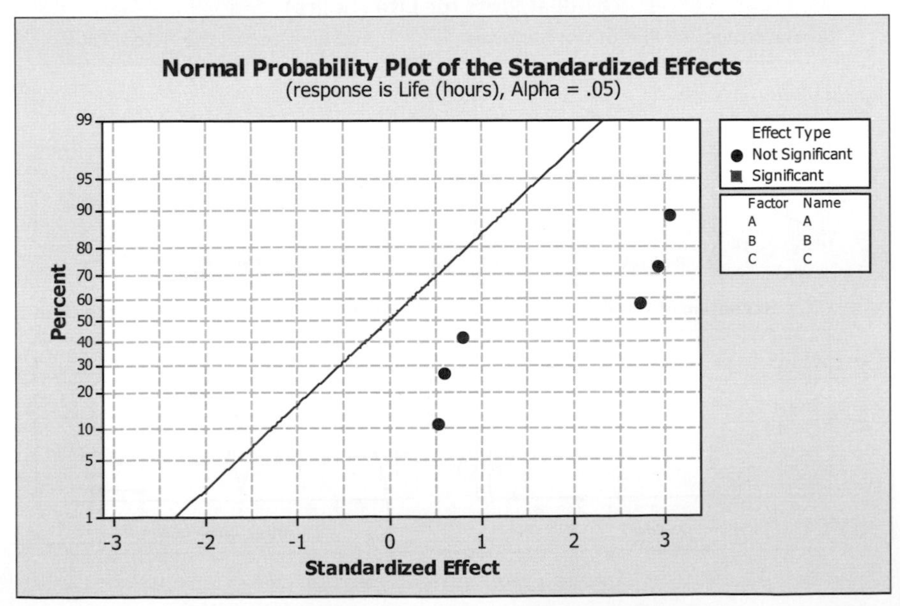

圖4-70　效應之常態機率圖

柏拉圖(圖4-71)中的主因子A,B及交互作用AB的效應比較凸出，但是未達到顯著差異的條件(均低於12.71)。

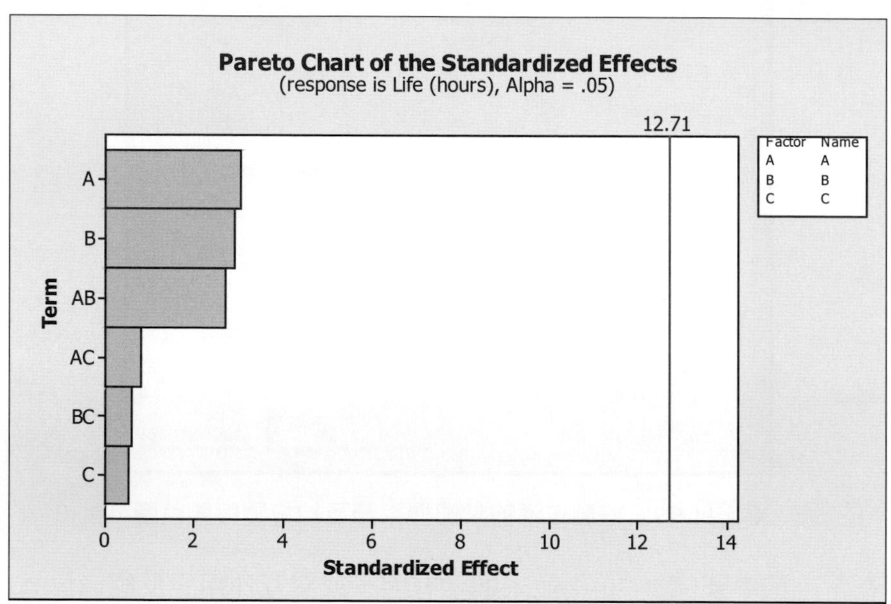

圖4-71 效應之柏拉圖

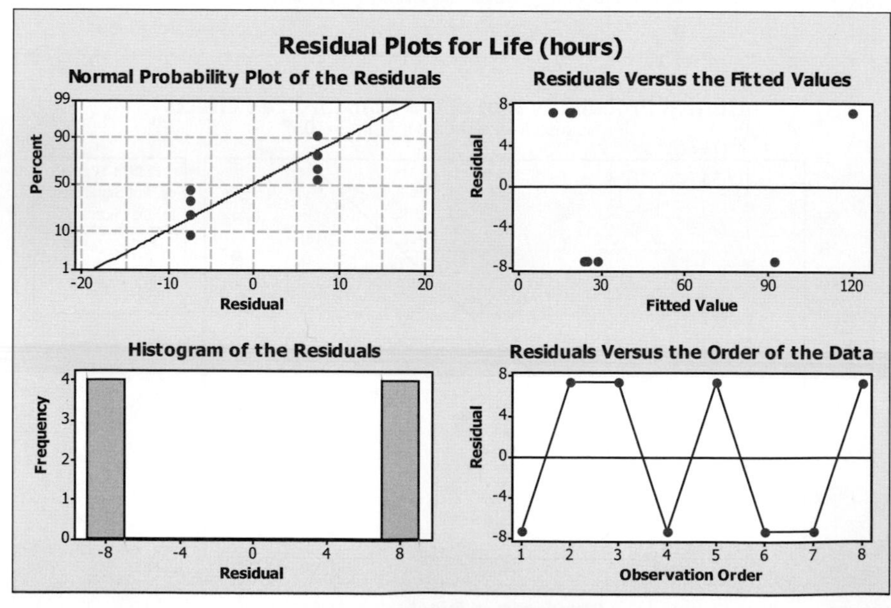

圖4-72 四合一殘差圖

在殘差圖中(圖4-72)，常態機率圖或直方圖的數據僅集中在兩個位置上，顯然殘差極度的不接近常態。

從柏拉圖(圖4-71)中可以知道A、B及AB的影響度相對的較高(占前三名)，因此，修正統計模型後只列入A、B及AB，如圖4-73。

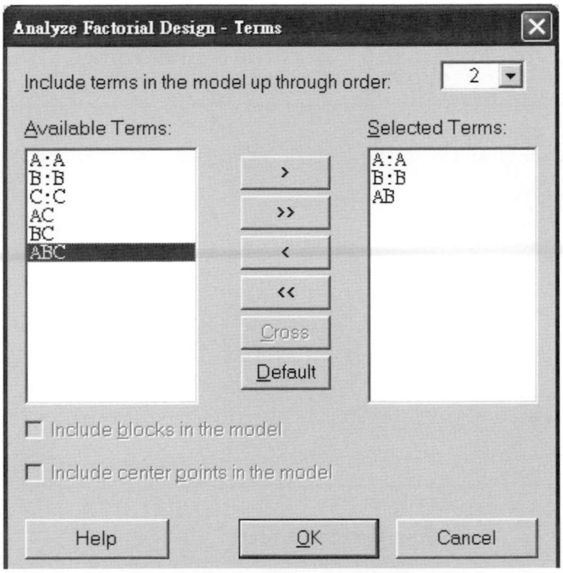

圖4-73　修正統計模型

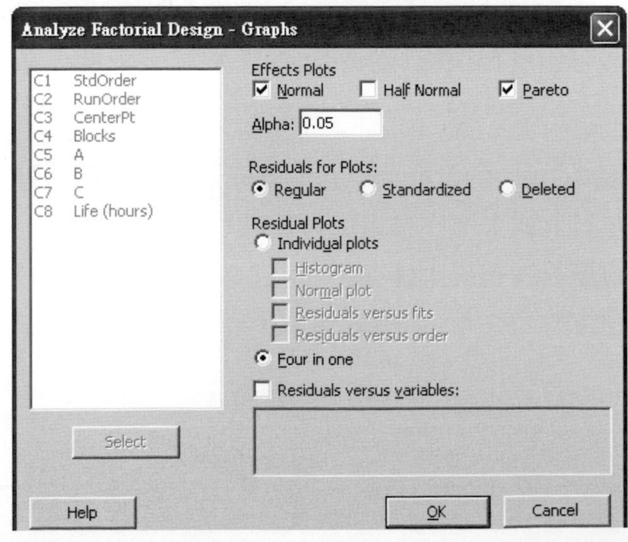

圖4-74　繪製效應的常態機率圖及柏拉圖與殘差圖

選擇「Graphs(圖形)」，在圖4-74中的效應圖Effects Plots勾選「Normal(常態圖)」及「Pareto(柏拉圖)」。

繪製的常態機率圖(圖4-75)呈現因子(A,B)及交互作用(AB)的水準之間都存在顯著性差異。

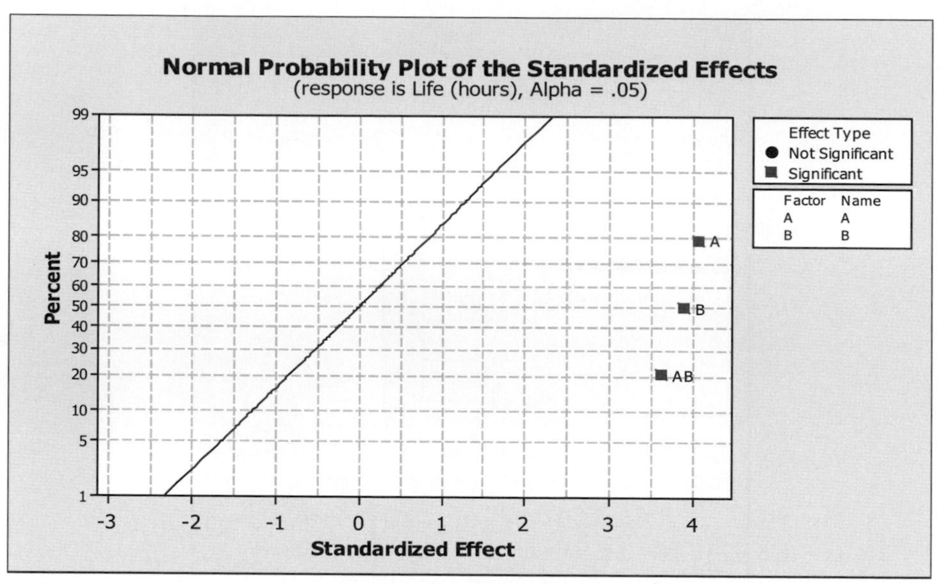

圖4-75 常態機率圖

在柏拉圖(圖4-76)的關鍵值已經從12.71(圖4-71)變爲2.776(圖4-76)，這是因爲誤差項的自由度已經從1變爲4，使得關鍵值降低，顯著性差異就容易顯現出來。

在殘差圖(圖4-77)中的常態機率圖並未顯示出常態的特性，因爲殘差數據的值沒有落在斜直線上；在殘差的變異數一致性配適(Fitted values)上，顯示在數值20的變異數差異小(較集中)，在數值100的變異數差異大，因此殘差的假設「變異數一致性」將無法成立。

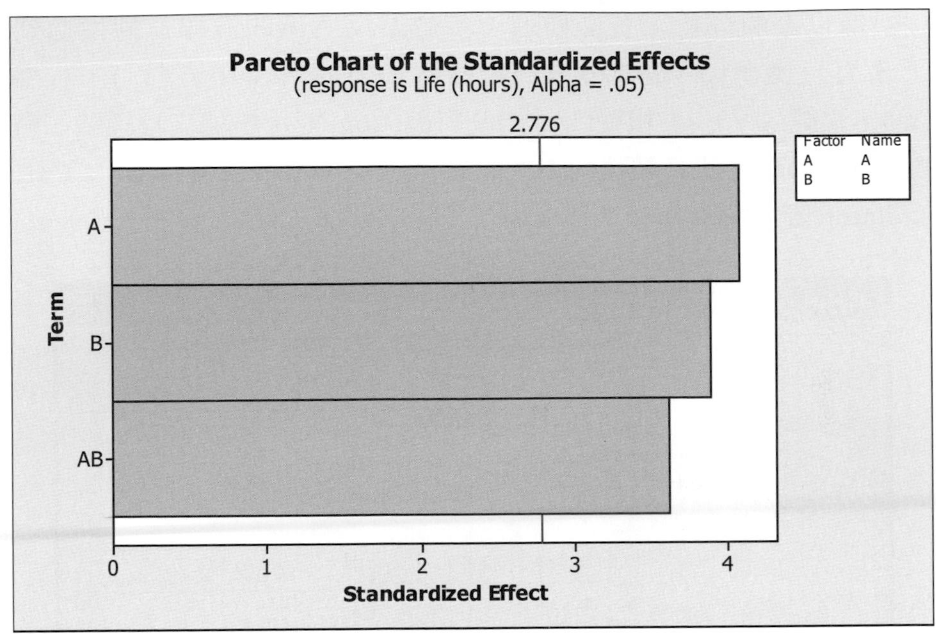

圖4-76　柏拉圖

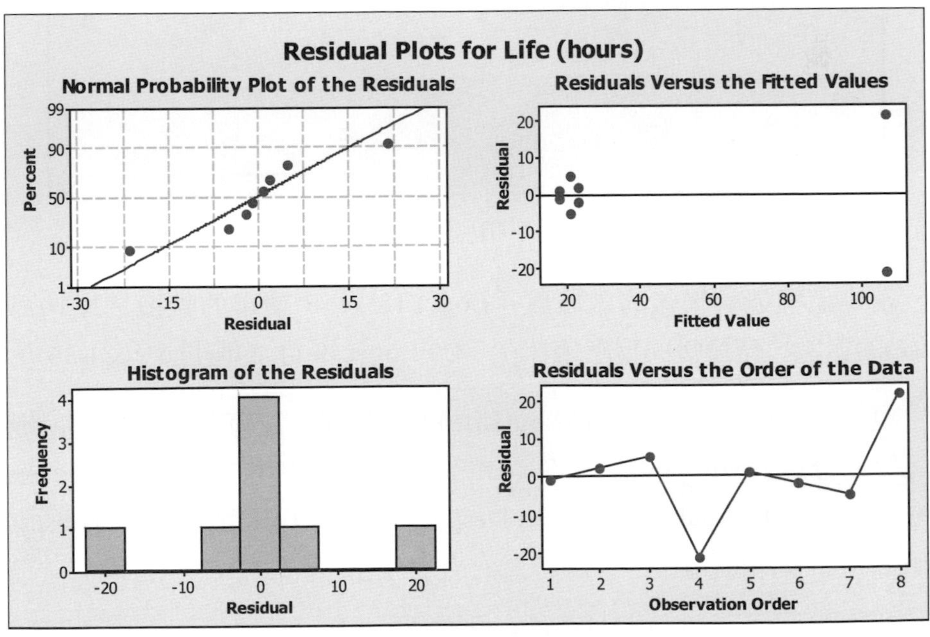

圖4-77　殘差圖

根據以上的分析，有必要進一步的對反應值的數據作轉換處理。接下來將反應值(Y)做轉換，一般的轉換方式有：平方(Y^2)，1/平方($1/Y^2$)，根號($\sqrt{Y}$)，1/根號($1/\sqrt{Y}$)及對數(Log Y)。根據工程經驗，轉為對數(Log Y)將可能是較佳的方式，轉換數據的步驟為Minitab：Calc > Calculator(圖4-78)

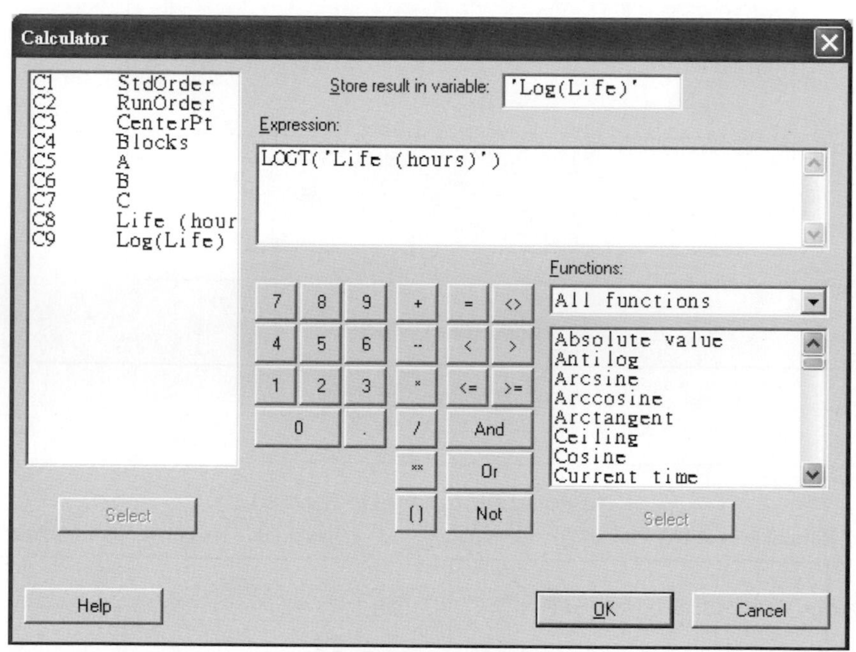

圖4-78　數據換算

反應值經過轉換後的數據為「Log(Life)」，使用的轉換是以10為底(base)的對數，轉換後的反應值存在「C9 Log(Life)」的欄位中(表4-36)。

現在將以轉換後的反應值Log(Life)進行因子、交互作用、殘差、變異數等等的分析。Minitab(檔案：BEARING LIFE.MTW)分析步驟：Stat> DOE> Factorial> Analyze Factorial Design，將Log(Life)選入「Responses(反應值)」中，如圖4-79。

☪ 表4-36　經過轉換的反應值

C1	C2	C3	C4	C5	C6	C7	C8	C9
StdOrder	RunOrder	CenterPt	Blocks	A	B	C	Life (hours)	Log(Life)
1	1	1	1	-1	-1	-1	17	1.230449
2	2	1	1	1	-1	-1	25	1.39794
3	3	1	1	-1	1	-1	26	1.414973
4	4	1	1	1	1	-1	85	1.929419
5	5	1	1	-1	-1	1	19	1.278754
6	6	1	1	1	-1	1	21	1.322219
7	7	1	1	-1	1	1	16	1.204120
8	8	1	1	1	1	1	128	2.107210

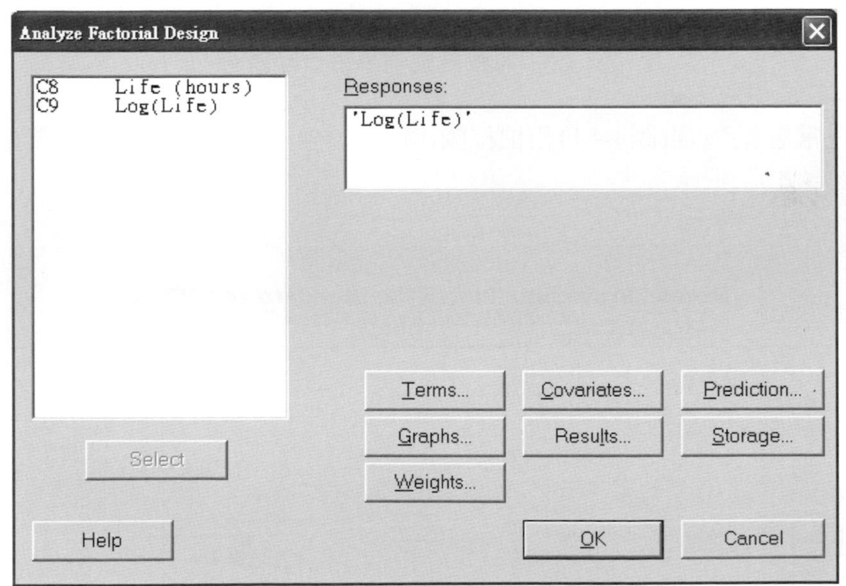

☪ 圖4-79　分析轉換後的實驗數據

選擇「Terms(項目)」，在「Include terms in the model up through order(模型的階次)」選取2，分析A、B及AB的效應，瞭解A、B因子或AB交互作用是否重要(圖4-80)。同時，也勾選「Graphs(圖形)」中的「Normal(常態圖)」及「Pareto(柏拉圖)」，可以獲得常態機率圖(圖4-81)和柏拉圖(圖4-82)。

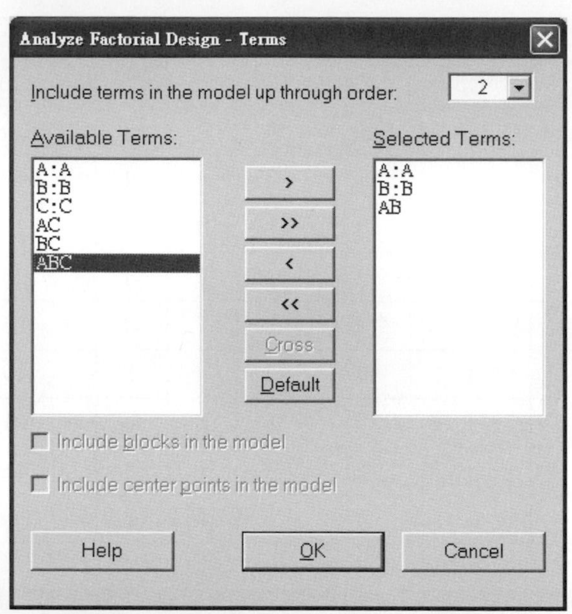

圖4-80　設定反應值分析之統計模型

在常態機率圖(圖4-81)和柏拉圖(圖4-82)中顯示A、B及AB都具備顯著性的差異。

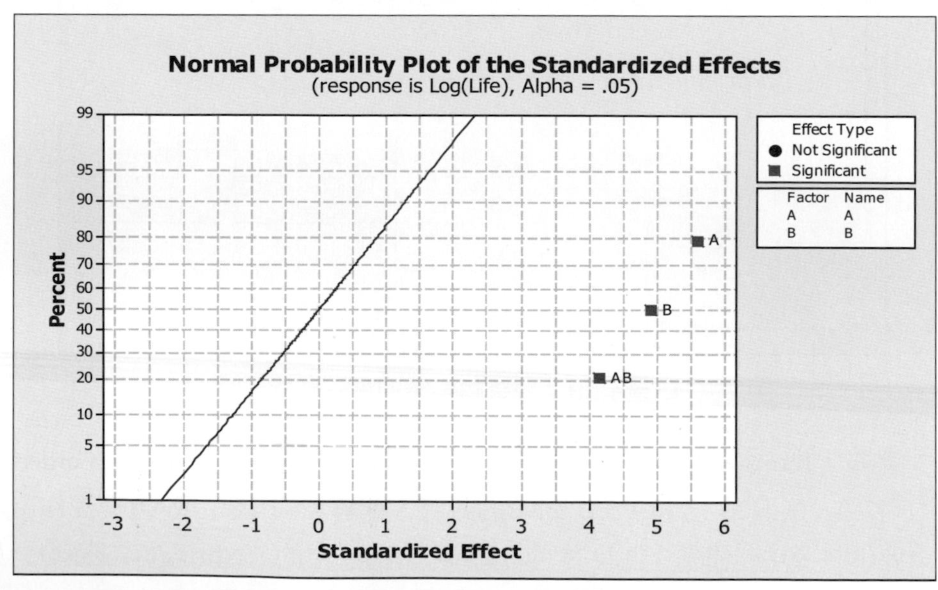

圖4-81　常態機率圖

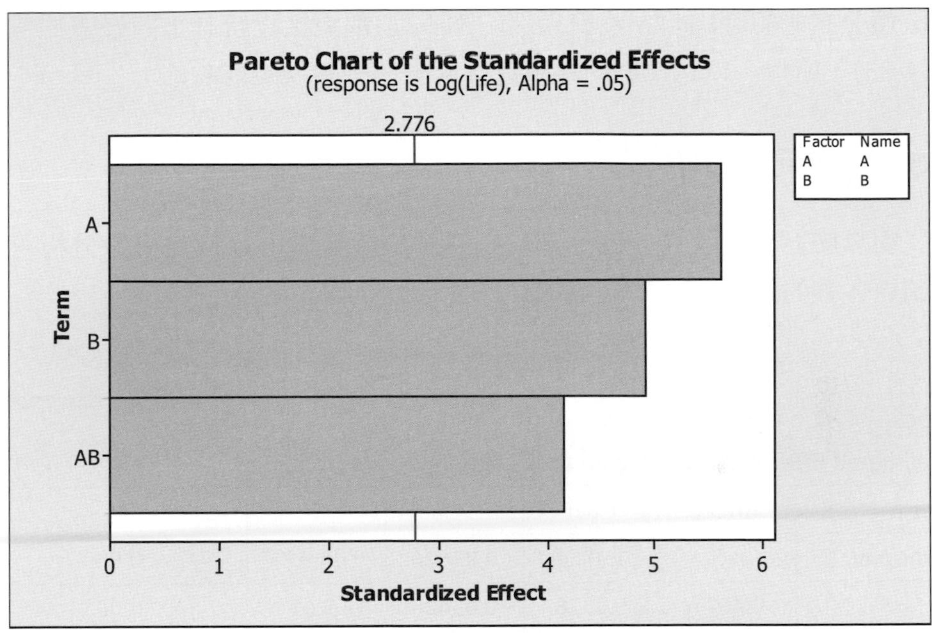

圖4-82　柏拉圖

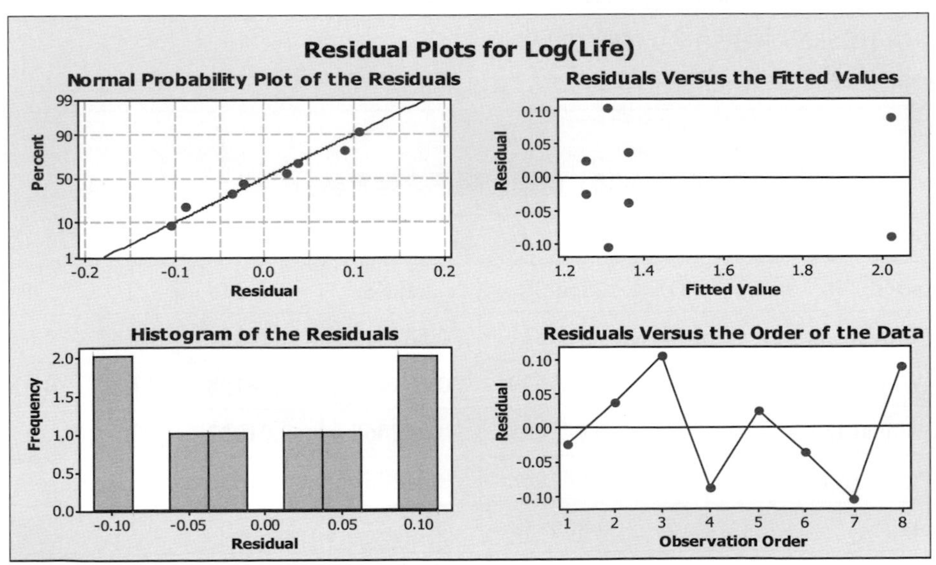

圖4-83　四合一殘差圖

殘差的常態性(在Normality Probability Plot of the Residuals殘差數値都落在接近斜直線上)及變異數一致性(在Residuals Versus the Fitted Values殘

差數值分布的範圍均勻，沒有極端的喇叭型)都更接近統計上對殘差的假設(圖4-83)，所以，以10爲底的對數進行反應值的轉換是成功的。

4-5-1 變異數分析

由於統計模型及殘差圖形都已經符合假設要求，進行變異數分析可以得到更客觀的意義(表4-37及4-38)。

表4-37 轉換後編碼之效應值及係數

Factorial Fit： Log(Life) versus A, B Estimated Effects and Coefficients for Log(Life) (coded units)					
Term	Effect	Coef	SE Coef	T	P
Constant		1.4856	0.03626	40.97	0.000
A	0.4071	0.2036	0.03626	5.61	0.005
B	0.3566	0.1783	0.03626	4.92	0.008
A*B	0.3016	0.1508	0.03626	4.16	0.014
S = 0.102552 PRESS = 0.168272 R-Sq = 94.81% R-Sq(pred) = 79.22% R-Sq(adj) = 90.91%					

表4-38 轉換後編碼之變異數分析表

Analysis of Variance for Log(Life) (coded units)						
Source	DF	Seq SS	Adj SS	Adj MS	F	P
Main Effects	2	0.585811	0.585811	0.29291	27.85	0.004
2-Way Interactions	1	0.181979	0.181979	0.18198	17.30	0.014
Residual Error	4	0.042068	0.042068	0.01052		
Pure Error	4	0.042068	0.042068	0.01052		
Total	7	0.809858				

從R-sq(表4-37)知道A、B及AB對結果(反應值)的總和影響程度占94.81%。所以，應該沒有其他重要的因子或交互作用存在。

繪出主效應圖(圖4-84)及交互作用圖(圖4-85)，Bearing的壽命越長越好，從主效應圖及交互作用圖知道A是A1的水準，B也是B1的水準，AB交互作用也是A1B1的水準組合，所以最佳的組合就是A1B1，即是A：Osculation 選擇1(水準1)，B：Heat treatment 選擇1(水準1)。

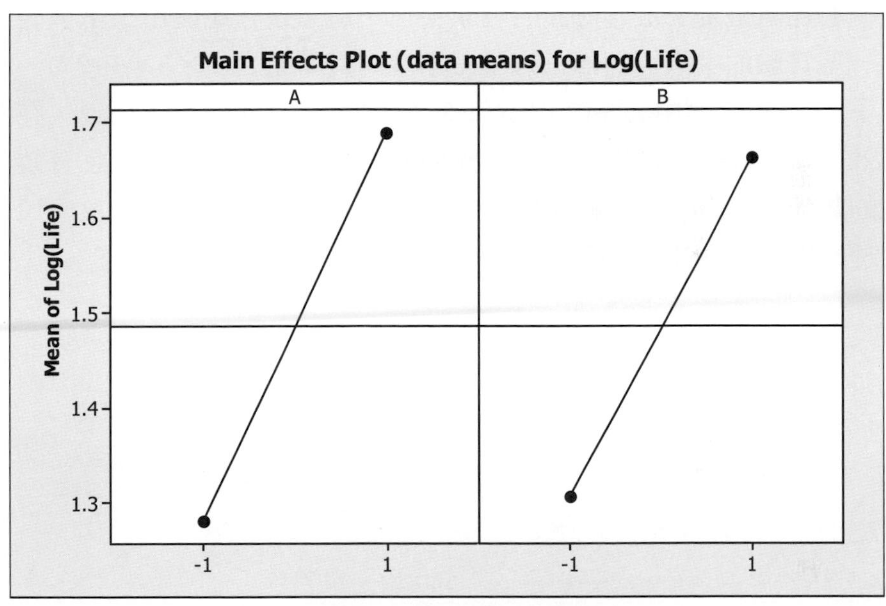

圖4-84　主效應反應圖

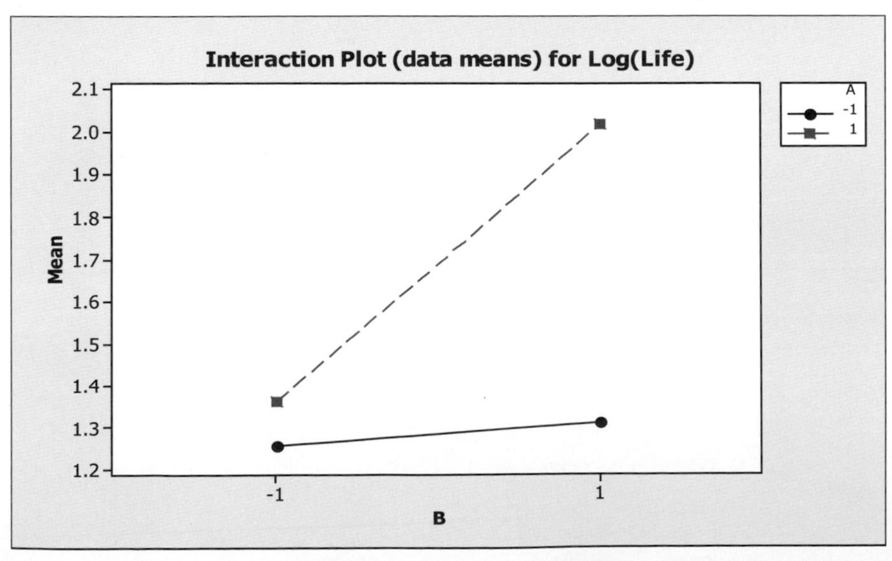

圖4-85　交互作用反應圖

結語

2^k因子設計是全因子設計，除非要探討所有的交互作用的效應，否則不會使用2^k因子設計，而會使用2^{k-p}部分因子設計。加入中心點的設計是在探討中心點附近是不是有彎曲的現象存在，這一設計比使用三水準的設計會少一些實驗的次數，例如三因子三水準的實驗組合(3×3×3=27)，比起三因子二水準加5個中心點(2×2×2+5=13)要多出14次實驗。所以，在考慮實驗效率或成本時，使用加入中心點的方式會比較簡單、快速且有效。反應值的數據轉換(Box-Cox轉換)不一定常常存在，但是，有時候反應值未進行合理的轉換卻會引起決策上的錯誤。

練習題

解釋及說明題：

1. 解釋以下名詞
   反應值(Response)
   因子(Factor)
   水準(Level)
   交互作用(Interaction)
   交絡(Confounding)
   實驗次數(Experimental Runs)
   重複數(Replicates)
   實驗誤差(Experimental Error)
2. 使用加中心點的因子實驗設計有什麼好處？又有什麼限制？
3. 爲什麼實驗順序應該隨機進行？
4. 爲何不應該做一次一因子(One-Factor-at-A-Time, OFAT)的實驗？
5. 什麼是交絡效應(Confounded Effects)？
6. 如何解釋交互作用圖(Interaction Graph)的用途？
8. 如何發掘重要的因子？如何選定因子才能確定因子眞的已經被選取到？
9. 如果實驗次數不重複，實驗結果的準確度可否保證？實驗應該重複幾次才是可以相信的？
10. 如果實驗有7個因子，如何同時進行重要因子的確認？如果分次篩選會不會產生誤判？會不會因爲水準選定而遺漏重要因子？
11. 殘差(Residual)是什麼？有何用途？
12. 殘差的假設性僅觀察圖形進行判斷是否可信？或是使用統計檢定方式驗證殘差的假設性較可信？

筆記欄

Chapter 5

2^{k-p}部分因子設計

學習目標

- 了解部分因子的實驗組合之安排及交絡的意義
- 了解以最少實驗次數做最多因子配置之實驗以節省實驗成本
- 了解解析度的意義與飽和實驗的安排
- 了解P-B的實驗組合，有效率地進行篩選實驗
- 了解離散型反應值的分析方式

5-1　2^{k-p}部分因子設計簡介

使用全因子實驗設計時，如果因子數量很多，將會影響做實驗的成本、時間及實驗者的意願。尤其在現實的狀況下，實驗者通常都受到時間的壓迫，希望盡快完成實驗，2^{k-p}部分因子實驗就是一種高效率的篩選實驗。既然實驗的組合可以利用2^{k-p}的方式設計，比起全因子實驗組合減少實驗的次數，2^{k-p}設計有什麼壞處？

2^{k-p}設計的壞處是無法分析所有因子的交互作用，原因爲將主要因子取代某些認爲不重要的交互作用，這種情形會產生所謂的別名(Alias)。如果當初規劃認爲不重要的交互作用，卻是相當重要不可忽視，此時會使該交互作用和主要因子產生混淆或交絡(Confounding)。後續章節將會詳述別名及交絡的意義及表示方式。

5-2　2^{k-1}部分因子設計

首先看看2^{k-1}部分因子設計。假設3個因子(A,B及C因子)的實驗設計，則k=3，2^3全因子實驗組合是8，如5-1，一共有7行(Column)及8列(Row)，表5-1也可以稱爲正負號表。

表5-1　2^3全因子實驗組合

	A	B	AB	C	AC	BC	ABC
	1	2	3	4	5	6	7
1	-1	-1	1	-1	1	1	-1
2	1	-1	-1	-1	-1	1	1
3	-1	1	-1	-1	1	-1	1
4	1	1	1	-1	-1	-1	-1
5	-1	-1	1	1	-1	-1	1
6	1	-1	-1	1	1	-1	-1
7	-1	1	-1	1	-1	1	-1
8	1	1	1	1	1	1	1

爲了簡化實驗組合，可將全因子2^3設計成2^{3-1}的實驗組合，可以將其想像爲2^2 (雖然不是眞正的2^2)。2^2實驗組合共有4列，如何將全因子2^3的8列減爲部分因子2^{3-1}的4列實驗組合？要減少哪4列？此時，只要將ABC交互作用的正負號分成兩群，一群是ABC爲正(+)號，另一群是ABC爲負(-)號。選擇ABC爲正號的一群保留下來，將是原來組合的第2,3,5,8列，構成的組合呈現如表5-2：

表5-2　2^{3-1}實驗組合

	A	B	AB	C	AC	BC	ABC
2	1	-1	-1	-1	-1	1	1
3	-1	1	-1	-1	1	-1	1
5	-1	-1	1	1	-1	-1	1
8	1	1	1	1	1	1	1

在這組合中可以觀察到A和BC的符號順序相同，都是1,-1,-1,1。同樣地，B和AC與C和AB也是一樣具有相同的符號順序。因此，可以將此組合只表示爲表 5-3。

表5-3　2^{3-1}實驗組合

	A (BC)	B (AC)	C (AB)
2	1	-1	-1
3	-1	1	-1
5	-1	-1	1
8	1	1	1

由於A=BC,B=AC,C=AB的關係式的存在，所以稱因子A和交互作用BC互爲別名，同樣地，B和AC互爲別名，C和AB互爲別名。同時，A和BC在同一欄(Column)，B和AC在同一欄，C和AB在同一欄，在實驗完成後分析反應値時，將有可能發生效應上的認定混淆，因爲不知道到底效應是屬於A產生的或是BC產生的，因此稱這種現象爲交絡。

再將組合中的2,3,5,8順序調整爲1,2,3,4如表5-4，

表5-4　2^{3-1}實驗組合

	A (BC)	B (AC)	C (AB)
1	1	-1	-1
2	-1	1	-1
3	-1	-1	1
4	1	1	1

並調整A,B,C的順序爲B,C,A，將會成爲表 5-5，

表5-5　2^{3-1}實驗組合

	B (AC)	C (AB)	A (BC)
1	-1	-1	1
2	1	-1	-1
3	-1	1	-1
4	1	1	1

由於A,B,C的符號是可以任意指定代表的因子，所以將組合再改爲表5-6。

表5-6　2^{3-1}實驗組合

	A	B	C (AB)
1	-1	-1	1
2	1	-1	-1
3	-1	1	-1
4	1	1	1

表5-6就是一個標準的2^2實驗組合，也可以視爲標準的2^{3-1}實驗組合。

從以上的解析可以知道2^{3-1}實驗組合就是2^2實驗組合，於是將2^3實驗設計由原來的8種組合變為2^2實驗設計的4種組合。實驗次數將因此減少一半。同樣地，如果現在有4個因子的實驗設計，可以設計為2^{4-1}實驗設計，2^{4-1}實驗設計的組合將以2^3實驗組合代替，實驗次數也減少一半。部分因子的設計將可以省掉至少一半的實驗次數，也許可以因此省掉一半的成本或提高實驗的效率，最重要的將是使工程人員不會怯於實驗的龐大，而更樂意嘗試做實驗來探討產品或製程的問題。

5-2-1　利用Minitab建立2^{3-1}實驗組合

步驟是Minitab：Stat>DOE>Factorial>Create Factorial Design，顯示在圖5-1。

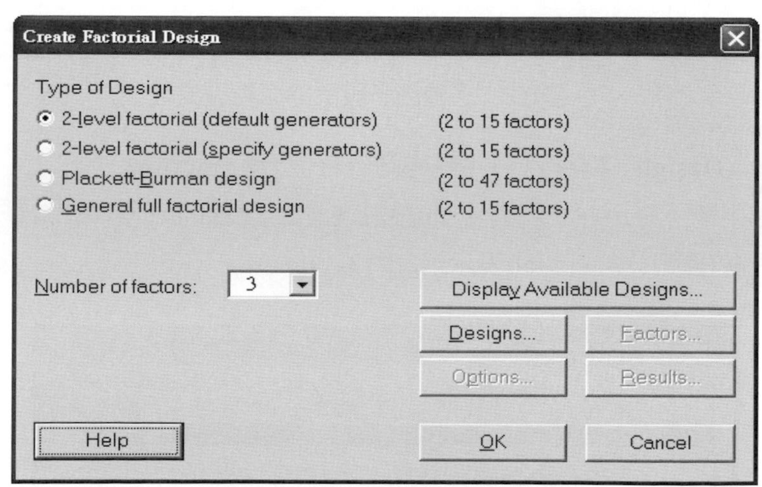

圖5-1　設定實驗因子及水準數

點擊「Display Available Designs(顯示可用的設計)」，顯示在圖5-2。在圖5-2中三因子有二個實驗組合可以選擇，一個是Runs為4，另一個是Runs為8。在Runs為4的格位中標示「III」，是表示解析度(Resolution)為3，解析度將於後續章節再介紹。在Runs為8的格位中標示「Full(全部)」，是表示為「全因子」設計，全因子在前面章節已經討論過。在這裡應該選擇Runs爲4的部分因子設計。但是圖5-2並無法做選擇，只是提供全因子及部分因子的整體組合。

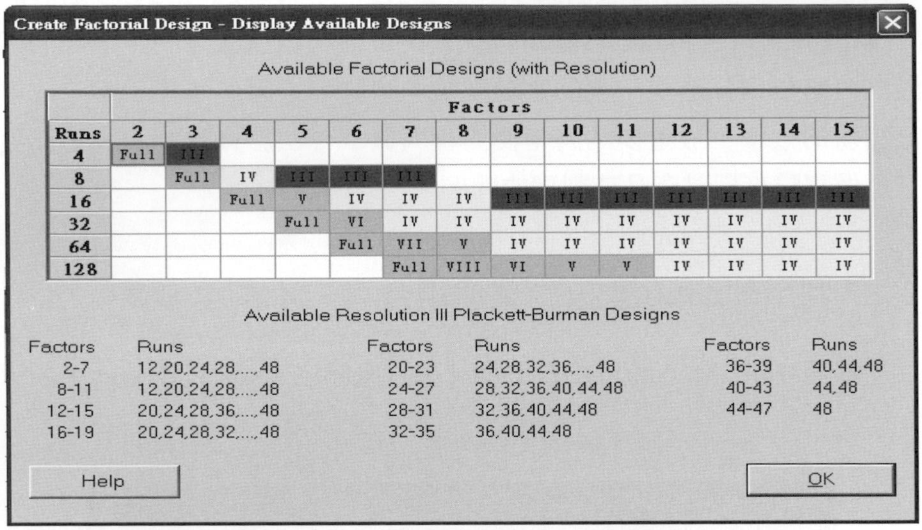

Create Factorial Design - Display Available Designs

Available Factorial Designs (with Resolution)

	Factors													
Runs	2	3	4	5	6	7	8	9	10	11	12	13	14	15
4	Full	III												
8		Full	IV	III	III	III								
16			Full	V	IV	IV	IV	III	III	III	III	III	III	III
32				Full	VI	IV	IV	IV	IV	IV	IV	IV	IV	IV
64					Full	VII	V	IV	IV	IV	IV	IV	IV	IV
128						Full	VIII	VI	V	V	IV	IV	IV	IV

Available Resolution III Plackett-Burman Designs

Factors	Runs	Factors	Runs	Factors	Runs
2-7	12,20,24,28,...,48	20-23	24,28,32,36,...,48	36-39	40,44,48
8-11	12,20,24,28,...,48	24-27	28,32,36,40,44,48	40-43	44,48
12-15	20,24,28,36,...,48	28-31	32,36,40,44,48	44-47	48
16-19	20,24,28,32,...,48	32-35	36,40,44,48		

Help OK

圖5-2　各種因子設計的可能型式

點擊「Designs(設計)」，顯示圖5-3有「1/2 fraction(二分之一)」，表示這一設計是「全因子的一半」的設計，是2^3設計的一半[$(2^3)/2$]，即表示爲2^{3-1}的設計(圖5-3中Minitab表示爲2**(3-1))。

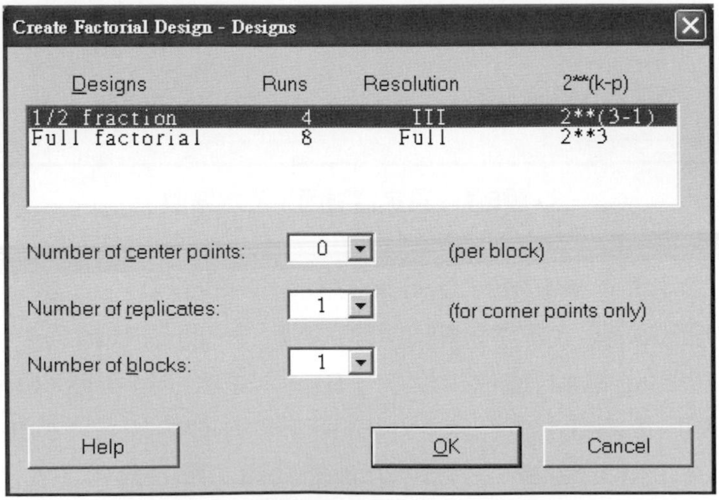

Create Factorial Design - Designs

Designs	Runs	Resolution	2**(k-p)
1/2 fraction	4	III	2**(3-1)
Full factorial	8	Full	2**3

Number of center points: 0 (per block)

Number of replicates: 1 (for corner points only)

Number of blocks: 1

Help OK Cancel

圖5-3　選擇部分因子設計及重複數

如果「Number of replicates(重複數)」選定爲「1」，將會使誤差的自由度不足，而無法進行變異數分析。自由度不足的原因是因爲三個因子均爲二水準的設計，三個因子的自由度各爲1(在二水準的實驗組合中每一欄具備1個自由度)，合計自由度就是3。在實驗不重複的情況下，2^{3-1}實驗的自由度只有3(因爲只有4個實驗數據，總自由度爲4-1=3)，造成誤差自由度不足，無法完成變異數分析。所以將「Number of replicates(重複數)」選定爲「2」是較適當的安排(圖5-4)，如此將有8個實驗數據，總自由度有8-1=7，形成每一個因子1個自由度(三個因子共有3個自由度)，誤差則有4個自由度，足夠進行變異數分析。

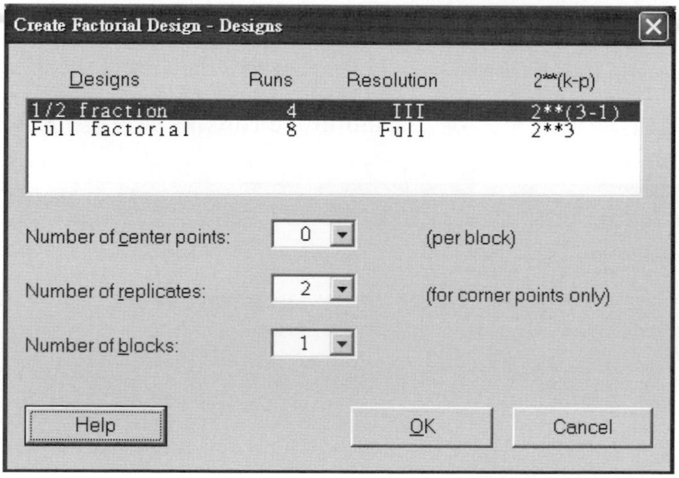

Create Factorial Design - Designs

Designs	Runs	Resolution	2**(k-p)
1/2 fraction	4	III	2**(3-1)
Full factorial	8	Full	2**3

Number of center points: 0 (per block)
Number of replicates: 2 (for corner points only)
Number of blocks: 1

Help　OK　Cancel

圖5-4　選擇部分因子設計及重複數

點擊「Factors(因子)」，安排三個因子的名稱(Name)、數據形式(Type)、低的(Low)及高的(High)實驗水準(圖5-5)。這裡要注意的地方是因子順序的安排(A,B,C各要塡入什麼名稱？)和因子的數據形式。

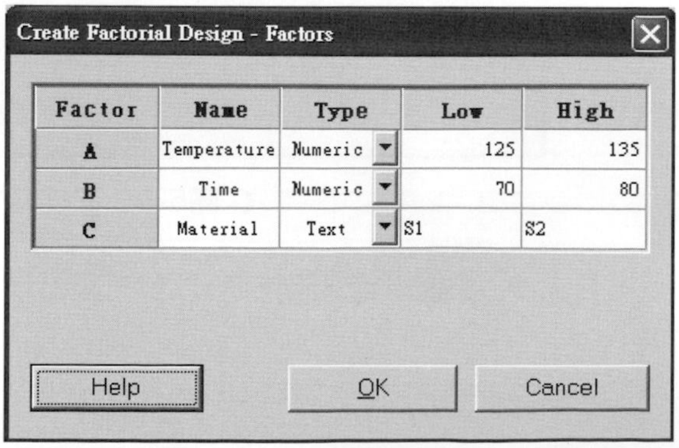

Create Factorial Design - Factors

Factor	Name	Type	Low	High
A	Temperature	Numeric	125	135
B	Time	Numeric	70	80
C	Material	Text	S1	S2

Help　OK　Cancel

圖5-5　輸入因子名稱及水準

5-2-2 如何安排因子的順序

如果每一個因子的高低水準變化或調整相對是容易的，則實驗因子的順序可以不予考慮，因爲在後面的圖5-6可以勾選「Randomize runs(隨機實驗)」，既然是亂數安排，所以也就不需要刻意安排因子的位置。但是，當有些因子的水準很難高低調整時，實驗時必然希望能將那些因子在某一水準先固定下來，等到這一水準的實驗組合都做完後再調整到另一水準做其他的實驗組合。這時候要將不易調整的因子放在B的位置(應該放在最不會頻繁調整水準的位置，因爲是2^{3-1}設計，所以選擇放置在B的位置。如果是2^{4-1}設計，將有A,B,C,D四個因子，最不易調整的因子則應該放在C的位置)，其次是A的位置，最容易調整的因子將放在A的位置。圖5-6不勾選「Randomize runs(隨機實驗)」，是爲了說明方便，並不是哪一個因子的高或低的水準不易調整而不勾選「Randomize runs(隨機實驗)」。

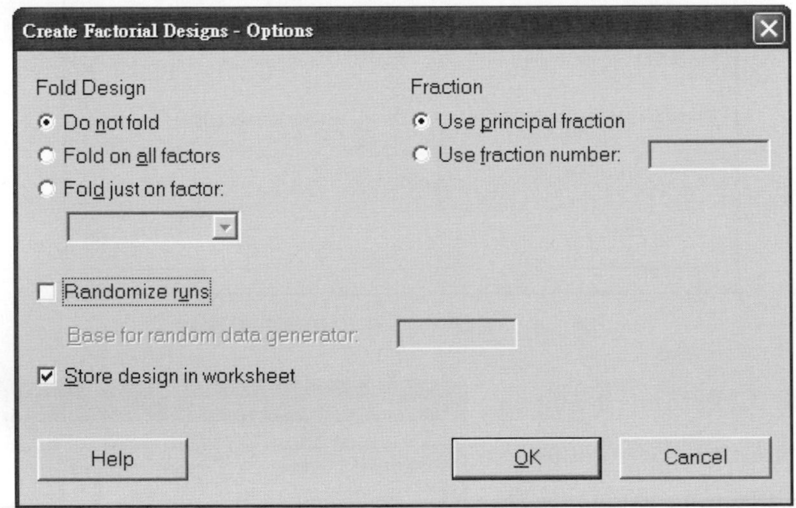

圖5-6 安排隨機實驗

建立的實驗組合如表5-7，是2^{3-1}設計，實驗重複數爲2。

表5-7　2^{3-1}實驗組合(重複數為2)

C1	C2	C3	C4	C5	C6	C7-T
StdOrder	RunOrder	CenterPt	Blocks	Temperature	Time	Material
1	1	1	1	125	70	S2
2	2	1	1	135	70	S1
3	3	1	1	125	80	S1
4	4	1	1	135	80	S2
5	5	1	1	125	70	S2
6	6	1	1	135	70	S1
7	7	1	1	125	80	S1
8	8	1	1	135	80	S2

5-2-3　別名

在Minitab的Session Window將會出現以下的說明：

Alias Structure(表示「別名結構」)

I + ABC(I=ABC, I是Identity的意思，表示定義關係)

A + BC(表示A=BC，即A與BC互為別名)

B + AC(表示B=AC，即B與AC互為別名)

C + AB(表示C=AB，即C與AB互為別名)

5-2-4　部分因子解析

將數據填入Minitab的工作底稿(Worksheet)中如表5-8。

表5-8　實驗反應值

C1	C2	C3	C4	C5	C6	C7-T	C8
StdOrder	RunOrder	CenterPt	Blocks	Temperature	Time	Material	Response
1	1	1	1	125	70	S2	55.73
2	2	1	1	135	70	S1	70.52
3	3	1	1	125	80	S1	36.79
4	4	1	1	135	80	S2	70.87
5	5	1	1	125	70	S2	49.44
6	6	1	1	135	70	S1	73.50
7	7	1	1	125	80	S1	38.66
8	8	1	1	135	80	S2	67.58

利用Minitab分析三個因子對結果(反應值)的影響。分析步驟Minitab(🗁檔案：GRAM-3 FACTORS.MTW)：Stat> DOE> Factorial>Analyze Factorial Design。

將Response(反應值)選入「Responses(反應值)」中，如圖5-7。

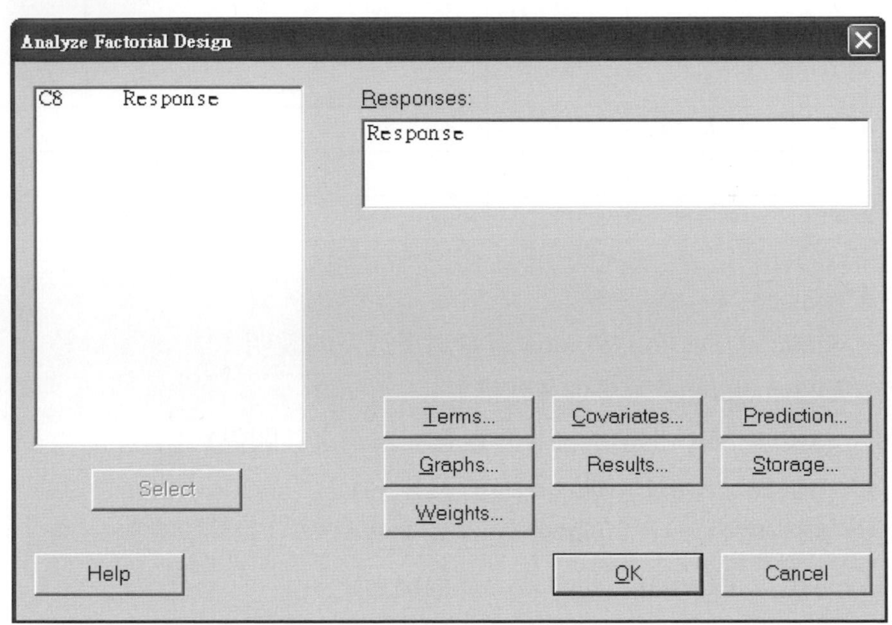

圖5-7　選定反應值

在「Terms(項目)」的「Include terms in the model up through order(模型的階次)」選擇1，如此將會有4個自由度保留給誤差項使用。如果選擇2，則會將二階交互作用納入分析中，如此將只有1個自由度保留給誤差項使用。誤差項的自由度太少會造成顯著差異判斷上的困難或不正確，所以應該要將做合併(Pool)，使誤差項的自由度足夠，這部分的詳細說明請參考前面章節。當選擇1時，A：Temperature , B：Time , C：Material會顯示在「Selected terms(被選取的項目)」中(圖 5-8)。

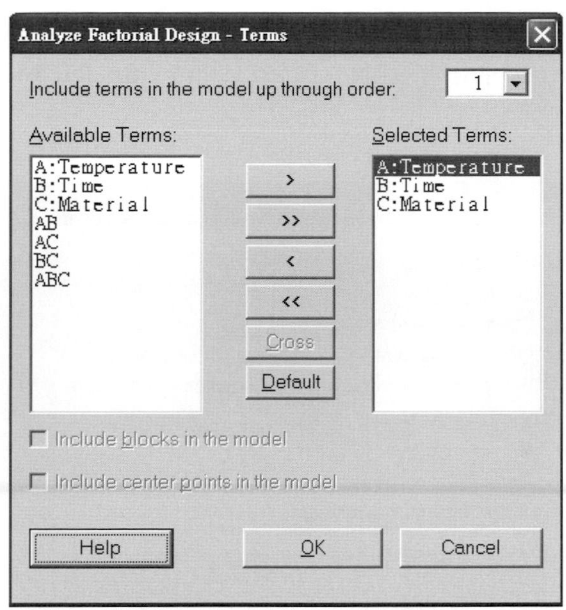

圖5-8　設定統計模型的階次

選擇「Graphs(圖形)」，勾選「Normal(常態圖)」、「Pareto(柏拉圖)」、「Four in one(四合一)」如圖 5-9所示，可以獲得效應的常態機率圖、柏拉圖和殘差分析圖。

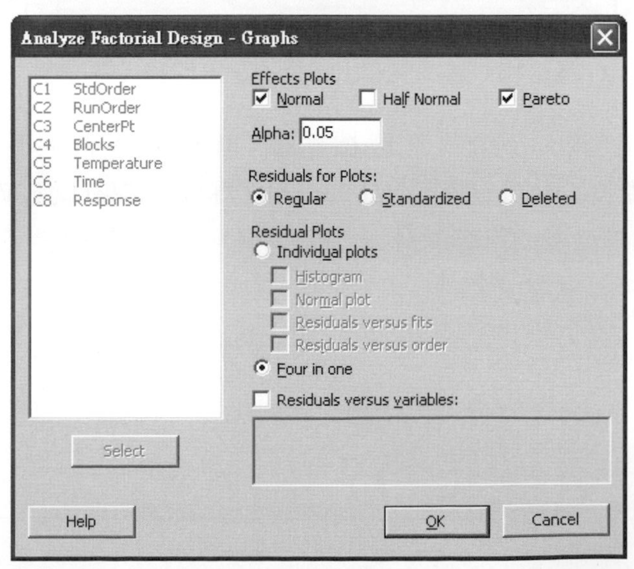

圖5-9　選取效應的常態機率圖及柏拉圖與殘差圖

當想要瞭解因子的平均數時，可以選擇「Results(結果)」將圖5-10左側的「Available terms(可用的項目)」選到右側的「Selected terms(被選取的項目)」中。

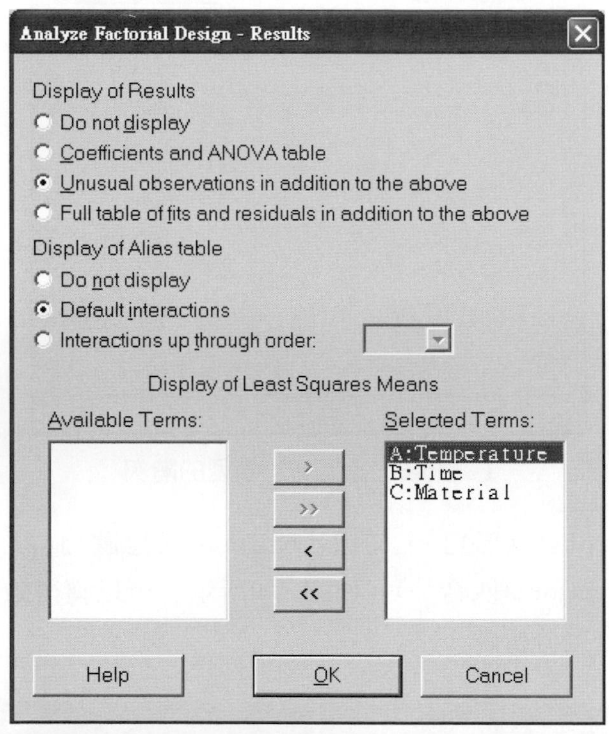

圖5-10　選擇要顯示的因子之平均數及標準誤

在柏拉圖(圖5-11)及常態機率圖(圖5-12)中，可以清楚知道Temperature(溫度)、Time(時間)及Material(材料)對結果(反應值)都是有顯著差異的，其中以溫度的影響度最大。(影響有多大？可以試著分析看看)

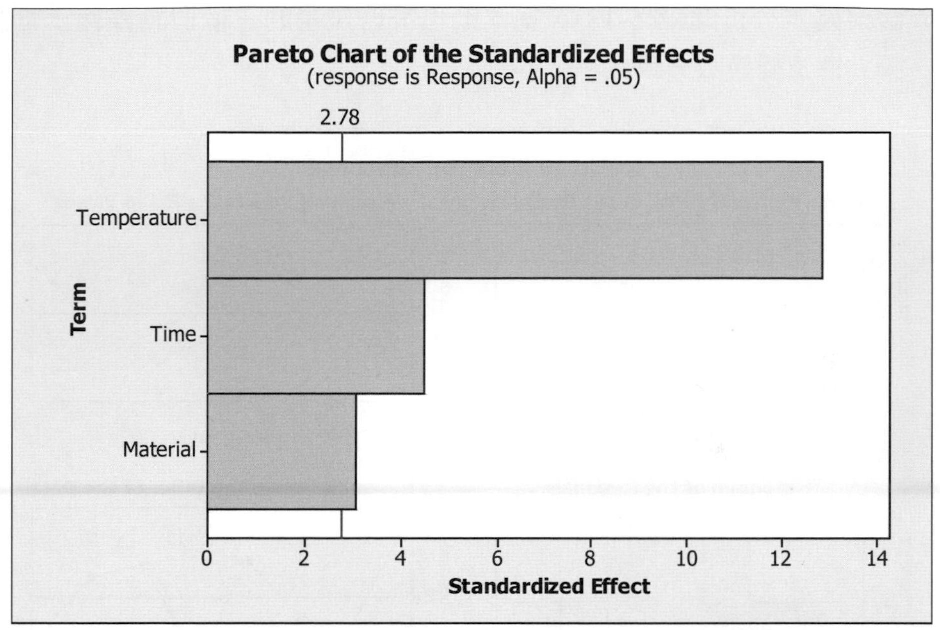

圖5-11　柏拉圖

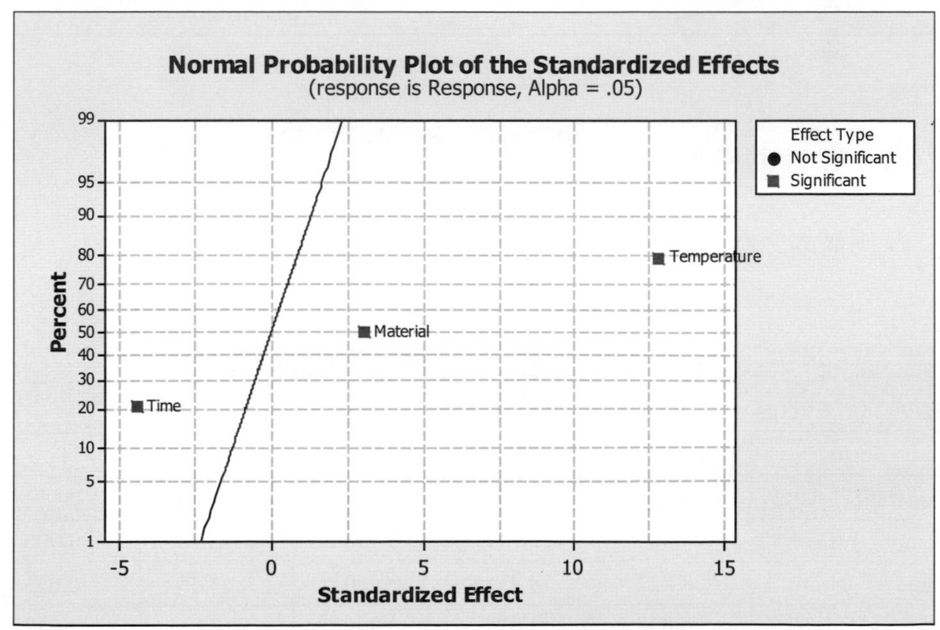

圖5-12　常態機率圖

觀察殘差分析圖(圖5-13)，基本上也符合殘差的三個假設條件：常態性、獨立性及變異數一致性。

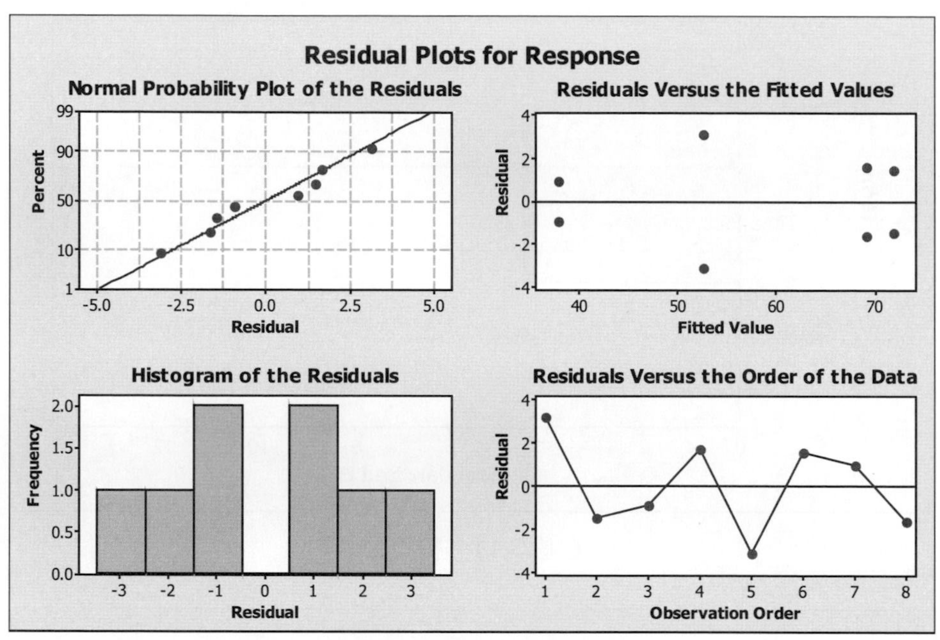

圖5-13　四合一殘差圖

5-2-5　變異數分析

反應值的效應與係數分析的結果呈現在表5-9中。

表5-9　效應與係數分析

Factorial Fit： Response versus Temperature, Time, Material Estimated Effects and Coefficients for Response (coded units)					
Term	Effect	Coef	SE Coef	T	P
Constant	57.886	0.9903	58.45	0.000	
Temperature	25.463	12.731	0.9903	12.86	0.000
Time	-8.822	-4.411	0.9903	-4.45	0.011
Material	6.038	3.019	0.9903	3.05	0.038
S = 2.80102　PRESS = 125.531 R-Sq = 97.98%　R-Sq(pred) = 91.94%　R-Sq(adj) = 96.47%					

從表5-9中的P值知道Temperature，Time，Material等三個因子都對反應值具有顯著的差異。也就是三個因子都是具影響的因子，都必須納入優化實驗的規劃中，對結果的影響以Temperature最大，Time和Material較小。Temperature及Material對反應值是正的影響(因爲Coef是正值)，Time對反應值是負的影響(因爲Coef是負值)。

表5-10　變異數分析表

Analysis of Variance for Response (coded units)						
Source	DF	Seq SS	Adj SS	Adj MS	F	P
Main Effects	3	1525.25	1525.25	508.418	64.80	0.001
Residual Error	4	31.38	31.38	7.846		
Pure Error	4	31.38	31.38	7.846		
Total	7	1556.64				

由變異數分析表(表5-10)知道主效應存在顯著差異。

表5-11　未編碼迴歸係數

Estimated Coefficients for Response using data in uncoded units	
Term	Coef
Constant	-206.958
Temperature	2.54625
Time	-0.88225
Material	3.01875

表5-11是未編碼的迴歸係數，但是Material不是連續值，這樣的迴歸係數是否有意義，使用時要特別注意。

表5-12上的Mean及SE Mean等數據，可以參考前面章節之解說。

表5-12　因子的平均數及標準誤差

Least Squares Means for Response		
	Mean	SE Mean
Temperature		
125	45.16	1.401
135	70.62	1.401
Time		
70	62.30	1.401
80	53.48	1.401
Material		
S1	54.87	1.401
S2	60.91	1.401
Alias Structure(別名結構)		
I + Temperature*Time*Material		
Temperature + Time*Material		
Time + Temperature*Material		
Material + Temperature*Time		

5-3　2^{k-p}部分因子設計

前一章節的2^{k-1}部分因子設計(Fractional Factorial Design)是從最簡單的2^{3-1}設計開始，接下來探討多於3個因子和不同解析度的設計，Plackett-Burman設計，以及飽和設計(Saturated Design)的方法。

2^{k-p}因子設計主要用於篩選實驗設計(Screening Design)，利用交絡的觀念以較少的實驗組合及實驗次數進行多個因子的實驗，將重要的因子篩選出來，而排除不重要的因子。當然，利用2^{k-p}因子設計的好處是實驗次數少，可以減少許多的實驗成本。但是2^{k-p}因子設計並不是沒有壞處，由於是利用交絡的觀念，交互作用會與因子或其他交互作用交絡在一起，因而無法分析出交互作用或是僅能分析出較少的交互作用。利用2^{k-p}因子設計時會假設交互作用不重要，而在原來所屬的組合之欄位安排給其他的因子，但是假設不重要的交互作用眞的不重要嗎？既然2^{k-p}因子設計主要用於篩選實驗設計，建議暫時不要考慮交互作用的問題。如果眞要考慮交互作用，則不要設計飽和實驗組合(Saturated Desing)、解析度爲III或低解析度的實驗組合，如此可以保留一部分實驗組合的欄位不要有交絡發生，就可以在實驗後分析部分的交互作用。

5-3-1　例題：2^{k-p}部分因子設計

LCD所用偏光膜目前以碘系與染料系偏光膜爲主，碘系偏光膜：PVA及碘所構成的偏光膜一直是在LCD市場上占絕大部分比例，本例題探討碘系偏光膜各項功能的影響因素。主要的影響因素有A：PVA膜延伸倍數，B：含浸的I2濃度，C：含浸的KI濃度，D：含浸處理液的溫度，E：含浸處理時間。

表5-13　因子及水準表

因子	水準 -1	水準+1
A：延伸倍數(倍)	2.5	4
B：I2濃度(%)	0.1	0.6
C：KI濃度(%)	1	7
D：含浸處理溫度(℃)	40	60
E：含浸處理時間(秒)	60	90

(本例題摘錄及修改自「實驗計畫法在碘系偏光膜延伸染色製程條件之研究」，李世彪、張淑美)

主要的反應值有三種：單體透過率(越大越好)、直交透過率(越小越好，0最好)及偏光率(越大越好，100最好)

本例題計畫採用2^{5-2}實驗設計組合，因為考慮的因子有5個，交互作用有A*C及B*C ，如此將需要至少7欄(每1欄有一個自由度)。但是，分析時可能遭遇到一個困難，就是誤差項將會分配不到自由度(誤差項沒有自由度)。這時要考慮D及E的因子要放置在實驗設計組合的那二欄？也就是要考慮D及E因子要與那些交互作用交絡？因為A*B 和A*B*C的交互作用在工程上認為不重要，所以，設定D=ABC 及E=AB 二個產生器(Generator)，也就是D和A*B*C交絡，E和A*B交絡。此時將會有A,B,C,D,E,A*C及B*C配置在2^{5-2}實驗設計組合的7欄上，當然誤差項分配不到自由度。如何選擇放置D和E的欄位，可以觀察2^3的全因子實驗組合(表5-1)，假設A,B,C之間沒有任何的交互作用，則第3行A*B(AB交互作用)、第5行A*C(AC交互作用)、第6行B*C(BC交互作用)及第7行A*B*C(ABC交互作用)可以任選二行做為放置D和E的欄位。但是這一例題存在A*C及B*C的交互作用，所以，這裡選擇D在第7行(D=ABC，D和ABC交絡)和E在第3行(E=AB，E和AB交絡)的實驗安排。

以Minitab配置實驗組合：步驟Stat>DOE>Factorial>Create Factorial Design。選擇「2-level factorial design (specify generators)指定產生器」(圖5-14)設定所需要的產生器。此時應該注意的是「Number of factors(因子數)」選擇「3」，D及E因子將分別由產生器產生出來，二個產生器是D=ABC及E=AB。

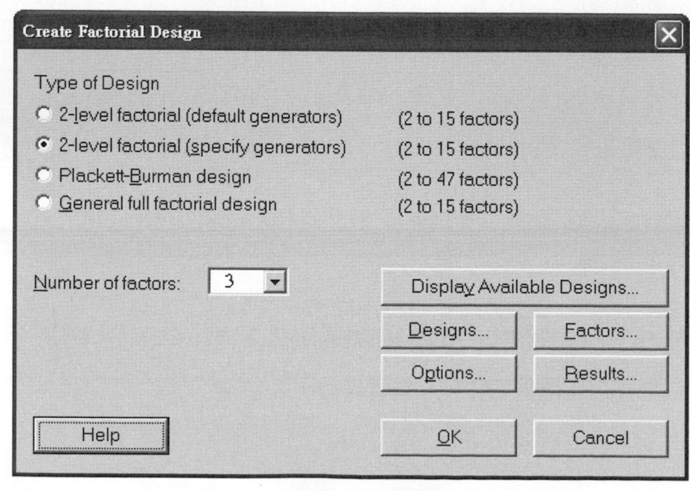

圖5-14　選擇實驗因子及水準

點擊「Design(設計)」(圖5-14)，選擇全因子Full factorial(圖5-15)，因爲有5個因子(A,B,C,D及E)和2個交互作用(AC及BC)需7個欄位。

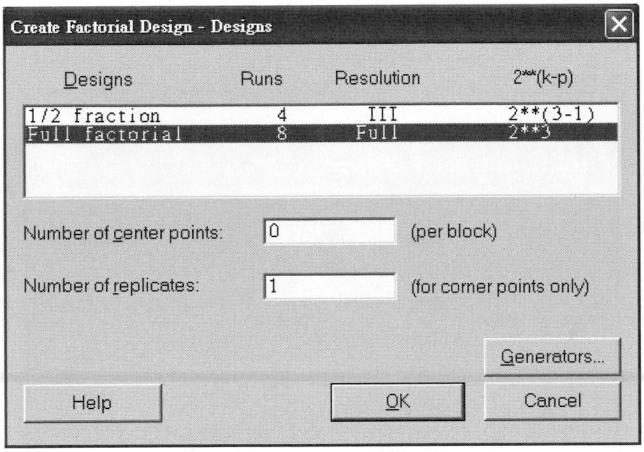

Create Factorial Design - Designs

Designs	Runs	Resolution	2**(k-p)
1/2 fraction	4	III	2**(3-1)
Full factorial	8	Full	2**3

Number of center points: 0 (per block)

Number of replicates: 1 (for corner points only)

Generators...

Help　OK　Cancel

圖5-15　全因子實驗

點擊圖5-15「Generators(產生器)」得到圖5-16，將產生器D=ABC及E=AB鍵入「Add factors to the base design by listing their generators(e.g. F=ABC)：」。

Create Factorial Design - Designs - Generators

Add factors to the base design by listing their generators (e.g. F=ABC):

D=ABC E=AB

Define blocks by listing their generators (e.g., ABCD):

Help　OK　Cancel

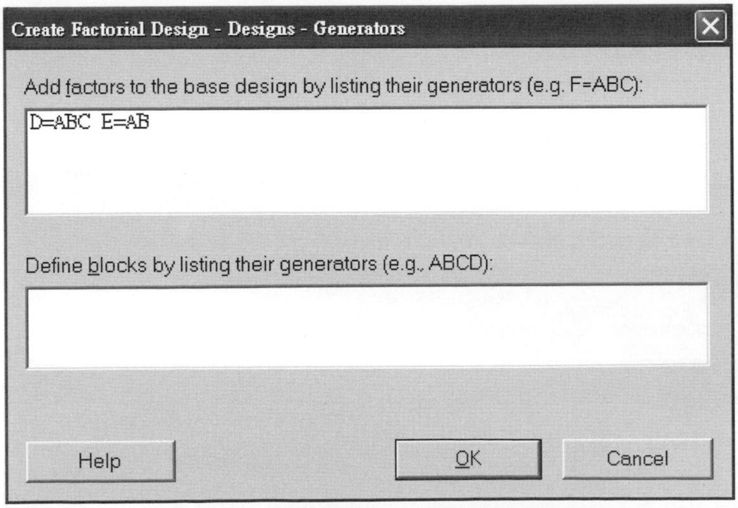

圖5-16　設立特定產生器(generator)

注意

Minitab無法設定「I」爲Generator(產生器)，所以，當因子數量多時，可以跳過字母「I」，而直接用字母「J」當作因子的代號。

點擊「Factors(因子)」輸入因子A,B,C,D及E的名稱及水準(圖5-17)。

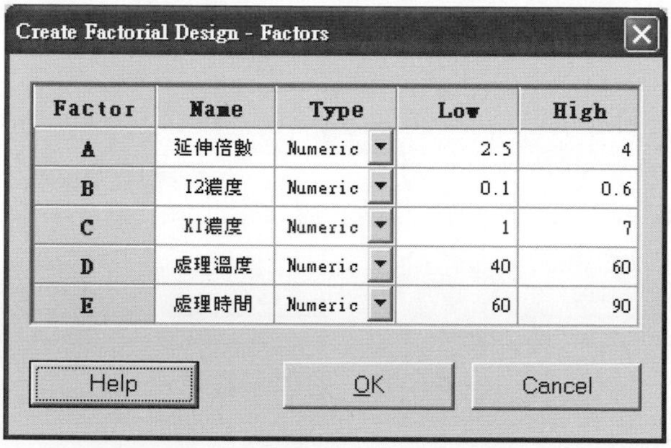

Create Factorial Design - Factors

Factor	Name	Type	Low	High
A	延伸倍數	Numeric	2.5	4
B	I2濃度	Numeric	0.1	0.6
C	KI濃度	Numeric	1	7
D	處理溫度	Numeric	40	60
E	處理時間	Numeric	60	90

Help　OK　Cancel

圖5-17　輸入因子名稱及水準數值

點擊「Options(選項)」(圖5-14)，爲了便於說明，將不勾選「Randomize runs(隨機實驗)」，參見圖5-18。

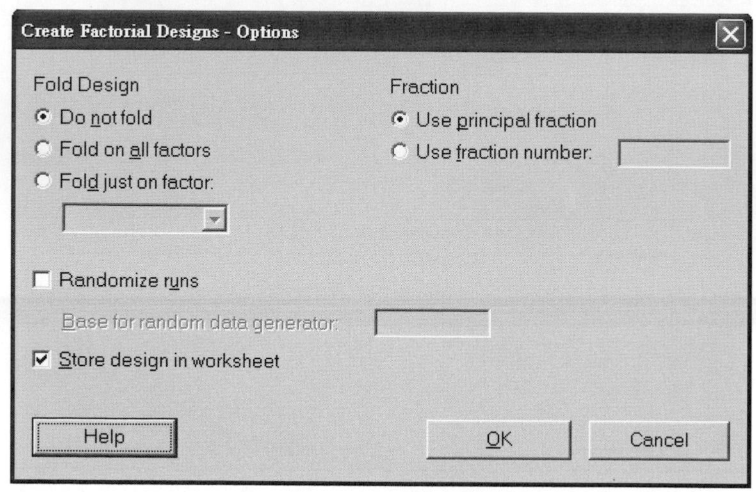

圖5-18　隨機性實驗

點擊「Results(結果)」(圖5-14)，選取「Summary table, alias table, design table, defining relation(總表，別名表，實驗組合及定義關係)」(圖5-19)，以顯示實驗設計組合的相關規劃。

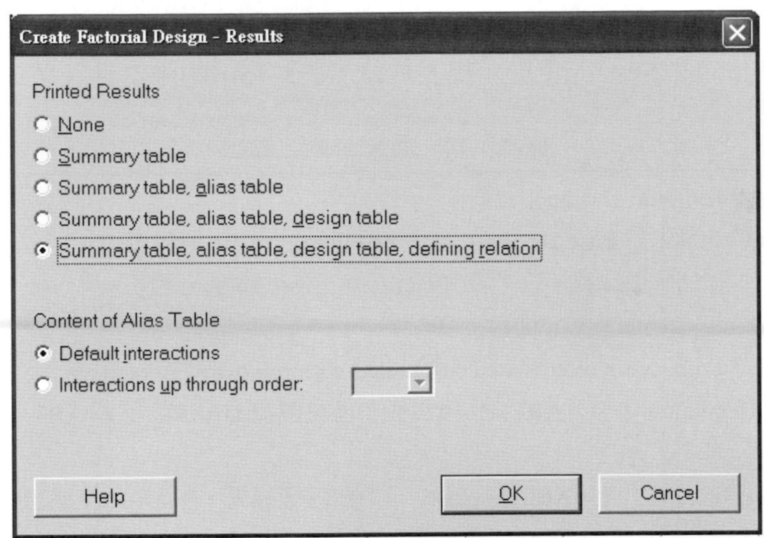

圖5-19　輸出實驗組合的規劃

建置的實驗設計組合在表5-14中，顯示出各因子的實驗組合。

表5-14　25-2實驗組合

C1	C2	C3	C4	C5	C6	C7	C8	C9
StdOrder	RunOrder	CenterPt	Blocks	延伸倍數	I2濃度	KI濃度	處理溫度	處理時間
1	1	1	1	2.5	0.1	1	40	90
2	2	1	1	4	0.1	1	60	60
3	3	1	1	2.5	0.6	1	60	60
4	4	1	1	4	0.6	1	40	90
5	5	1	1	2.5	0.1	7	60	90
6	6	1	1	4	0.1	7	40	60
7	7	1	1	2.5	0.6	7	40	60
8	8	1	1	4	0.6	7	60	90

在表5-14中A因子：延伸倍數，B因子：I2濃度，C因子：KI濃度，D因子：處理溫度及E因子：處理時間的實驗組合分別是對應到2^3全因子實驗組合的第 1(A),2(B),4(C),7(D)和3(E)行，至於第5及6行並未安排主要因子(是交互作用)，所以不會也不需要顯示在工作底稿(Worksheet)中。

在Minitab的Session上顯示出表5-15，表5-15中的中文爲註解或說明。

表5-15　實驗規劃之輸出

Fractional Factorial Design

Factors：　5(5因子) Base Design：　3, 8 Resolution：　III(解析度III)

Runs：　8　Replicates：　1　Fraction：　1/4(1/4部分因子)

Blocks：　1　Center pts (total)：　0

* NOTE * Some main effects are confounded with two-way interactions.

Design Generators：　D = ABC, E = AB(設計產生器為 D=ABC 及 E=AB)

Defining Relation：　I = ABCD = ABE = CDE(定義關係，D及ABC交絡；E及AB交絡。)

Alias Structure (up to order 3)(別名表)

I + ABE + CDE

A + BE + BCD + ACDE

B + AE + ACD + BCDE

C + DE + ABD + ABCE

D + CE + ABC + ABDE

E + AB + CD + ABCDE

AC + BD + ADE + BCE

AD + BC + ACE + BDE

ABCD

表5-15　實驗規劃之輸出(續)

```
Design Table(實驗設計組合)

Run  A B C D E
 1   - - - - +
 2   + - - + -
 3   - + - + -
 4   + + - - +
 5   - - + + +
 6   + - + - -
 7   - + + - -
 8   + + + + +
```

表5-15的實驗設計組合中A,B,C,D及E所在行的符號與表5-1的第1,2,4,7及3行相同，但是不需要去記住符號的變化，這些繁瑣工作交給Minitab即可。

建置的實驗組合及實驗數據(單體透過率)在表5-16，並準備進行實驗數據的分析。

表5-16　實驗組合及實驗反應值(單體透過率)

C1	C2	C3	C4	C5	C6	C7	C8	C9	C10
StdOrder	RunOrder	CenterPt	Blocks	延伸倍數	I2濃度	KI濃度	處理溫度	處理時間	單體透過率
1	1	1	1	2.5	0.1	1	40	90	22.6
2	2	1	1	4	0.1	1	60	60	40.15
3	3	1	1	2.5	0.6	1	60	60	35.7
4	4	1	1	4	0.6	1	40	90	29.95
5	5	1	1	2.5	0.1	7	60	90	30.03
6	6	1	1	4	0.1	7	40	60	20.14
7	7	1	1	2.5	0.6	7	40	60	1.18
8	8	1	1	4	0.6	7	60	90	7.64

5-3-2　分析第一個反應變數「單體透過率」

2^{k-p}部分因子設計的變異數分析並沒有特別之處，在Minitab的分析步驟仍爲Minitab(檔案：I2.MTW)：Stat> DOE> Factorial> Analyze Factorial Design，可以得到圖5-20 。

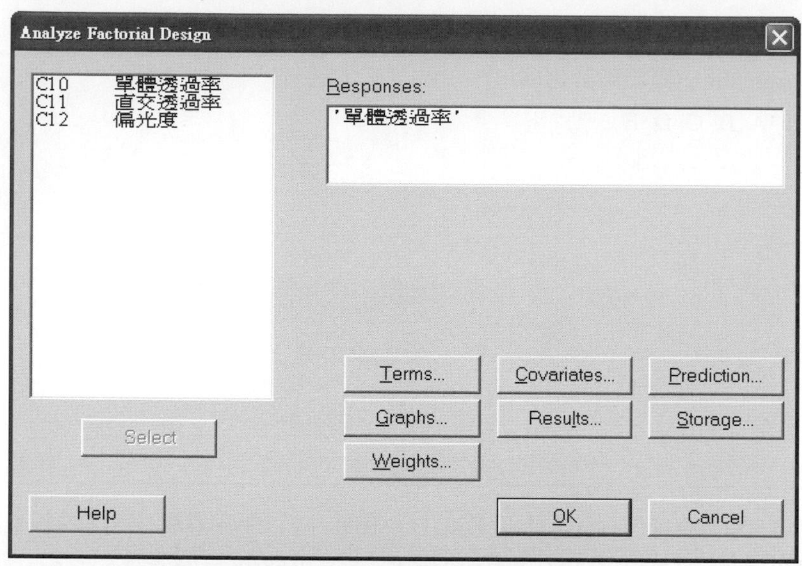

圖5-20 單體透過濾數據分析

選取「Terms(項目)」，將5個因子及實驗前認為可能的交互作用AC及BC，選入「Selected Terms(被選取的項目)」以建立統計模型，如圖5-21。其餘不是實驗前認為有影響的就不需選入。

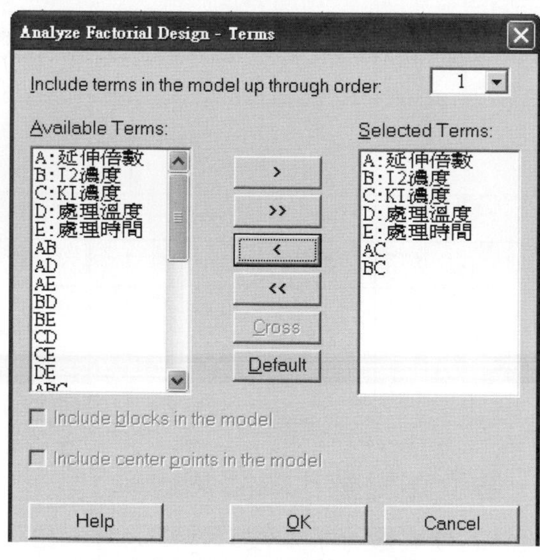

圖5-21 建立統計模型

由於還不知道因子或交互作用是否對結果有顯著的影響，因此勾選「Pareto(柏拉圖)」(圖5-22)以顯示出所選擇的因子或交互作用對結果影響的大小排序。

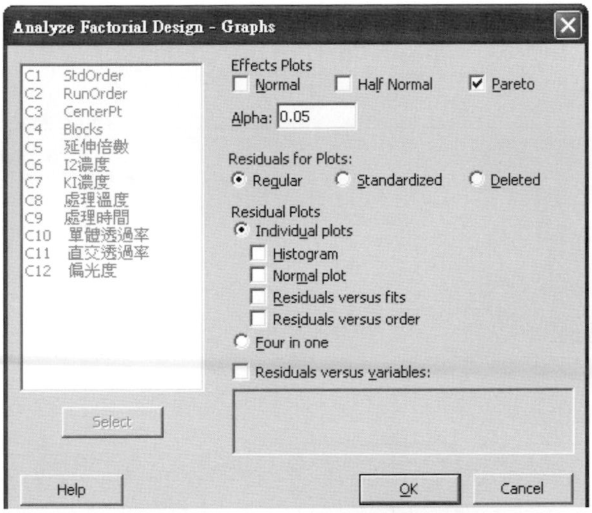

Analyze Factorial Design - Graphs
C1 StdOrder
C2 RunOrder
C3 CenterPt
C4 Blocks
C5 延伸倍數
C6 I2濃度
C7 KI濃度
C8 處理溫度
C9 處理時間
C10 單體透過率
C11 直交透過率
C12 偏光度
Effects Plots
Normal
Half Normal
Pareto
Alpha: 0.05
Residuals for Plots:
Regular
Standardized
Deleted
Residual Plots
Individual plots
Histogram
Normal plot
Residuals versus fits
Residuals versus order
Four in one
Residuals versus variables:
Select
Help
OK
Cancel

圖5-22　繪製效應的柏拉圖

選取「Results(結果)」，將所有在「Available Terms(可使用的項目)」的項目選入「Selected Terms(被選取的項目)」(圖5-23)，可以計算出因子及交互作用的平均數和標準誤差。

Analyze Factorial Design - Results
Display of Results
Do not display
Coefficients and ANOVA table
Unusual observations in addition to the above
Full table of fits and residuals in addition to the above
Display of Alias table
Do not display
Default interactions
Interactions up through order:
Display of Least Squares Means
Available Terms:
Selected Terms:
A:延伸倍數
B:I2濃度
C:KI濃度
D:處理溫度
E:處理時間
AC
BC
Help
OK
Cancel

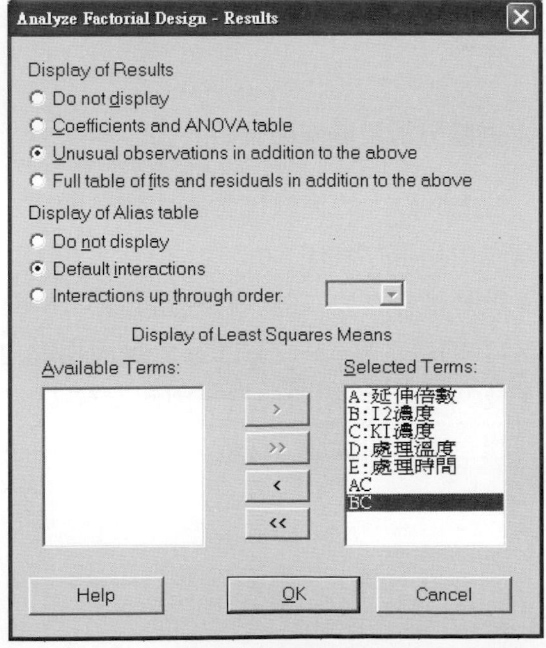

圖5-23　計算因子及交互作用的平均數和標準誤

連續點擊OK後將得到圖5-24的效應柏拉圖，明顯的沒有任何一個或交互作用對實驗結果具有顯著的影響。

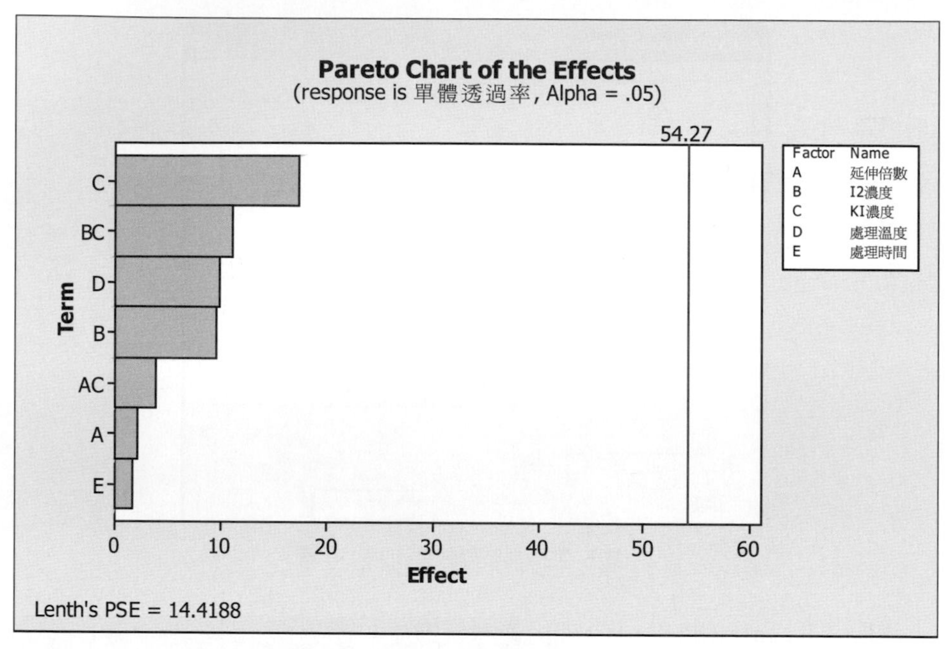

圖5-24 效應柏拉圖

迴歸分析及變異數分析

表5-17中的迴歸係數表中無法顯示T值及P值，因此不知道各因子或交互作用是否存在(P <0.05表示存在，但現在無法顯示P值，所以不知道迴歸係數是否存在)。在變異數分析表5-18中可以發現「Residual Error(殘差誤差)」的自由度(DF)爲「0」，是因爲總自由度有7個(8-1=7)，全部爲5個因子及2個交互作用所使用，因此沒有多餘的自由度留給誤差項，也就無法計算誤差項。同樣地，在變異數分析表中也無法計算出各相關數值。

表5-17　單體透過率的未編碼效應及係數

Factorial Fit：單體透過率versus延伸倍數、I2濃度、KI濃度、處理溫度、處理時間 Estimated Effects and Coefficients for 單體透過率 (coded units)		
Term	Effect	Coef
Constant		23.424
延伸倍數	2.092	1.046
I2濃度	-9.613	-4.806
KI濃度	-17.353	-8.676
處理溫度	9.913	4.956
處理時間	-1.737	-0.869
延伸倍數*KI濃度	-3.807	-1.904
I2濃度*KI濃度	-11.063	-5.531
S = *　PRESS = *		

表5-18　單體透過率的變異數分析

Analysis of Variance for 單體透過率 (coded units)						
Source	DF	Seq SS	Adj SS	Adj MS	F	P
Main Effects	5	998.3	998.3	199.7	*	*
2-Way Interactions	2	273.8	273.8	136.9	*	*
Residual Error	0	*	*	*		
Total	7	1272.1				

在柏拉圖(圖5-24)中，A、E及AC是屬於數值較小的一群，將此三個併入誤差項中，只留下B、C、D及BC重新探討因子及交互作用的顯著性(圖5-25)。

經過修正後的重新計算得到柏拉圖5-26，顯示B、C、D及BC對實驗結果都有顯著性。

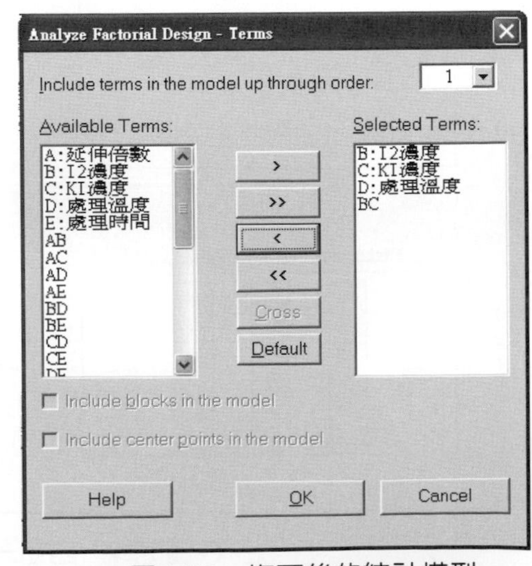

圖5-25　修正後的統計模型

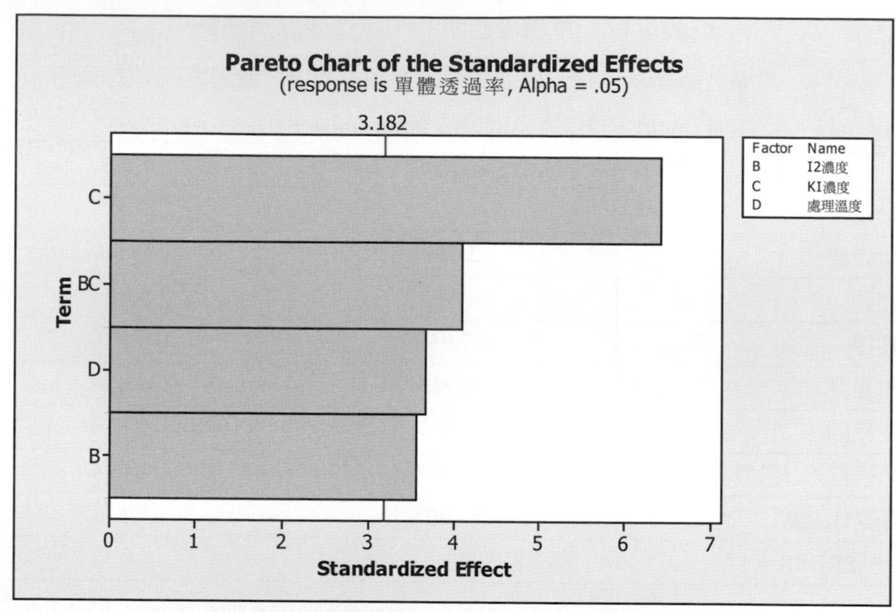

圖5-26 統計模型修正後的柏拉圖

觀察殘差分析圖(圖5-27)，知道殘差的三項假設：常態性、獨立性及變異一致性都能符合，因此，可以認爲由B、C、D及BC構成的統計模型是合適的。

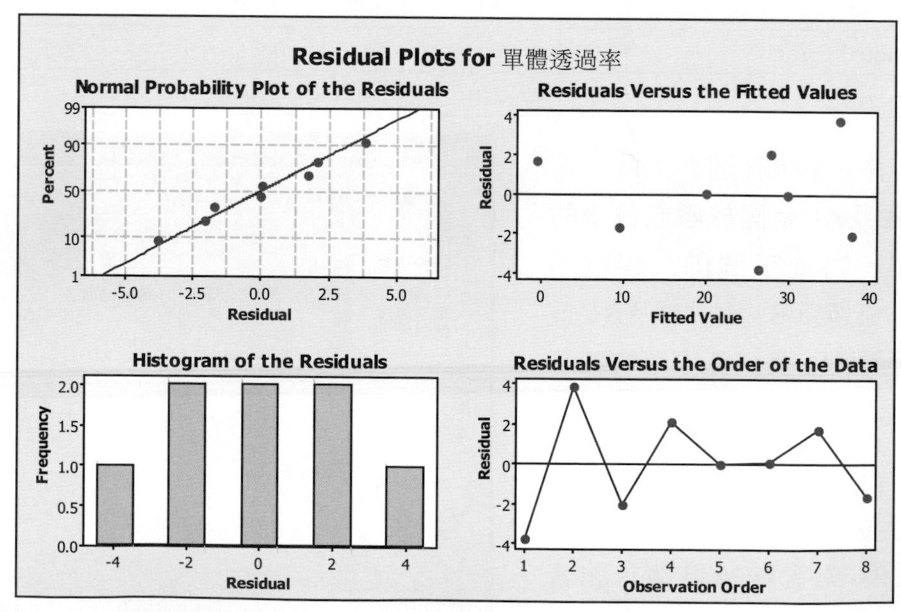

圖5-27 四合一殘差圖

◈合併後之迴歸分析及變異數分析

在表5-19的分析中「I2濃度、KI濃度、處理溫度及I2濃度*KI濃度」顯示出高的顯著性差異($p < 0.05$)，所以都是重要的因子或交互作用。

表5-19　合併後之迴歸分析(編碼)

Factorial Fit：單體透過率versus I2濃度、KI濃度、處理溫度 Estimated Effects and Coefficients for單體透過率(coded units)					
Term	Effect	Coef	SE Coef	T	P
Constant		23.424	1.351	17.34	0.000
I2濃度	-9.612	-4.806	1.351	-3.56	0.038
KI濃度	-17.353	-8.676	1.351	-6.42	0.008
處理溫度	9.913	4.956	1.351	3.67	0.035
I2濃度*KI濃度	-11.063	-5.531	1.351	-4.09	0.026
S = 3.82052　PRESS = 311.389 R-Sq = 96.56%　R-Sq(pred) = 75.52%　R-Sq(adj) = 91.97%					

變異數分析表(表5-20)顯示主效應及二階交互作用有顯著的差異存在($p < 0.05$)。

表5-20　合併後之變異數分析(編碼)

Analysis of Variance for 單體透過率 (coded units)						
Source	DF	Seq SS	Adj SS	Adj MS	F	P
Main Effects	3	983.53	983.53	327.84	22.46	0.015
2-Way Interactions	1	244.76	244.76	244.76	16.77	0.026
Residual Error	3	43.79	43.79	14.60		
Total	7	1272.08				

估計的迴歸係數為(表5-21)：

表5-21　迴歸係數(未編碼)

Estimated Coefficients for 單體透過率 using data in uncoded	
unitsTerm	Coef
Constant	6.61458
I2濃度	10.2750
KI濃度	-0.310833
處理溫度	0.495625
I2濃度*KI濃度	-7.37500

主效應及交互作用的Mean(平均數)及SE Mean(標準誤差)分別為(表5-22)：

表5-22　因子及交互作用的平均數和標準誤

Least Squares Means for 單體透過率		
	Mean	SE Mean
I2濃度		
0.1000	**28.230**	1.910 (注：I2濃度以第一水準較佳)
0.6000	18.618	1.910
KI濃度		
1	**32.100**	1.910 (注：KI濃度以第一水準較佳)
7	14.748	1.910
處理溫度		
40	18.468	1.910
60	**28.380**	1.910 (注：處理溫度以第二水準較佳)
I2濃度*KI濃度		
0.1000　1	31.375	2.702
0.6000　1	**32.825**	2.702
0.1000　7	25.085	2.702
0.6000　7	4.410	2.702

注意

I2濃度*KI濃度交互作用以0.6*1的組合最佳，但是0.1*1組合的反應值(31.375)與0.6*1組合的反應值(32.825)相差很少，所以，0.1*1也不失爲好的組合。

在單體透過率的因子主效應反應圖(圖5-28)得知 I2濃度是0.1(第一水準) 較佳，KI濃度是1 (第一水準)較佳，處理溫度是60(第二水準)較佳。

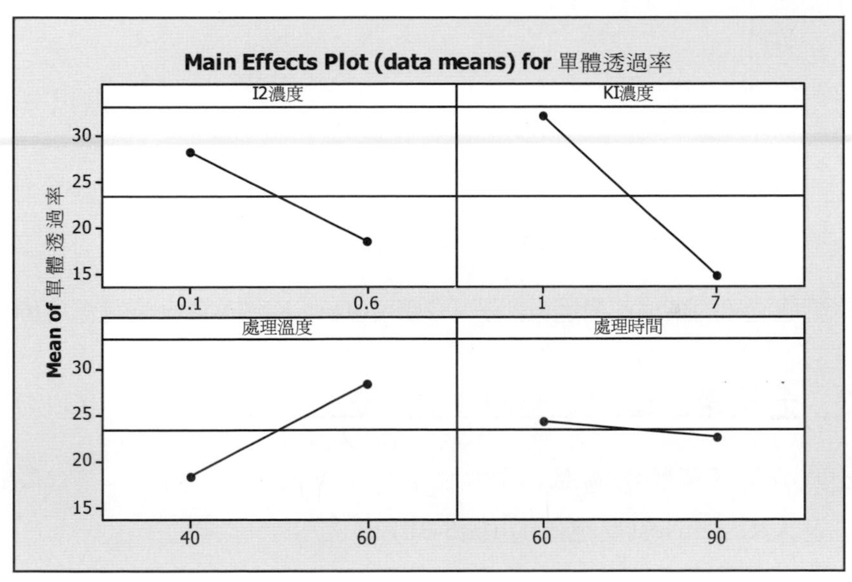

圖5-28 主效應反應圖

在交互作用圖(圖5-29)中以I2濃度0.6及KI濃度1的組合較高，此與主效應圖的結果有差異。但是與I2濃度0.1及KI濃度1的組合相比較差異的幅度並不大，如果只從實驗數值作取捨，則以選I2濃度0.6及KI濃度1的組合較佳。此即回到前面所述的「有交互作用時，優先選擇交互作用中較佳的組合」。

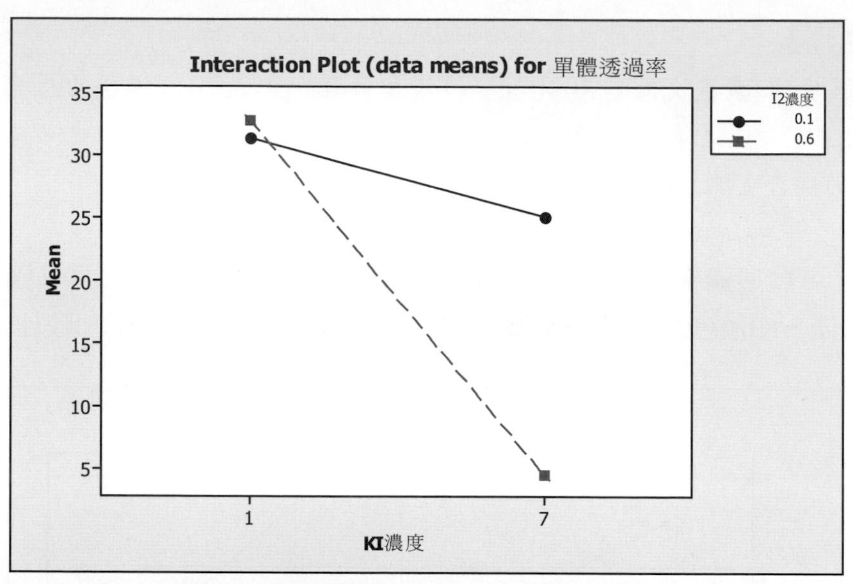

圖5-29　交互作用反應圖

單體透過率的結論：最適組合是「I2濃度(0.6)，KI濃度(1)，處理溫度(60)」。

5-3-3　分析第二個反應變數「直交透過率」(檔案：I2.MTW)

比照分析「單體透過率」的方式來分析「直交透過率」，將「直交透過率」選入Responses(反應值)中(圖5-30)。

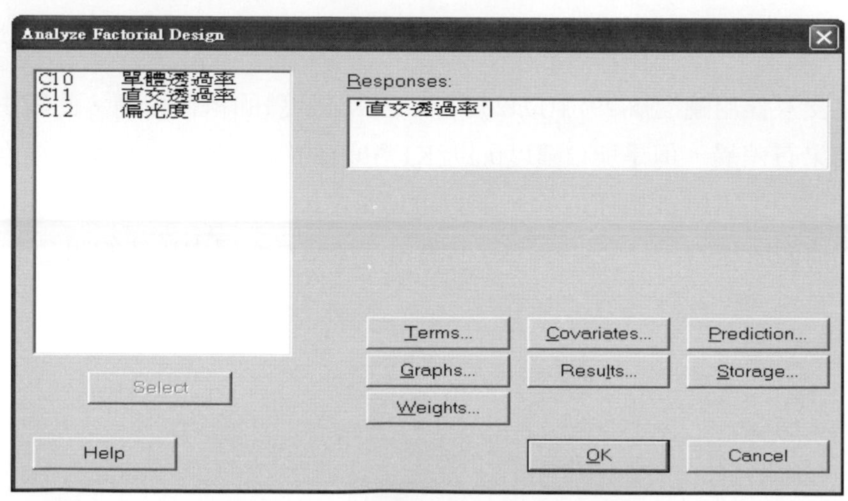

圖5-30　選取反應值－直交透過率

將所要探討的因子(A,B,C,D及E)和交互作用(AC及BC)以柏拉圖(圖5-31)繪出，顯示這些因子或交互作用對反應值都沒有顯著差異，可以將最小的二個因子或交互作用(A及AC)併入誤差項重新分析。

只保留C,D,E,B及BC五項進行重新分析以釐清因子的顯著性，在柏拉圖(圖5-32)發現這五項因子及交互作用均具備顯著性差異。另外，在表5-23中，其T值的絕對值都大於4.30(其P值也都小於0.05)。因此，以這五項因子或交互作用構成的模型是適當的。

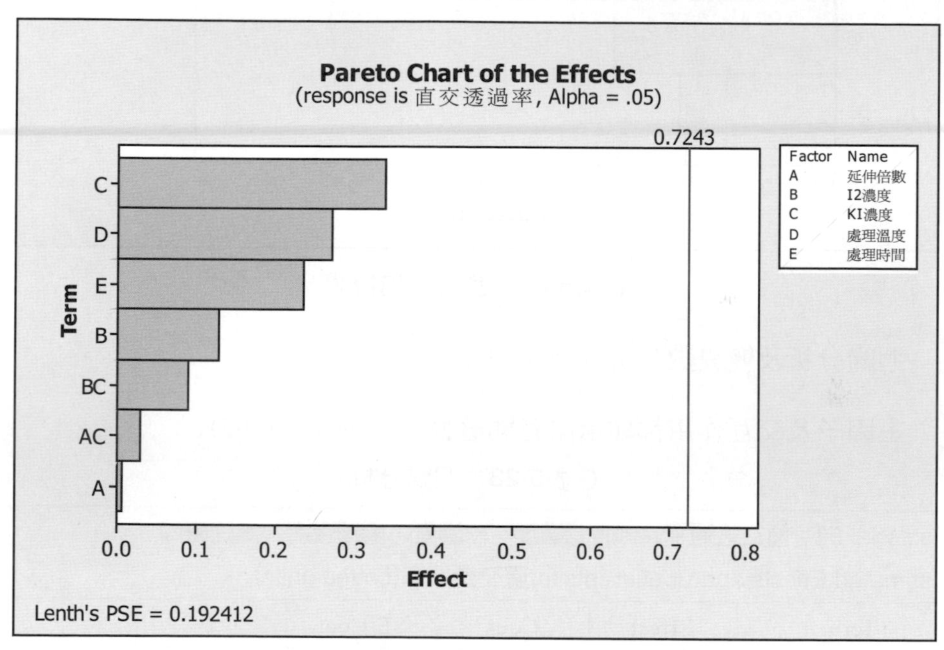

圖5-31　因子及交互作用之柏拉圖

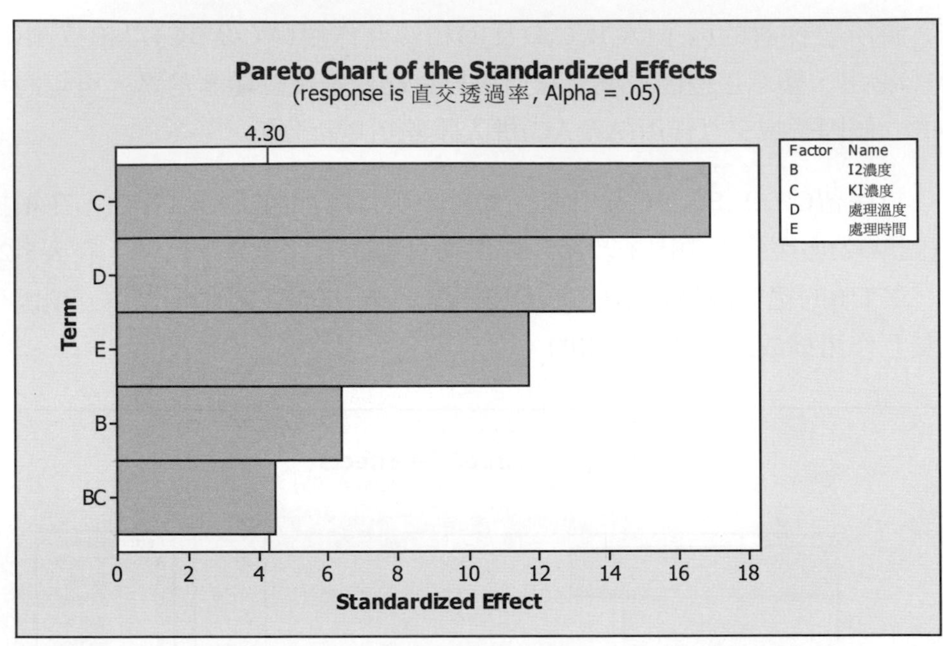

圖5-32 合併後柏拉圖

迴歸分析及變異數分析分別說明如下：

主因子及交互作用都顯示出有顯著性的差異(P < 0.05)

表5-23 迴歸分析

Factorial Fit：直交透過率versus I2濃度、KI濃度、處理溫度、處理時間

Estimated Effects and Coefficients for直交透過率(coded units)

Term	Effect	Coef	SE Coef	T	P
Constant		0.1900	0.01001	**18.97**	**0.003**
I2濃度	-0.1283	-0.0641	0.01001	**-6.41**	**0.024**
KI濃度	-0.3389	-0.1694	0.01001	**-16.92**	**0.003**
處理溫度	0.2719	0.1360	0.01001	**13.58**	**0.005**
處理時間	-0.2348	-0.1174	0.01001	**-11.73**	**0.007**
I2濃度*KI濃度	0.0900	0.0450	0.01001	**4.49**	**0.046**

S = 0.0283229 PRESS = 0.0256700

R-Sq = 99.70% R-Sq(pred) = 95.23% R-Sq(adj) = 98.96%

注意

R-Sq = 99.70% 顯示相當高的貢獻來自這五個因子及交互作用—C,D,E,B及BC。

變異數分析表：主因子及交互作用都顯示出有顯著性的差異($P < 0.05$)，如表5-24。

表5-24　變異數分析表

Analysis of Variance for 直交透過率 (coded units)						
Source	DF	Seq SS	Adj SS	Adj MS	F	P
Main Effects	4	0.520753	0.520753	0.130188	162.29	0.006
2-Way Interactions	1	0.016191	0.016191	0.016191	20.18	0.046
Residual Error	2	0.001604	0.001604	0.000802		
Total	7	0.538549				

未編碼的迴歸係數在表5-25，也可以因此獲得迴歸方程式。

表5-25　迴歸係數及迴歸方程式

Estimated Coefficients for 直交透過率 using data in uncoded units

Term	Coef
Constant	0.496923
I2濃度	-0.496483
KI濃度	-0.0774733
處理溫度	0.0135962
處理時間	-0.00782750
I2濃度*KI濃度	0.0599833

注意

根據實驗數據獲得之迴歸方程式是：

直交透過率(Y)= 0.4969-0.4965xI2濃度-0.0775xKI濃度
+0.0136x處理溫度-0.0078x處理時間
+0.0600xI2濃度*KI濃度

因子及交互作用的平均數和標準誤(表5-26)，可以決定哪一水準組合的效果較好或較符合要求。

表5-26　平均數及標準誤

Least Squares Means for 直交透過率		
	Mean	SE Mean
I2濃度		
0.1000	**0.254125**	0.01416
0.6000	0.125850	0.01416
KI濃度		
1	**0.359425**	0.01416
7	0.020550	0.01416
處理溫度		
40	0.054025	0.01416
60	**0.325950**	0.01416
處理時間		
60	**0.307400**	0.01416
90	0.072575	0.01416
I2濃度*KI濃度		
0.1000 1	**0.468550**	0.02003
0.6000 1	0.250300	0.02003
0.1000 7	0.039700	0.02003
0.6000 7	0.001400	0.02003

(在此省略反應圖，但根據效應值仍能判定因子或交互作用的顯著水準)。

直交透過率的結論：最適組合是「I2濃度(0.1)，KI濃度(1)，處理溫度(60)，處理時間(60)」。

5-3-4 分析第三個反應變數「偏光度分析」(檔案：I2.MTW)

偏光透過率(圖5-33)在經過二次的修正模型分析(圖5-34，圖5-35)，最後只能確定「KI濃度」對偏光度有顯著的影響。圖5-33的柏拉圖顯示五個因子及二個交互作用都沒有呈現出水準之間的顯在差異。

圖5-34的柏拉圖顯示四個因子都沒有呈現出水準之間的顯在差異，其中KI濃度的影響效果是比較顯著的，以下嘗試將KI進行單獨分析(圖5-35)。

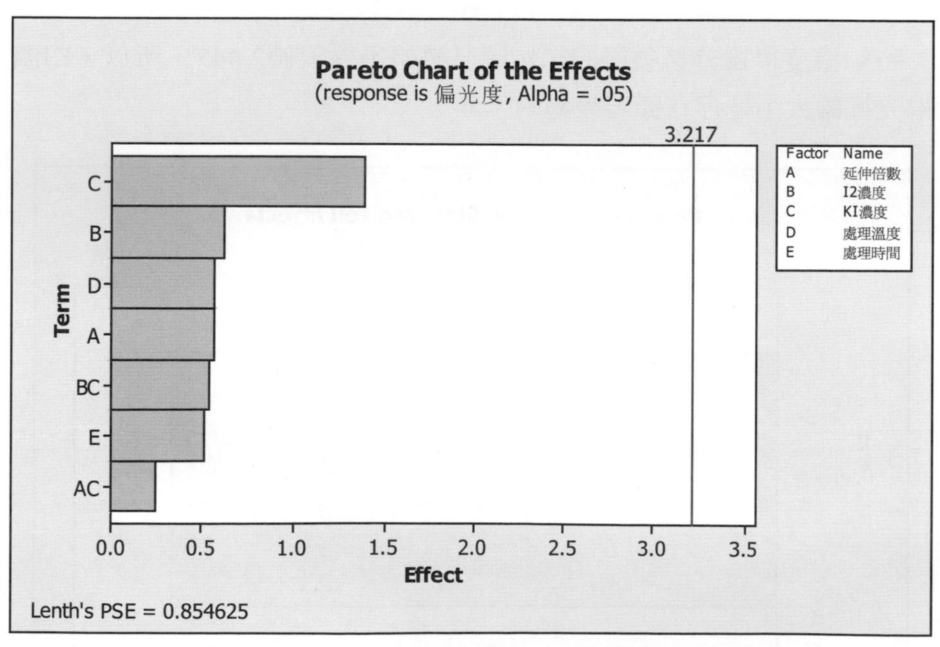

圖5-33 合併前之因子及交互作用柏拉圖

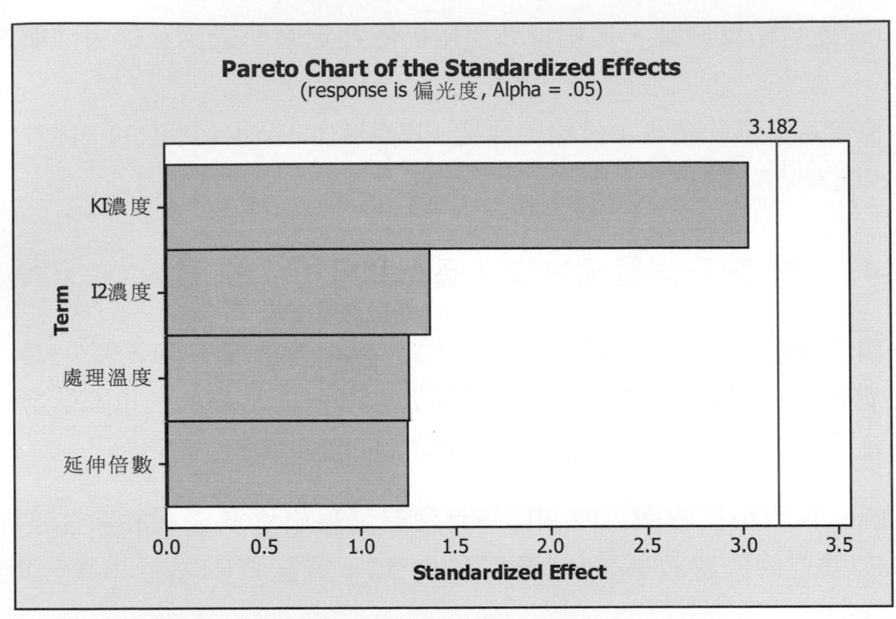

圖5-34　柏拉圖(第一次合併)

將KI濃度單獨分析獲得的柏拉圖已經超過界限值2.447，所以，KI濃度對偏光度的大小是存在顯著差異的。

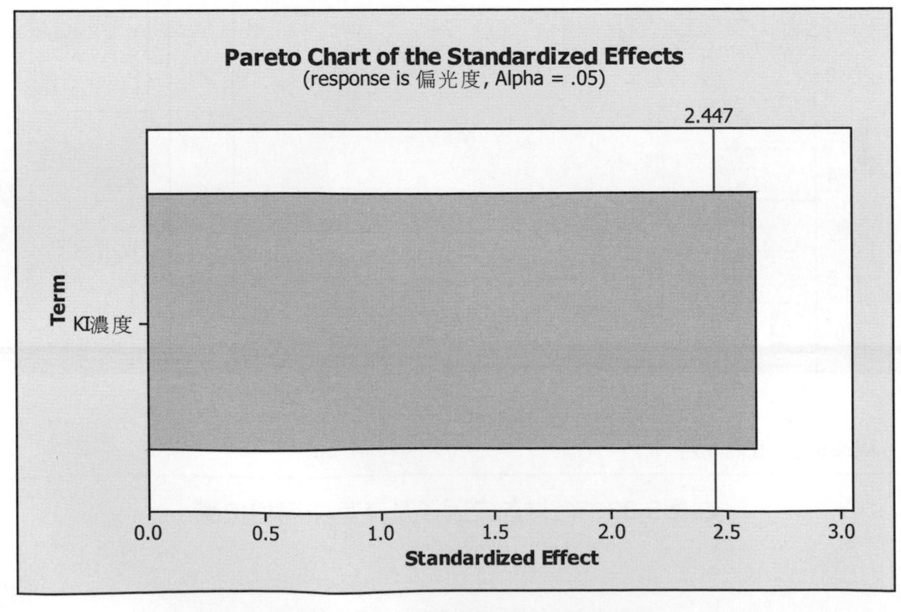

圖5-35　柏拉圖(第二次合併)

迴歸分析的結果在表5-27，常數項及KI濃度都是顯著重要的(P< 0.05)

表5-27　迴歸分析

Results for： I2.MTW
Factorial Fit： 偏光度 versus KI濃度
Estimated Effects and Coefficients for 偏光度 (coded units)

Term	Effect	Coef	SE Coef	T	P
Constant		99.1144	0.2634	376.29	0.000
KI濃度	1.3832	0.6916	0.2634	2.63	0.039

S = 0.745013　PRESS = 5.92047
R-Sq = 53.47%　R-Sq(pred) = 17.28%　R-Sq(adj) = 45.71%

注意

從R-Sq=53.47%知道仍有約40%以上的影響是隱藏在誤差項中，根據柏拉圖的顯示可以推測其他因子(I2濃度、處理溫度及延伸倍數等)對偏光度可能也有影響，但是受限於實驗數據的不足或稱爲誤差自由度不足，無法有效地測試出顯著性的差異。

變異數分析表(表 5-28)及迴歸係數(表 5-29)分別陳述如下：

(1)變異數分析：主效應(KI濃度)水準間是存在顯著差異(P < 0.05)。

表5-28　變異數分析表

Analysis of Variance for 偏光度 (coded units)

Source	DF	Seq SS	Adj SS	Adj MS	F	P
Main Effects	1	3.827	3.827	3.8268	6.89	0.039
Residual Error	6	3.330	3.330	0.5550		
Pure Error	6	3.330	3.330	0.5550		
Total	7	7.157				

(2)未編碼之迴歸係數及因子的平均數和標準誤：

表5-29　未編碼之迴歸係數及因子的平均數和標準誤差

```
Estimated Coefficients for 偏光度 using data in uncoded units

Term        Coef
Constant    98.1922
KI濃度      0.230542

Least Squares Means for 偏光度
KI濃度  Mean    SE Mean
 1      98.42   0.3725
 7      99.81   0.3725
```

KI濃度以水準値「7」爲較佳。

5-3-5　因子重要性分析

由於反應值有三種(單體透過率、直交透過率及偏光度)，這三種的反應值所對應的主效應或交互作用也都不同，將其整理成表5-30。

表5-30　因子與水準對應

	單體透過率	直交透過率	偏光度
延伸倍數(A)	---	---	---
I2濃度(B)	0.1(1)	0.1(1)	---
KI濃度(C)	1(1)	1(1)	7 (2)
處理溫度(D)	60 (2)	60 (2)	---
處理時間(E)	---	60 (1)	---
I2濃度(B)* KI濃度(C)	0.6*1(2,1)	0.1*1(1,1)	---

注意

因子後面的括弧代表因子的代碼；水準後面的括弧代表第幾水準。

在表5-30中可以發現有二處發生水準之間的衝突，一個衝突是KI濃度對於單體透過率及直交透過率都是以1水準較好，但是KI濃度對於偏光度是以水準2較好。另一個衝突是交互作用I2濃度(B)* KI濃度(C)對單體透過率及直交透過率也有不同。嘗試使用因子與水準的對應組合，將各因子或交互作用的貢獻率(因子或交互作用占SS的百分比)作爲因子重要性的選擇。

首先，利用Minitab(🗁檔案：I2.MTW)：Stat> ANOVA> General Linear Model進行各主效應或交互作用重要性的分析，主效應或交互作用的重要性可以從個別SS(Sum of Square)占總SS的比率得到。

單體透過率部分(圖5-36)：

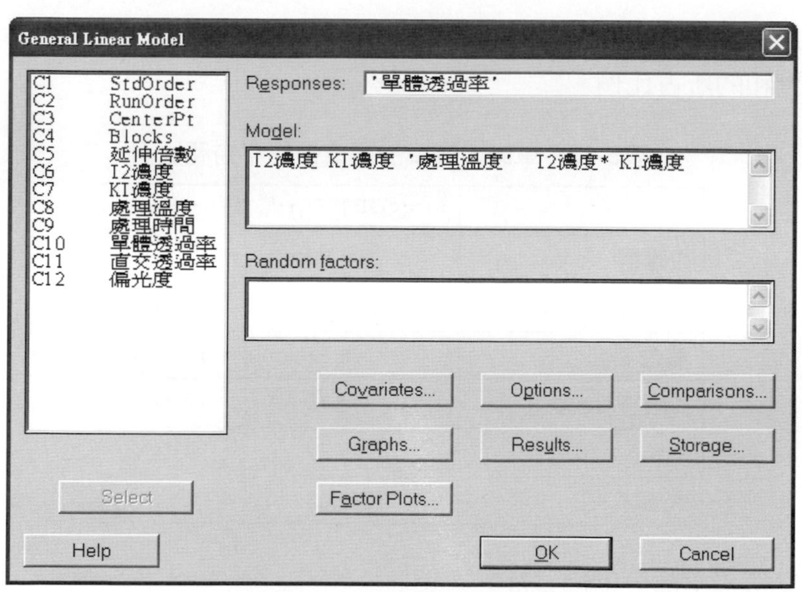

圖5-36　一般線性模型分析

分析的結果顯示在變異數分析表(表5-31)中。其中因子及交互作用之水準間都是具有顯著差異的($p < 0.05$)。

表5-31　變異數分析表

General Linear Model：單體透過率 versus I2濃度，KI濃度，處理溫度

Factor　Type　Levels　Values
I2濃度　fixed　2　0.1, 0.6
KI濃度　fixed　2　1, 7
處理溫度　fixed　2　40, 60

Analysis of Variance for 單體透過率, using Adjusted SS for Tests

Source	DF	Seq SS	Adj SS	Adj MS	F	P
I2濃度	1	184.80	184.80	184.80	12.66	0.038
KI濃度	1	602.22	602.22	602.22	41.26	0.008
處理溫度	1	196.52	196.52	196.52	13.46	0.035
I2濃度*KI濃度	1	244.76	244.76	244.76	16.77	0.026
Error	3	43.79	43.79	14.60		
Total	7	1272.08				

S = 3.82052　R-Sq = 96.56%　R-Sq(adj) = 91.97%

計算單體透過率的貢獻率(表5-32)，可以知道各因子、交互作用及誤差項的平方和的所占比例。

表5-32　單體透過率的各成份之平方和比例

	SS(平方和)	SS%
I2濃度	184.80	14.53%
KI濃度	602.22	47.34%
處理溫度	196.52	15.45%
I2濃度*KI濃度	244.76	19.24%
Error	43.79	3.44%
Total	1272.08	

直交透過率部分(圖 5-37)：

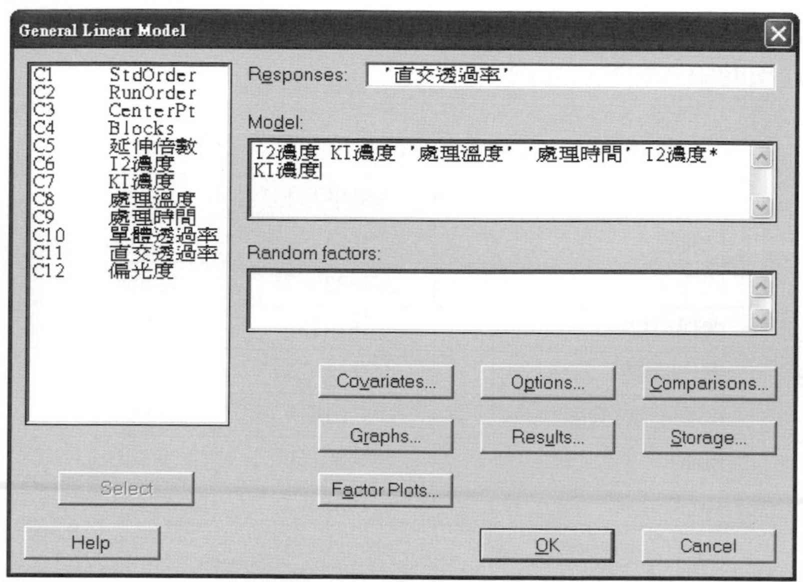

圖5-37　一般線性模型分析

直交透過率的變異數分析(表5-33)：其中因子及交互作用之水準間都是具有顯著差異的($p < 0.05$)。

表5-33　變異數分析表

General Linear Model：直交透過率 versus I2濃度, KI濃度, 處理溫度, 處理時間

Factor	Type	Levels	Values
I2濃度	fixed	2	0.1, 0.6
KI濃度	fixed	2	1, 7
處理溫度	fixed	2	40, 60
處理時間	fixed	2	60, 90

Analysis of Variance for 直交透過率, using Adjusted SS for

TestsSource	DF	Seq SS	Adj SS	Adj MS	F	P
I2濃度	1	0.03291	0.03291	0.03291	41.02	0.024
KI濃度	1	0.22967	0.22967	0.22967	286.31	0.003
處理溫度	1	0.14789	0.14789	0.14789	184.35	0.005
處理時間	1	0.11029	0.11029	0.11029	137.48	0.007
I2濃度*KI濃度	1	0.01619	0.01619	0.01619	20.18	0.046
Error	2	0.00160	0.00160	0.00080		
Total	7	0.53855				

S = 0.0283229　R-Sq = 99.70%　R-Sq(adj) = 98.96%

計算直交透過率各部分所占的比率(表5-34)：可以知道各因子、交互作用及誤差項的平方和所占比例。

表5-34　直交透過率的各成份之平方和比例

	SS(平方和)	SS%
I2濃度	0.03291	6.11%
KI濃度	0.22967	42.65%
處理溫度	0.14789	27.46%
處理時間	0.11029	20.48%
I2濃度*KI濃度	0.01619	3.01%
Error	0.00160	0.30%
Total	0.53855	

偏光度部分(圖5-38)：

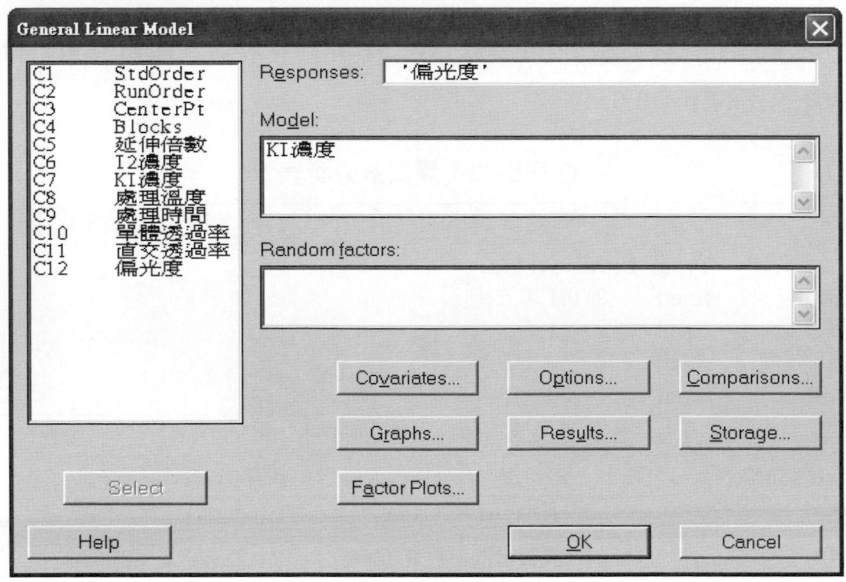

圖5-38　一般線性模型分析

偏光度變異數分析表(表5-35)：因子之水準間是具有顯著差異的($p < 0.05$)。

表5-35 變異數分析表

General Linear Model： 偏光度 versus KI濃度 Factor Type Levels Values						
KI濃度 fixed 2 1, 7						
Analysis of Variance for 偏光度, using Adjusted SS for						
TestsSource	DF	Seq SS	Adj SS	Adj MS	F	P
KI濃度	1	3.8268	3.8268	3.8268	6.89	0.039
Error	6	3.3303	3.3303	0.5550		
Total	7	7.1570				
S = 0.745013 R-Sq = 53.47% R-Sq(adj) = 45.71%						

計算偏光度各部分所占的比率貢獻率(表5-36)：可以知道因子及誤差項的平方和的所占比例。

表5-36 偏光度平方和比例

	SS(平方和)	SS%
I2濃度	3.8286	53.49%
Error	3.3303	46.53%
Total	7.1570	

5-3-6 因子與水準對應組合表

將主效應與交互作用的平方和(Sum of Square, SS)所占的比率整理成「因子與水準對應組合表」(表5-37)

表5-37 因子與水準對應組合表

<table>
<tr><th></th><th>單體透過率</th><th>直交透過率</th><th>偏光度</th></tr>
<tr><td>延伸倍數(A)</td><td>---</td><td>---</td><td>---</td></tr>
<tr><td rowspan="2">I2濃度(B)</td><td>B1</td><td>B1</td><td rowspan="2">---</td></tr>
<tr><td>14.53%</td><td>6.11%</td></tr>
<tr><td rowspan="2">KI濃度(C)</td><td>C1</td><td>C1</td><td>C2</td></tr>
<tr><td>47.34%</td><td>42.65%</td><td>53.49%</td></tr>
<tr><td rowspan="2">處理溫度(D)</td><td>D2</td><td>D2</td><td rowspan="2">---</td></tr>
<tr><td>15.45%</td><td>27.46%</td></tr>
<tr><td rowspan="2">處理時間(E)</td><td rowspan="2">---</td><td>E1</td><td rowspan="2">---</td></tr>
<tr><td>20.48%</td></tr>
<tr><td rowspan="2">I2濃度(B)* KI濃度(C)</td><td>B2,C1</td><td>B1,C1</td><td rowspan="2">---</td></tr>
<tr><td>11.38%</td><td>3.01%</td></tr>
</table>

在因子與水準對應組合表中，C1(C的1水準)與C2(C的2水準)有衝突，而且各占的比率在42.65%和53.49%都是很大的部分，可要從工程的角度重新思考解決之道，否則會顧此失彼。另外，B2C1與B1C1也有衝突，但是各占的比率只有11.38%和3.01%，選擇B2C1可能比較好。

注意

部分書籍在探討多重反應值(Multiple Responses)時採用貢獻率(Contribution)的方式，與此處利用比率的方式近似，所不同的是貢獻率的計算必須將誤差對各因子或交互作用的影響從各因子或交互作用的SS(平方和)中剔除，這就必須探討變異數分析表中各因子或交互作用的統計模型，這已經不屬於本書的編寫目的及範圍。

5-4 解析度

解析度(Resolution)的說明是屬於較複雜的內容，初次學習實驗設計者不需要特別瞭解什麼是解析度。解析度只在規劃實驗組合時會使用到，基本的原則是解析度越低實驗的組合越少，所要做的實驗次數也較少。一個全因子設計(Full Factorial Design)的解析度定為無限大，所以只有部分因子設計才有解析度。解析度III(Resolution III)是最低的解析度，是由一個主因子(例如：A 因子)和二個因子的交互作用(例如，B*C)相互交絡時構成解析度III的設計。此時別名將是A=B*C，如此將使定義關係I=A*(B*C)=A*(A)=1。由於I=A*B*C，I是由A,B及C所構成，因為A,B及C是三個字母，因此稱為解析度III的設計。在討論「2^{k-1}部分因子設計」章節時，提到的2^{3-1}部分因子設計，無論是A=B*C、B=A*C 或C=A*B，就是一個解析度III的實驗組合。在2^{k-P}部分因子設計的規劃，解析度III是最小且最簡單的實驗設計組合，因此解析度III通常僅用於篩選階段的實驗設計。利用Minitab來說明將有助於瞭解解析度的內涵。

在Minitab：Stat> DOE> Factorial> Create Factorial Design選擇「Display Available Designs(顯示可用的設計)」將會看到圖5-39。

Create Factorial Design - Display Available Designs

Available Factorial Designs (with Resolution)

	Factors													
Runs	2	3	4	5	6	7	8	9	10	11	12	13	14	15
4	Full	III												
8		Full	IV	III	III	III								
16			Full	V	IV	IV	IV	III	III	III	III	III	III	III
32				Full	VI	IV	IV	IV	IV	IV	IV	IV	IV	IV
64					Full	VII	V	IV	IV	IV	IV	IV	IV	IV
128						Full	VIII	VI	V	V	IV	IV	IV	IV

Available Resolution III Plackett-Burman Designs

Factors	Runs	Factors	Runs	Factors	Runs
2-7	12,20,24,28,...,48	20-23	24,28,32,36,...,48	36-39	40,44,48
8-11	12,20,24,28,...,48	24-27	28,32,36,40,44,48	40-43	44,48
12-15	20,24,28,36,...,48	28-31	32,36,40,44,48	44-47	48
16-19	20,24,28,32,...,48	32-35	36,40,44,48		

Help　　OK

圖5-39　因子設計的解析度

在圖5-39中有Full, III, IV, V, VI, VII, VIII等等的標示，除了Full表示全因子設計之外，其他都是部分因子設計。現在來建構一個三因子二水準的2^{3-1}部分因子設計(省略部分Minitab的操作說明，將得到圖5-40,5-41,5-42,5-43)。

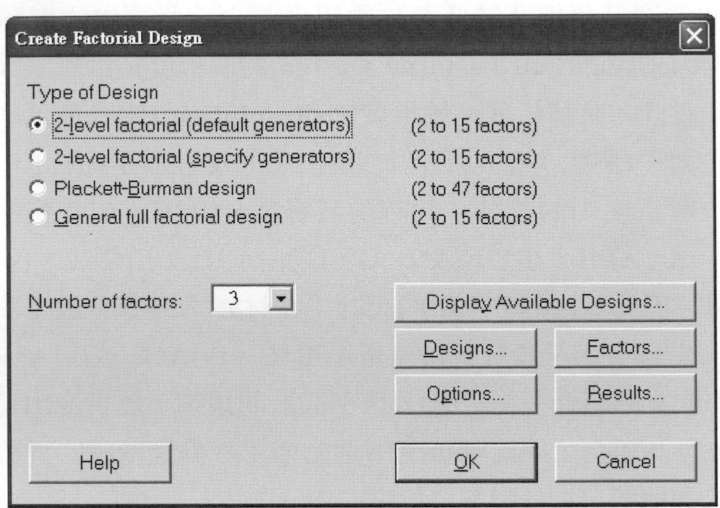

圖5-40　設定因子及水準數

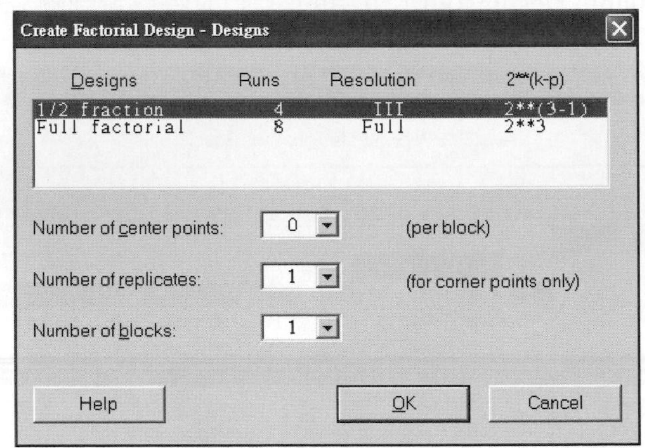

圖5-41　選擇2^{3-1}部分因子

Create Factorial Design - Factors
Factor
Name
Type
Low
High
A
A
Numeric
-1
1
B
B
Numeric
-1
1
C
C
Numeric
-1
1
Help
OK
Cancel

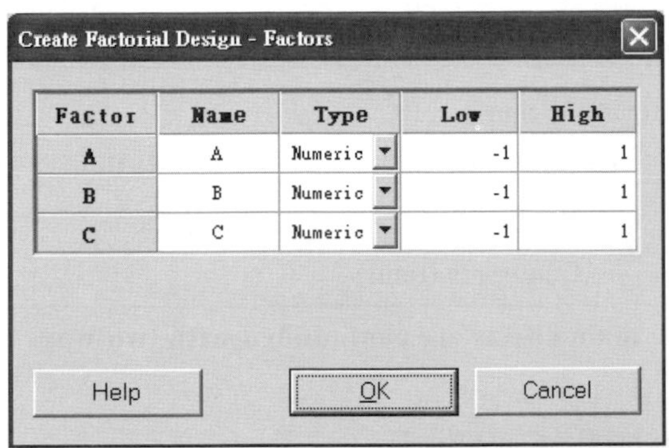

圖5-42　設定因子名稱及水準值

Create Factorial Design - Results
Printed Results
None
Summary table
Summary table, alias table
Summary table, alias table, design table
Summary table, alias table, design table, defining relation
Content of Alias Table
Default interactions
Interactions up through order:
Help
OK
Cancel

圖5-43　顯示的實驗設計規劃架構

在完成上面Minitab的操作，Session欄中將顯示表5-38(在表5-38中已將要說明部分以粗體標示)。

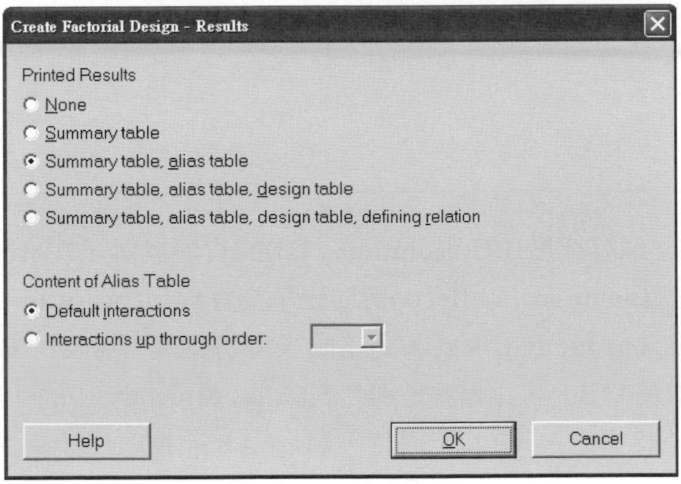

表5-38 實驗設計規劃架構

Fractional Factorial Design					
Factors：	3	Base Design：	3, 4	**Resolution：**	**III**
Runs：	4	Replicates：	1	Fraction：	1/2
Blocks：	1	Center pts (total)：	0		
NOTE * Some main effects are confounded with two-way interactions.					
Design Generators： C = AB					
Alias Structure					
I + ABC					
A + BC					
B + AC					
C + AB					

這就是一個解析度III(Resolution：III)的實驗設計，在Minitab註解中也顯示主效應(Some main effects)與二因子交互作用(two-way interactions)有產生交絡(confounded)現象。交絡的來源分別是「A及B*C」或「B及A*C」或「C及A*B」，這也就是別名表(Alias Structure)中的「A + BC」、「B + AC」及「C + AB」。同時，將C=AB定義爲設計產生器(Design Generators)」，將A乘以C，成爲$AC=A(AB)=AAB=A^2B=B$ ，構成AC=B的交絡或別名。同樣地，以B乘以C，成爲$BC=B(AB)=ABB=AB^2=A$，構成BC=A的交絡或別名。現在應該可以瞭解A,B及C三個因子構成定義關係 I (Identity)。當然地，構成D=ABC 的設計產生器，將被稱爲解析度IV的實驗設計。依此類推，可以得到解析度V或VI等等。

不需要嘗試計算出所有的別名或解析度，這些別名或解析度是具有規則的卻也是複雜的，就交給統計軟件Minitab去執行即可。重要且應該知道的是要使用多少的解析度，以選擇適當的實驗設計組合。解析度越低的實驗組合，只能計算出主效應；解析度越高的實驗組合，則能計算出越多的交互作用；全因子且重複數至少爲2的實驗組合，則可以計算出所有的交互作用。前面已經說過：解析度III的設計只適合做篩選實驗。實務上，解析度IV的設計是適當的，解析度V的設計則是相當的充分及優越。

5-4-1　飽和設計

一個2^{3-1}的實驗設計就是一個飽和設計(Saturated Design)，也可以說一個解析度III的實驗設計就是飽和設計。飽和設計將無法分析出交互作用的影響。

範例➡飽和設計

射出成型的產品之封合力量是一個功能特性(Y)，太大的力量會造成不易封合，太小的力量會在處理、出貨及倉儲時產生損壞，功能特性規格爲60±5。使用100噸的射出成型機，模具是12穴。選擇進行實驗的過程參數如表5-39。

表5-39　因子及水準數

射出機的參數	低水準	高水準
A：射出速度(%)	40	75
B：模溫(℃)	25	45
C：熔融溫度(℃)	205	235
D：保壓 (bar)	25	45
E：維持時間(秒)	2	3
F：冷卻時間(秒)	10	25
G：脫模速度(%)	5	25

由於此一實驗共有七個因子，不考慮交互作用的存在，可以使用2^{7-4}實驗組合來安排實驗。利用Minitab建置實驗組合的過程在圖 5-44,5-45,5-46,5-47)的四個圖中已有詳細顯示，不再作特別的敘述。

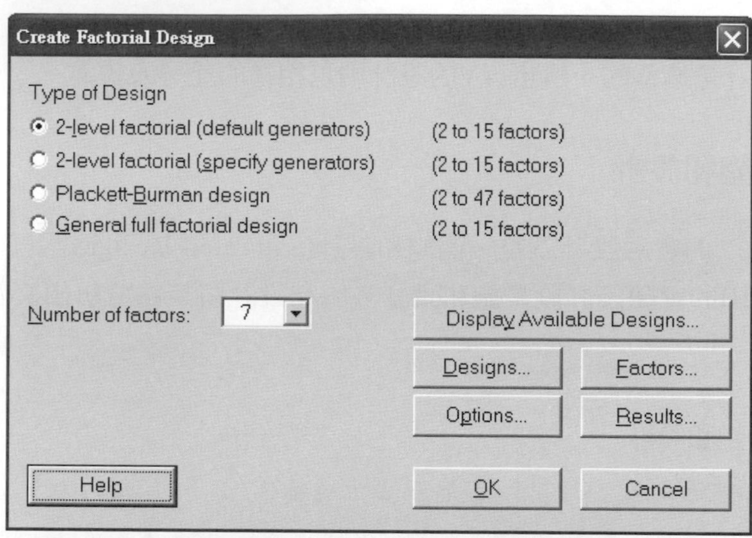

圖5-44　設定因子及水準數

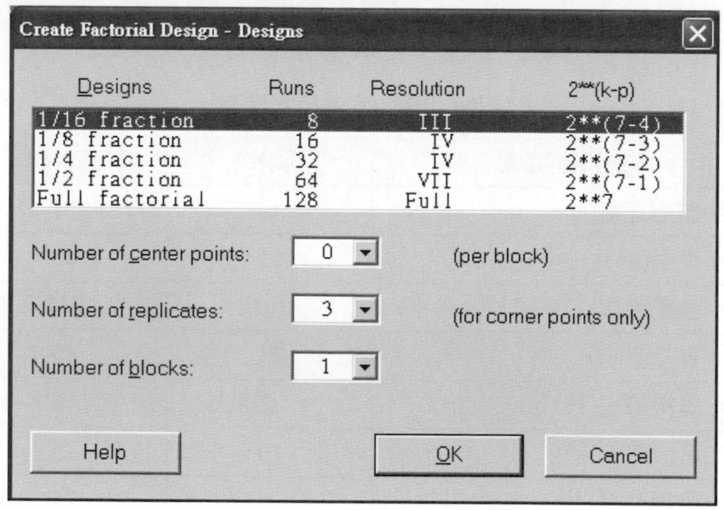

圖5-45　選擇2^{7-4}部分因子

Create Factorial Design - Factors
Factor
Name
Type
Low
High
A
A
Numeric
40
75
B
B
Numeric
25
45
C
C
Numeric
205
235
D
D
Numeric
25
45
E
E
Numeric
2
3
Help
OK
Cancel

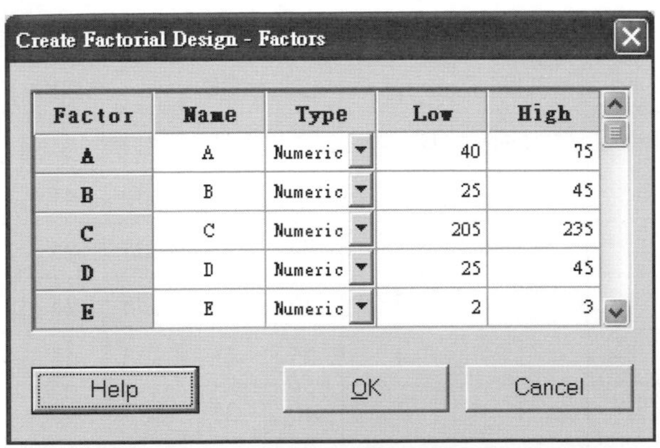

圖5-46　設定因子名稱及水準值

Create Factorial Designs - Options
Fold Design
Do not fold
Fold on all factors
Fold just on factor:
Fraction
Use principal fraction
Use fraction number:
Randomize runs
Base for random data generator:
Store design in worksheet
Help
OK
Cancel

圖5-47　設定實驗隨機性

建置出來的實驗組合在表5-40，再根據表5-40的順序進行實驗並紀錄實驗結果的反應值Force。

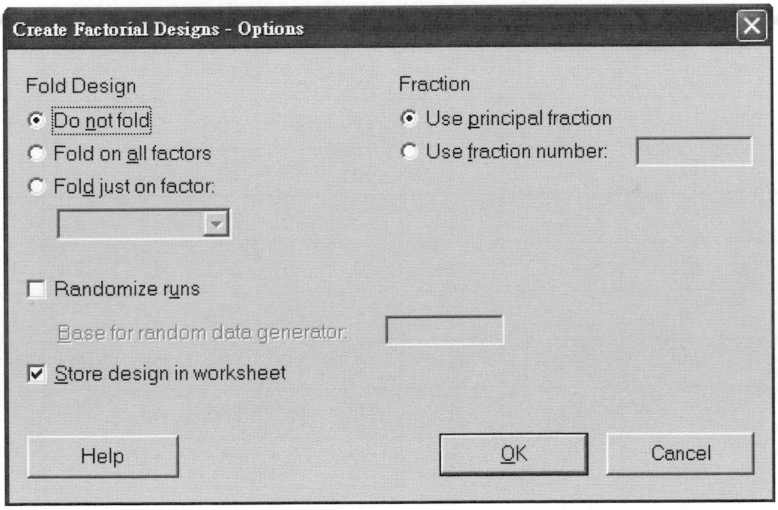

表5-40 實驗組合

C1	C2	C3	C4	C5	C6	C7	C8	C9	C10	C11
StdOrder	RunOrder	CenterPt	Blocks	A	B	C	D	E	F	G
1	1	1	1	40	25	205	45	3	25	5
2	2	1	1	75	25	205	25	2	25	25
3	3	1	1	40	45	205	25	3	10	25
4	4	1	1	75	45	205	45	2	10	5
5	5	1	1	40	25	235	45	2	10	25
6	6	1	1	75	25	235	25	3	10	5
7	7	1	1	40	45	235	25	2	25	5
8	8	1	1	75	45	235	45	3	25	25
9	9	1	1	40	25	205	45	3	25	5
10	10	1	1	75	25	205	25	2	25	25
11	11	1	1	40	45	205	25	3	10	25
12	12	1	1	75	45	205	45	2	10	5
13	13	1	1	40	25	235	45	2	10	25
14	14	1	1	75	25	235	25	3	10	5
15	15	1	1	40	45	235	25	2	25	5
16	16	1	1	75	45	235	45	3	25	25
17	17	1	1	40	25	205	45	3	25	5
18	18	1	1	75	25	205	25	2	25	25
19	19	1	1	40	45	205	25	3	10	25
20	20	1	1	75	45	205	45	2	10	5
21	21	1	1	40	25	235	45	2	10	25
22	22	1	1	75	25	235	25	3	10	5
23	23	1	1	40	45	235	25	2	25	5
24	24	1	1	75	45	235	45	3	25	25

實驗的配置及實驗數據如表5-41，每次實驗取三個樣品測試。實驗數據爲表5-41(檔案：SATURATED DESIGN.MTW)。

表5-41　實驗反應值

C1	C2	C3	C4	C5	C6	C7	C8	C9	C10		C12
StdOrder	RunOrder	CenterPt	Blocks	A	B	C	D	E	F	G	Force
1	1	1	1	40	25	205	45	3	25	5	41.04
2	2	1	1	75	25	205	25	2	25	25	68.59
3	3	1	1	40	45	205	25	3	10	25	44.15
4	4	1	1	75	45	205	45	2	10	5	63.02
5	5	1	1	40	25	235	45	2	10	25	65.51
6	6	1	1	75	25	235	25	3	10	5	71.62
7	7	1	1	40	45	235	25	2	25	5	42.77
8	8	1	1	75	45	235	45	3	25	25	64.33
9	9	1	1	40	25	205	45	3	25	5	44.02
10	10	1	1	75	25	205	25	2	25	25	70.89
11	11	1	1	40	45	205	25	3	10	25	46.46
12	12	1	1	75	45	205	45	2	10	5	64.12
13	13	1	1	40	25	235	45	2	10	25	62.48
14	14	1	1	75	25	235	25	3	10	5	78.44
15	15	1	1	40	45	235	25	2	25	5	41.15
16	16	1	1	75	45	235	45	3	25	25	73.43
17	17	1	1	40	25	205	45	3	25	5	41.89
18	18	1	1	75	25	205	25	2	25	25	71.53
19	19	1	1	40	45	205	25	3	10	25	32.33
20	20	1	1	75	45	205	45	2	10	5	62.67
21	21	1	1	40	25	235	45	2	10	25	59.05
22	22	1	1	75	25	235	25	3	10	5	73.96
23	23	1	1	40	45	235	25	2	25	5	39.49
24	24	1	1	75	45	235	45	3	25	25	70.95

由於是飽和設計，分析變異數時將主要因子全數納入考慮，交互作用則不必也不可以考慮。得出的效應柏拉圖(圖5-48)及迴歸分析與變異數分析表等(表5-42,5-43,5-44,5-45)。

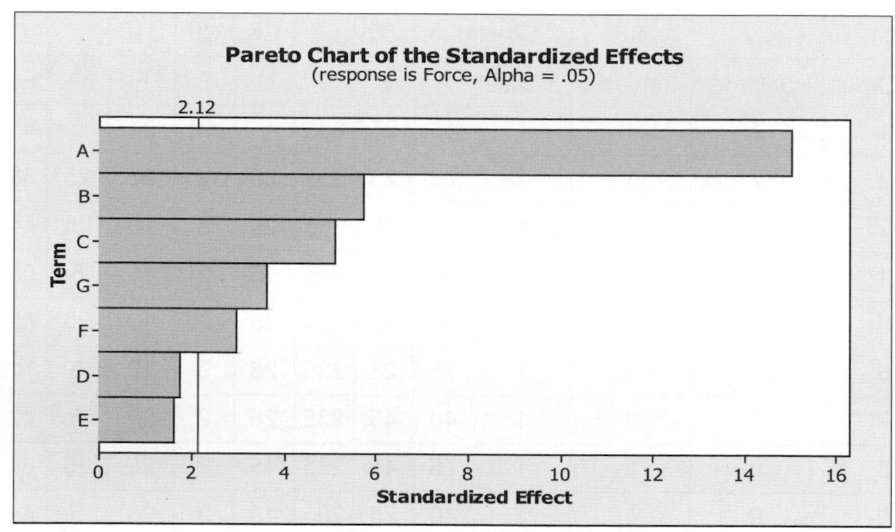

圖5-48　因子效應之柏拉圖

迴歸分析的結果在表5-42：A,B,C,F及G有顯著的差異。

表5-42　迴歸分析

Factorial Fit：Force versus A, B, C, D, E, F, G

Estimated Effects and Coefficients for Force (coded units)

Term	Effect	Coef	SE Coef	T	P
Constant		58.079	0.7571	76.71	0.000
A	22.768	11.384	0.7571	15.04	0.000
B	-8.679	-4.340	0.7571	-5.73	0.000
C	7.706	3.853	0.7571	5.09	0.000
D	2.594	1.297	0.7571	1.71	0.106
E	-2.388	-1.194	0.7571	-1.58	0.134
F	-4.477	-2.239	0.7571	-2.96	0.009
G	5.459	2.730	0.7571	3.61	0.002

S = 3.70889　PRESS = 495.212

R-Sq = 95.12%　R-Sq(pred) = 89.02%　R-Sq(adj) = 92.99%

變異數分析：顯示出主因子水準間有顯著的差異($p < 0.05$)。

表5-43　變異數分析表

Analysis of Variance for Force (coded units)						
Source	DF	Seq SS	Adj SS	Adj MS	F	P
Main Effects	7	4292.08	4292.08	613.15	44.57	0.000
Residual Error	16	220.09	220.09	13.76		
Pure Error	16	220.09	220.09	13.76		
Total	23	4512.18				

迴歸係數：

表5-44　迴歸係數(未編碼)

Estimated Coefficients for Force using data in uncoded units

Term	Coef
Constant	-18.0876
A	0.650500
B	-0.433958
C	0.256861
D	0.129708
E	-2.38750
F	-0.298500
G	0.272958

可以得到

迴歸方程式 Y=-18.0876+0.650500*A-0.433958*B
+0.256861*C-0.298500*F+0.272958*G

別名表(表5-45)：

表5-45 別名表

Alias Structure (up to order 3)

I + A*B*D + A*C*E + A*F*G + B*C*F + B*E*G + C*D*G + D*E*F

A + B*D + C*E + F*G + B*C*G + B*E*F + C*D*F + D*E*G

B + A*D + C*F + E*G + A*C*G + A*E*F + C*D*E + D*F*G

C + A*E + B*F + D*G + A*B*G + A*D*F + B*D*E + E*F*G

D + A*B + C*G + E*F + A*C*F + A*E*G + B*C*E + B*F*G

E + A*C + B*G + D*F + A*B*F + A*D*G + B*C*D + C*F*G

F + A*G + B*C + D*E + A*B*E + A*C*D + B*D*G + C*E*G

G + A*F + B*E + C*D + A*B*C + A*D*E + B*D*F + C*E*F

主效應反應圖(圖5-49)：

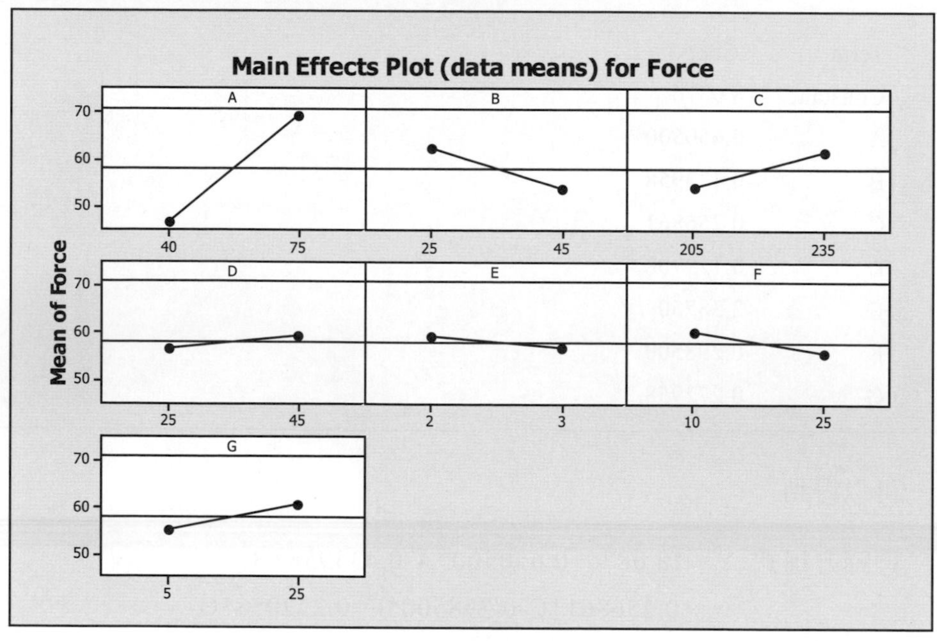

圖5-49 主效應反應圖(Force)

從圖5-50會發現B*D，C*E，F*G的交互作用有顯著差異，但是從別名表中A + B*D + C*E + F*G + B*C*G + B*E*F + C*D*F + D*E*G 可以知道A= B*D = C*E = F*G，所以這四個效應(A , B*D , C*E , F*G)是互相交絡的(Confounding)，而一開始實驗時已經認爲交互作用不重要，所以此時不必再刻意將交互作用提出來探討。因此，應該將此效應歸給A因子，而不屬於交互作用(B*D , C*E , F*G)。

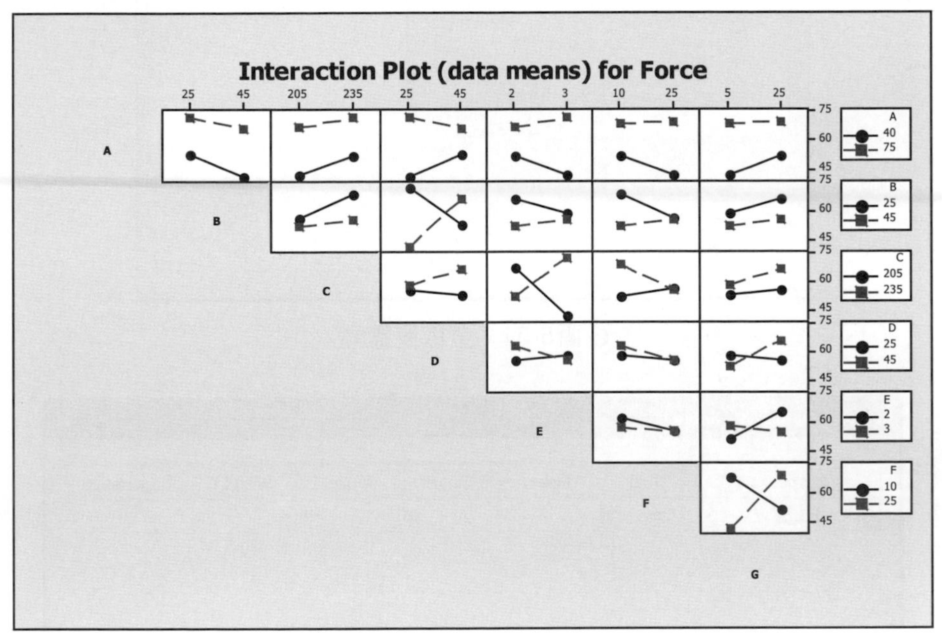

圖5-50　交互作用反應圖

如果想要獲得最佳的因子組合的數值，可以利用Minitab的反應最佳化(Response Optimizer)。步驟是 Minitab：Stat> DOE> Factorial>Response Optimizer，圖5-51中將反應值從Available(可用的)選入Selected(被選取的)。

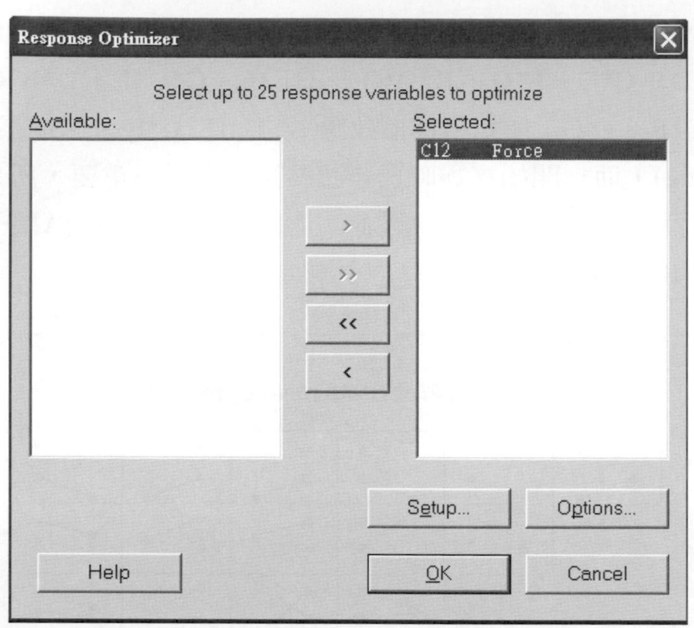

圖5-51 選取反應值

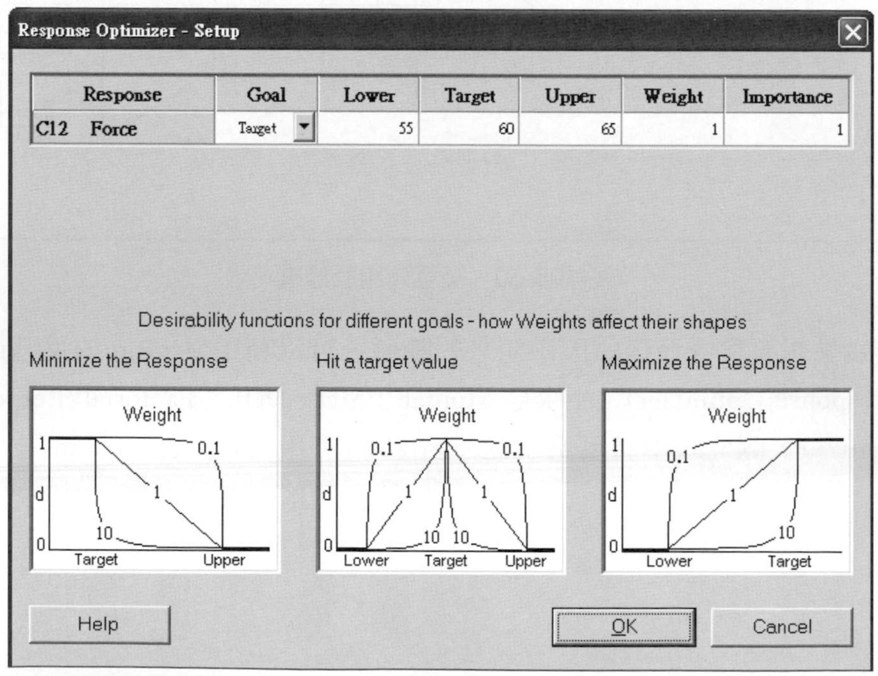

圖5-52 設定最佳化反應值

選擇「Setup(設定)」，選取反應值的目標形態(Goal)及分別填入Lower(低)、Target(標的)、Upper(高)的設定(圖5-52)。在本例中，反應值的目標是60±5，所以目標形態是Target，另有二個目標形態是 Minimum 及Maximum，分別用在追求反應值越小越好及反應值越大越好。至於設定的Lower , Target和Upper則依據反應值60±5，分別填入55,60和65。當目標形態爲Minimum或Maximum時，必須分別設定「Target及Upper」和「Lower及Target」。其他如Weight和Importance的設定暫不說明。最佳化反應值(表5-46)：

表5-46 最適組合數值

Response Optimization

Parameters

	Goal	Lower	Target	Upper	Weight	Import
Force	Target	55	60	65	1	1

Global Solution

A = 56.3606

B = 34.0856

C = 211.4600

D = 28.2623

E = 2

F = 12.7771

G = 25

Predicted Responses

Force = 60, desirability = 1

Composite Desirability = 1.00000

所以，從表5-46可以知道最佳值(目標值)爲Force=60，各因子的設定值爲：

A = 56.3606，B = 34.0856，C = 211.4600，D = 28.2623，E = 2，F = 12.7771，G = 25。Desirability(願望函數)可以當作達成目標的可能性，Desirability = 1表示有百分之百的達成機會。圖5-53是最適組合的條件，僅提供參考，進階的或相關的說明則放在反應曲面法(Response Surface Method)的章節裡。

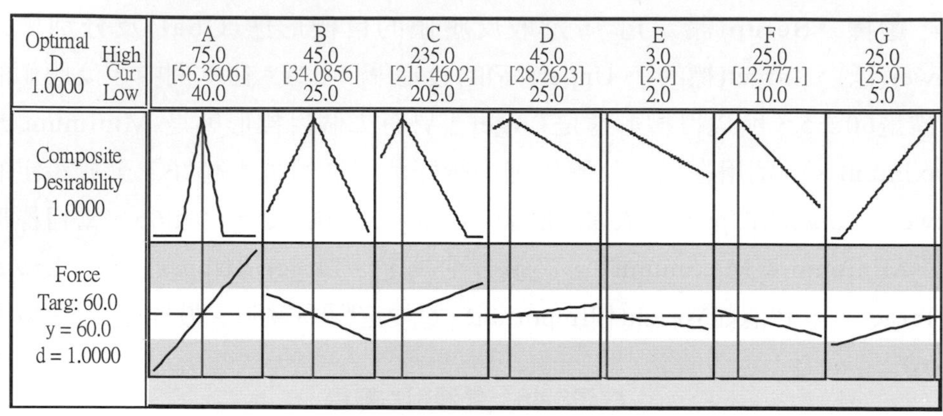

圖5-53　最適反應值

5-5 Plackett-Burman 設計(P-B設計)

Plackett-Burman(P-B)實驗設計是特殊的設計，通常使用於篩選實驗設計(Screening Design)的階段，P-B設計可以應用到高達47個因子只需48次實驗，是非常有效率的篩選實驗設計。應注意的是P-B設計是屬於一個解析度為III的實驗設計，所以P-B設計是不考慮交互作用。P-B設計是考慮N次實驗可以探討的因子數k=N-1，其中N為4的倍數。當N是2的指數次方時，就是2^k的實驗設計；當N不是2的指數次方時，例如，N=12,20,24,28,36等等就是P-B設計使用的實驗組合。假設要探討的因子有6個，利用Minitab建立P-B設計的實驗組合。Minitab的步驟是Stat> DOE> Factorial> Create Factorial Design，並得到圖5-54。

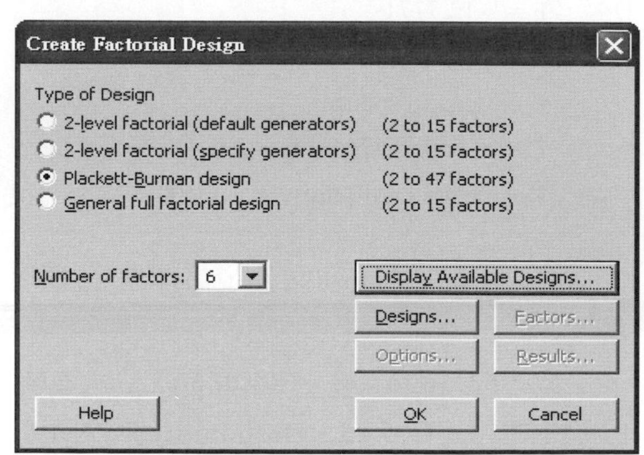

圖5-54　Plackett-Burman 設計-設定因子數

點擊「Designs(設計)」、「Factors(因子)」及「Options(選項)」，分別按照圖5-55、圖 5-56及圖5-57設定。

Create Factorial Design - Designs
Number of runs:
12
Number of center points per replicate:
0
Number of replicates:
1
Block on replicates
Help
OK
Cancel

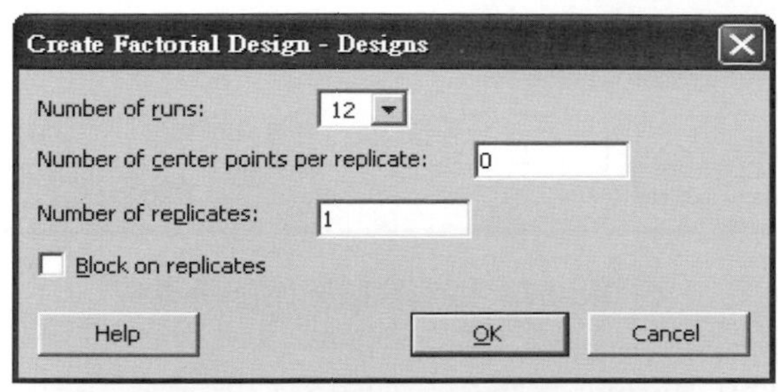

圖5-55　選擇實驗次數及重複數

採用編碼(Coded)方式將A,B,C,D,E及F六個因子的水準設定為-1和+1。

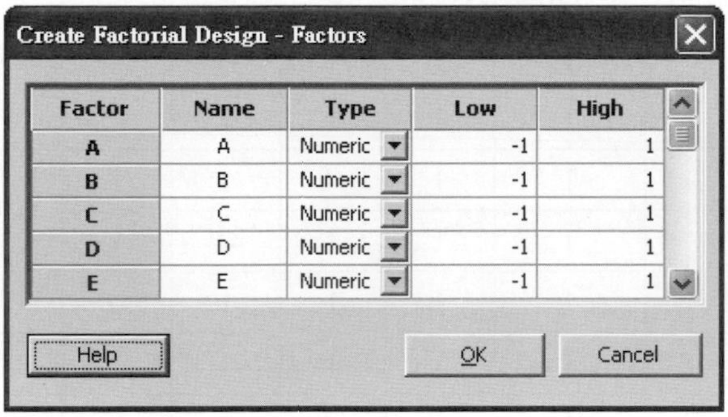

Create Factorial Design - Factors
Factor
Name
Type
Low
High
A
A
Numeric
-1
1
B
B
Numeric
-1
1
C
C
Numeric
-1
1
D
D
Numeric
-1
1
E
E
Numeric
-1
1
Help
OK
Cancel

圖5-56　設定因子名稱及水準值

取消實驗順序的隨機性(圖5-57)，並將工作底稿儲存起來，以便後續實驗進行時數據收集及數據分析之用。

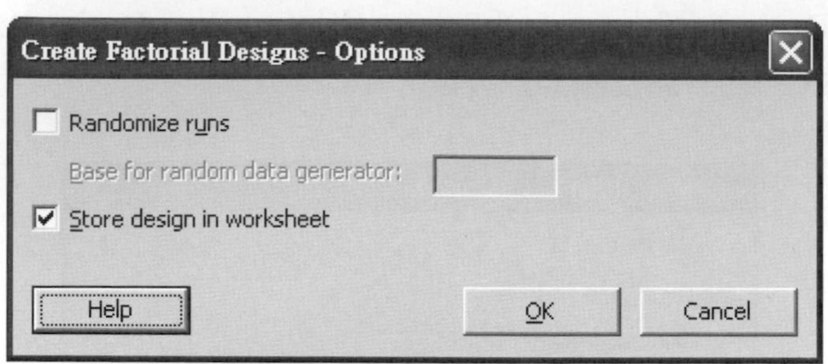

圖5-57　取消實驗順序的隨機性

獲得的Plackett-Burman實驗組合如表5-47所示。

表5-47　Plackett-Burman實驗組合

C1	C2	C3	C4	C5	C6	C7	C8	C9	C10
StdOrder	RunOrder	PtType	Blocks	A	B	C	D	E	F
1	1	1	1	1	-1	1	-1	-1	-1
2	2	1	1	1	1	-1	1	-1	-1
3	3	1	1	-1	1	1	-1	1	-1
4	4	1	1	1	-1	1	1	-1	1
5	5	1	1	1	1	-1	1	1	-1
6	6	1	1	1	1	1	-1	1	1
7	7	1	1	-1	1	1	1	-1	1
8	8	1	1	-1	-1	1	1	1	-1
9	9	1	1	-1	-1	-1	1	1	1
10	10	1	1	1	-1	-1	-1	1	1
11	11	1	1	-1	1	-1	-1	-1	1
12	12	1	1	-1	-1	-1	-1	-1	-1

在12列的P-B設計實驗組合，最後一列(第12列)全部設爲-1，A因子的11列依序設爲1,1,-1,1,1,1,-1,-1,-1,1,-1(共有11個)。B因子則是將A因子的11列中的第11個前移至第1列，第1列後移至的2列，持續下去到將第10列後移至第11列，所以，B因子的前面11列是-1,1,1,-1,1,1,1,-1,-1,-1,1。同樣的

C,D,E,F等因子也是比照B因子的方式將各列做移動。最後將第12列全部補上-1，就成爲一個P-B設計的實驗組合。P-B的實驗或分析作法都和2^k或2^{k-p}因子設計一樣，就不再多做說明。

5-6　離散型反應值的實驗設計

在本章節之前都使用連續型反應值(Continuous Response)，使用連續型反應值只需要少數的實驗樣本數就可以得到有效的實驗結果。如果使用離散型反應值(Discrete Response)，例如，反應值是不良率或缺點數，將會需要大量的樣本數才可以評估出主效應及交互作用，而且也很難符合殘差的假設。利用一個例題來說明離散型反應值的實驗設計。

範例➡離散型反應值

在一個DRAM產品的閘極線路製程中，技術工程人員探討四個方面(包括：a.非晶矽沉積；b.刷洗(Scrubber); c.晶片清洗/氧化層蝕刻；d.矽化鎢沉積)的原因，綜合分析，採取2^3的隨機區集(Block)實驗設計，選擇區集是因爲有兩個廠區要研究，實驗因子及水準如表5-48。

(本例題摘錄自「利用實驗設計改善積體電路閘極缺陷，許家維、唐麗英)

表5-48　因子及水準值

因子	水準(低)	水準(高)
HPM混酸	使用HPM	不使用HPM
氧化層蝕刻	HF vapor	Dilute HF
Poly沉積	高溫	低溫

使用實驗樣本數為8，就是每一種實驗組合有8次實驗，因此，總共將有64次的實驗($2^3 \times 8$-樣本數=64)。分別參照圖5-58,5-59,5-60,5-61。

設定實驗因子及水準數(圖5-58)：

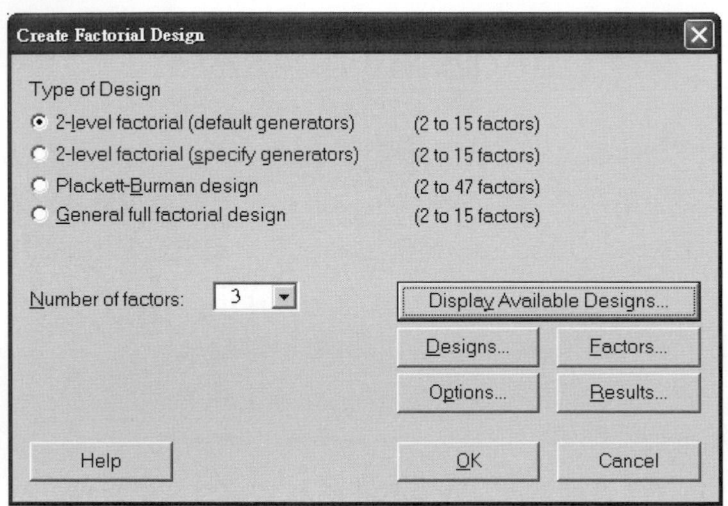

圖5-58　設定實驗因子及水準數

決定因子設計的重複數及區集(圖5-59)：

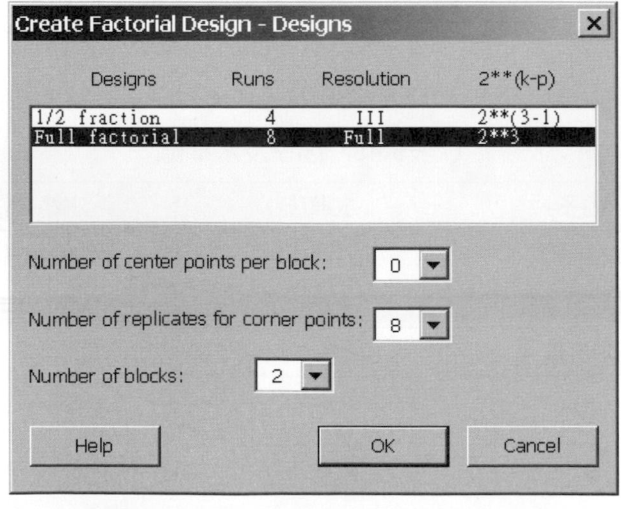

圖5-59　決定因子設計的重複數及區集

設定因子名稱及水準值(圖5-60)：

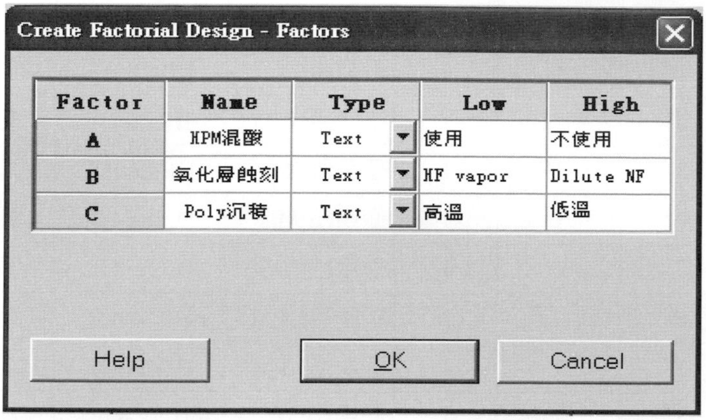

Create Factorial Design - Factors

Factor	Name	Type	Low	High
A	HPM混酸	Text	使用	不使用
B	氧化層蝕刻	Text	HF vapor	Dilute NF
C	Poly沉積	Text	高溫	低溫

Help　OK　Cancel

圖5-60　設定因子名稱及水準值

設定實驗隨機性(圖5-61)：

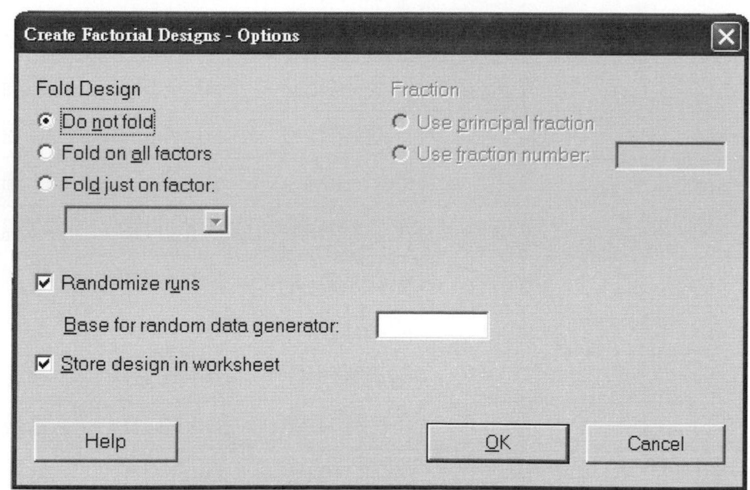

圖5-61　設定實驗隨機性

將實驗獲得的數據填入表5-49及表5-50中，準備作變異數分析。

表5-49　實驗組合及反應值(區集I)

(檔案：Defect.MTW)

StdOrder	RunOrder	CenterPt	Blocks	HPM混酸	氧化層蝕刻	Poly沉積	Defect
31	1	1	1	使用HPM	Dilute HF	低溫	3103
26	2	1	1	不使用HPM	HF vapor	高溫	134
19	3	1	1	使用HPM	Dilute HF	高溫	8795
7	4	1	1	使用HPM	Dilute HF	低溫	11424
11	5	1	1	使用HPM	Dilute HF	高溫	6144
22	6	1	1	不使用HPM	HF vapor	低溫	93
32	7	1	1	不使用HPM	Dilute HF	低溫	8403
1	8	1	1	使用HPM	HF vapor	高溫	171
27	9	1	1	使用HPM	Dilute HF	高溫	7911
21	10	1	1	使用HPM	HF vapor	低溫	99
20	11	1	1	不使用HPM	Dilute HF	高溫	633
8	12	1	1	不使用HPM	Dilute HF	低溫	8760
10	13	1	1	不使用HPM	HF vapor	高溫	8795
14	14	1	1	不使用HPM	HF vapor	低溫	66
5	15	1	1	使用HPM	HF vapor	低溫	73
12	16	1	1	不使用HPM	Dilute HF	高溫	5142
28	17	1	1	不使用HPM	Dilute HF	高溫	5023
9	18	1	1	使用HPM	HF vapor	高溫	69
3	19	1	1	使用HPM	Dilute HF	高溫	3452
4	20	1	1	不使用HPM	Dilute HF	高溫	6960
23	21	1	1	使用HPM	Dilute HF	低溫	5522
13	22	1	1	使用HPM	HF vapor	低溫	57
16	23	1	1	不使用HPM	Dilute HF	低溫	9434
15	24	1	1	使用HPM	Dilute HF	低溫	8074
30	25	1	1	不使用HPM	HF vapor	低溫	66
6	26	1	1	不使用HPM	HF vapor	低溫	105
24	27	1	1	不使用HPM	Dilute HF	低溫	1609

表5-49　實驗組合及反應值(區集I)(續)

StdOrder	RunOrder	CenterPt	Blocks	HPM混酸	氧化層蝕刻	Poly沉積	Defect
25	28	1	1	使用HPM	HF vapor	高溫	105
2	29	1	1	不使用HPM	HF vapor	高溫	116
29	30	1	1	使用HPM	HF vapor	低溫	88
17	31	1	1	使用HPM	HF vapor	高溫	217
18	32	1	1	不使用HPM	HF vapor	高溫	109

表5-50　實驗組合及反應值(區集II)

StdOrder	RunOrder	CenterPt	Blocks	HPM混酸	氧化層蝕刻	Poly沉積	Defect
59	33	1	2	使用HPM	Dilute HF	高溫	3039
45	34	1	2	使用HPM	HF vapor	低溫	142
43	35	1	2	使用HPM	Dilute HF	高溫	10062
40	36	1	2	不使用HPM	Dilute HF	低溫	8654
57	37	1	2	使用HPM	HF vapor	高溫	153
53	38	1	2	使用HPM	HF vapor	低溫	196
37	39	1	2	使用HPM	HF vapor	低溫	106
64	40	1	2	不使用HPM	Dilute HF	低溫	7772
35	41	1	2	使用HPM	Dilute HF	高溫	6859
58	42	1	2	不使用HPM	HF vapor	高溫	98
61	43	1	2	使用HPM	HF vapor	低溫	102
44	44	1	2	不使用HPM	Dilute HF	高溫	11851
39	45	1	2	使用HPM	Dilute HF	低溫	1075
60	46	1	2	不使用HPM	Dilute HF	高溫	8807
56	47	1	2	不使用HPM	Dilute HF	低溫	4906
62	48	1	2	不使用HPM	HF vapor	低溫	78
49	49	1	2	使用HPM	HF vapor	高溫	121
47	50	1	2	使用HPM	Dilute HF	低溫	6306
38	51	1	2	不使用HPM	HF vapor	低溫	62
36	52	1	2	不使用HPM	Dilute HF	高溫	3783

表5-50 實驗組合及反應值(區集II)(續)

StdOrder	RunOrder	CenterPt	Blocks	HPM混酸	氧化層蝕刻	Poly沉積	Defect
55	53	1	2	使用HPM	Dilute HF	低溫	5178
46	54	1	2	不使用HPM	HF vapor	低溫	55
50	55	1	2	不使用HPM	HF vapor	高溫	85
48	56	1	2	不使用HPM	Dilute HF	低溫	8326
63	57	1	2	使用HPM	Dilute HF	低溫	429
51	58	1	2	使用HPM	Dilute HF	高溫	5902
34	59	1	2	不使用HPM	HF vapor	高溫	77
33	60	1	2	使用HPM	HF vapor	高溫	96
41	61	1	2	使用HPM	HF vapor	高溫	81
42	62	1	2	不使用HPM	HF vapor	高溫	120
54	63	1	2	不使用HPM	HF vapor	低溫	63
52	64	1	2	不使用HPM	Dilute HF	高溫	7595

5-6-1 迴歸分析及變異數分析

利用Minitab：Stat>DOE>Factorial Design>Analyze Factorial Design得到表5-51及表5-52的計算結果。表5-59是迴歸分析，顯示氧化層蝕刻是一個重要的因子 ($P < 0.05$)。

表5-51 迴歸分析

Factorial Fit： Defect versus Block, HPM混酸, 氧化層蝕刻, Poly沉積Estimated Effects and Coefficients for Defect (coded units)					
Term	Effect	Coef	SE Coef	T	P
Constant		3327.0	305.7	10.88	0.000
Block		134.0	305.7	0.44	0.663
HPM混酸	707.2	353.6	305.7	1.16	0.252
氧化層蝕刻	5904.2	2952.1	305.7	9.66	0.000
Poly沉積	-377.5	-188.7	305.7	-0.62	0.540

表5-51　迴歸分析(續)

Term	Effect	Coef	SE Coef	T	P
HPM混酸*氧化層蝕刻	191.8	95.9	305.7	0.31	0.755
HPM混酸*Poly沉積	322.7	161.4	305.7	0.53	0.600
氧化層蝕刻*Poly沉積	191.0	95.5	305.7	0.31	0.756
HPM混酸*氧化層蝕刻*Poly沉積	872.5	436.2	305.7	1.43	0.159
S = 2445.52　PRESS = 445389511 R-Sq = 63.98%　R-Sq(pred) = 51.22%　R-Sq(adj) = 58.74%					

變異數分析(表5-52)顯示主因子水準間有顯著差異($p < 0.05$)。

表5-52　變異數分析表

Analysis of Variance for Defect (coded units)						
Source	DF	Seq SS	Adj SS	Adj MS	F	P
Blocks	1	1148380	1148380	1148380	0.19	0.663
Main Effects	3	568037627	568037627	189345876	31.66	0.000
2-Way Interactions	3	2838726	2838726	946242	0.16	0.924
3-Way Interactions	1	12179228	12179228	12179228	2.04	0.159
Residual Error	55	328931462	328931462	5980572		
Lack of Fit	7	62887174	62887174	8983882	1.62	0.152
Pure Error	48	266044288	266044288	5542589		
Total	63	913135423				

從迴歸分析表得知「氧化層蝕刻」對缺點數的影響最大(Effect是5904.2，P是0.000)。繪出「氧化層蝕刻」的反應圖(圖5-62)可以知道使用水準(高)「HF vapor」會得到相對較低的缺點數。

表5-51　迴歸分析(續)

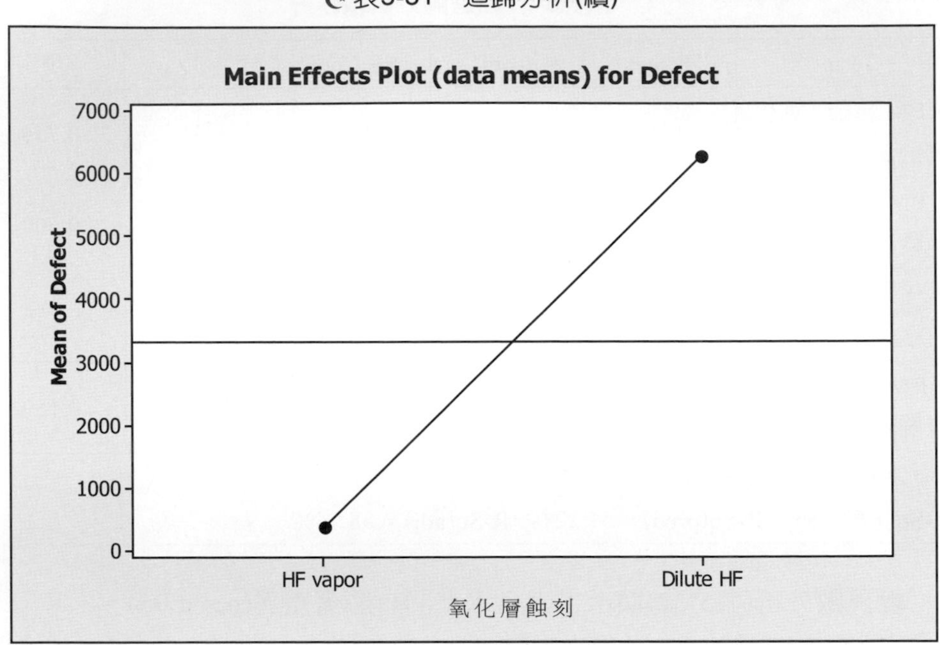

圖5-62　主效應反應圖

在此範例中的反應值爲離散型，使用與反應值爲連續型相同的分析方法。

5-6-2　離散型反應值分析

上節並未將殘差圖繪製出來，如果將殘差圖繪製出來會發現，殘差圖並不全符合殘差假設的要求(殘差須具備常態性、獨立性及變異數一致性)。這是因爲離散型數據並不是構成常態分布的連續型數據。因此，在處理離散型數據，例如，不良率(p, percent)或缺點數(c, count)時，常用以下的方式進行數據轉換，以取得較合適的分析結果：

(1) **不良率(p)的轉換**：Logit轉換 或稱 Ω轉換

$\Omega = 10\,\mathrm{Log}\,(\frac{1-p}{p})$將每一個不良率反應值轉換爲Ω反應值，分析Ω後再轉回不良率(p)。

(2) 不良率(p)的轉換：$\sin^{-1}$轉換

將不良率(p)轉換成$\sin^{-1}\sqrt{p}$當作新的反應值，分析$\sin^{-1}\sqrt{p}$後再轉回不良率(p)。

(3) 缺點數(c)的轉換：$\sqrt{c}$轉換

將缺點數(c)轉換成$\sqrt{c}$當作新的反應值，分析$\sqrt{c}$後再轉回缺點數(c)。

結語

2^{k-p}因子設計及P-B設計都是可以非常快速地進行篩選實驗的實驗組合，實驗是以全爲二水準的多個因子方式來安排，以最少的實驗次數進行相對較多的因子實驗組合。一般的實驗執行者都以這一方式先進行實驗，確保找出的因子都是相對重要的因子，經由這一階段的實驗後，再進入優化實驗階段，可使整體實驗快速且有效地完成。對於離散型反應值的數據分析，如用一般的變異數分析方法可以得到可信的結果，則不一定要做數據的轉換，但是仍要注意實驗的重複性(Repeatability)應該良好，亦即可以重複獲得相近的結果。

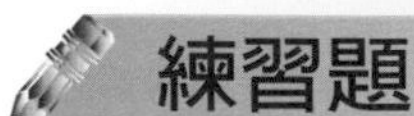

練習題

1. 在製造擋風玻璃製程中，進行一項凹痕減少的實驗，凹痕的成因經分析主要是鑄造模型之切割和成型操作過程帶入的金屬或塑膠片所引起的。已經辨識的因子有四個：A－多膜厚度(A1：0.0025,A-1：0.00175)、B－表面潤滑用油混合比例(B1： 0.1,B-1：0.05)、C－操作員手套種類(C1：尼龍,C-1：棉質)、D－內部油套(D1：套,D-1：沒套)。利用2^{4-1}實驗設計，每一種實驗組合鑄造1000個模型，反應值是無瑕疵模型的數量。實驗組合及數據如表：

A	B	C	D	Response
-1	-1	-1	-1	338
1	-1	-1	1	436
-1	1	-1	1	542
1	1	-1	-1	647
-1	-1	1	1	917
1	-1	1	-1	977
-1	1	1	-1	953
1	1	1	1	972

(1) 繪製因子效應常態機率圖(Normal Plot)及柏拉圖(Pareto Plot)，決定顯著的因子。

(2) 分析變異數，R-sq(%)是多少？有沒有重要因子未被考慮？

(3) 最佳組合及水準爲何？

(4) 定義關係爲何？別名表(Alias Structure)有哪些？

2. 射出成型的收縮率(Shrinkage ,%)是一個要探討的特性(Y)，太大的收縮率是不好的。目的是希望收縮率爲零，實際上這是不可能的，只能追求收縮率最小。工程的考慮共有7個因素會影響收縮率，各因素均指定爲二個水準。選用2^{7-2}的實驗組合，進行實驗安排。(🗁檔案：SHRINKAGE %.MTW)

Factors(因子)	Units(單位)	Low (低)	High (高)
A： Mold Temp	Deg F	130	180
B： Holding Pressure	psig	1200	1500
C： Booster Pressure	psig	1500	1800
D： Moisture	%	0.05	0.15
E： Screw Speed	inches/sec	1.5	4.0
F： Cycle Time	seconds	25	30
G： Gate Size	thousands	30	50

實驗的配置組合及實驗數據如表所示，每次實驗取一個樣品測試。(爲了方便輸入，僅提供依據StdOrder標準順序編排的實驗數據)

StdOrder	RunOrder	CenterPt	Blocks	A	B	C	D	E	F	G	Shrinkage%
1	1	1	1	130	1200	1500	0.05	1.5	30	50	20.3
2	2	1	1	180	1200	1500	0.05	1.5	25	30	17.9
3	3	1	1	130	1500	1500	0.05	1.5	25	30	22.1
4	4	1	1	180	1500	1500	0.05	1.5	30	50	17.9
5	5	1	1	130	1200	1800	0.05	1.5	25	50	17.5
6	6	1	1	180	1200	1800	0.05	1.5	30	30	21.5
7	7	1	1	130	1500	1800	0.05	1.5	30	30	18.3
8	8	1	1	180	1500	1800	0.05	1.5	25	50	22.3
9	9	1	1	130	1200	1500	0.15	1.5	25	30	15.0
10	10	1	1	180	1200	1500	0.15	1.5	30	50	18.1
11	11	1	1	130	1500	1500	0.15	1.5	30	50	15.0
12	12	1	1	180	1500	1500	0.15	1.5	25	30	16.9
13	13	1	1	130	1200	1800	0.15	1.5	30	30	27.6
14	14	1	1	180	1200	1800	0.15	1.5	25	50	24.2
15	15	1	1	130	1500	1800	0.15	1.5	25	50	28.7
16	16	1	1	180	1500	1800	0.15	1.5	30	30	22.4
17	17	1	1	130	1200	1500	0.05	4	30	30	20.2

18	18	1	1	180	1200	1500	0.05	4	25	50	17.6
19	19	1	1	130	1500	1500	0.05	4	25	50	21.5
20	20	1	1	180	1500	1500	0.05	4	30	30	16.3
21	21	1	1	130	1200	1800	0.05	4	25	30	17.7
22	22	1	1	180	1200	1800	0.05	4	30	50	20.9
23	23	1	1	130	1500	1800	0.05	4	30	50	17.8
24	24	1	1	180	1500	1800	0.05	4	25	30	21.9
25	25	1	1	130	1200	1500	0.15	4	25	50	14.8
26	26	1	1	180	1200	1500	0.15	4	30	30	17.3
27	27	1	1	130	1500	1500	0.15	4	30	30	16.1
28	28	1	1	180	1500	1500	0.15	4	25	50	16.5
29	29	1	1	130	1200	1800	0.15	4	30	50	28.2
30	30	1	1	180	1200	1800	0.15	4	25	30	23.1
31	31	1	1	130	1500	1800	0.15	4	25	30	27.6
32	32	1	1	180	1500	1800	0.15	4	30	50	22.4

試進行以下要求之分析或解釋：

(1) 有沒有三因子的交互作用？如果有，有哪些？

(2) 有沒有二因子的交互作用？如果有，有哪些？

(3) 哪些因子是不重要的？

(4) 哪些因子的主效應不顯著，但是交互作用顯著？

(5) 殘差的分析：常態性、獨立性及變異數一致性如何？

(6) 變異數分析的結果，哪些因子及交互作用是重要的或有顯著差異的？

(7) 變異數分析的結果R-sq(%)是多少？還有很重要的因子或交互作用遺漏嗎？

(8) 可以獲得迴歸方程式嗎？

提示：

```
Estimated Coefficients for Shrinkage% using data in uncoded units
Term          Coef
Constant   -160.825
A             0.128750
B             0.148033
C            -0.0129583
D          -379.250
F             6.41750
A*B          -8.16667E-05
A*D          -0.325000
B*D          -0.0300000
B*F          -0.00480000
C*D           0.293333
```

(係數供參考)

(9)此篩選實驗較適當(較佳)的組合水準是什麼？

(10)如果想獲得更好的結果，你將如何規劃進一步的實驗？

3. 要改善一個塑膠射出成型過程，主要的影響因子有10個，每次試驗件數是100件，實驗設計是採用解析度III和產生器E=CD,F=BD,G=BC,H=AC,J=AB,K=ABC。整個實驗的觀測值如下表：

C1	C2	C3	C4	C5	C6	C7	C8	C9	C10	C11	C12	C13	C14	C15
Std Order	Run Order	Center Pt	Blocks	A	B	C	D	E	F	G	H	J	K	Defect Rate
1	1	1	1	-1	-1	-1	-1	1	1	1	1	1	-1	0.956
2	2	1	1	1	-1	-1	-1	1	1	1	-1	-1	1	1.000
3	3	1	1	-1	1	-1	-1	1	-1	-1	1	-1	1	0.973
4	4	1	1	1	1	-1	-1	1	-1	-1	-1	1	-1	0.772
5	5	1	1	-1	-1	1	-1	-1	1	-1	-1	1	1	0.956
6	6	1	1	1	-1	1	-1	-1	1	-1	1	-1	-1	0.952

7	7	1	1	-1	1	1	-1	-1	-1	1	-1	-1	-1	0.817
8	8	1	1	1	1	1	-1	-1	-1	1	1	1	1	0.902
9	9	1	1	-1	-1	-1	1	1	-1	1	1	1	-1	0.675
10	10	1	1	1	-1	-1	1	1	-1	1	-1	-1	1	0.784
11	11	1	1	-1	1	-1	1	1	1	-1	1	-1	1	1.000
12	12	1	1	1	1	-1	1	1	1	-1	-1	1	-1	0.889
13	13	1	1	-1	-1	1	1	-1	-1	-1	-1	1	1	0.953
14	14	1	1	1	-1	1	1	-1	-1	-1	1	-1	-1	0.820
15	15	1	1	-1	1	1	1	-1	1	1	-1	-1	-1	0.847
16	16	1	1	1	1	1	1	-1	1	1	1	1	1	0.630

試回答下列問題：

(1) 估計因子效應並利用常態機率圖來初步辨識重要的因子。

(2) 利用辨識出的重要因子配適一個適當的模型。

(3) 評估殘差的假設之符合性。

(4) 利用$\sin^{-1}\sqrt{p}$轉換重複前面三項分析，觀察殘差的假設是否已經改善？

Chapter 6

反應曲面法

學習目標

- ❖ 了解如何應用反應曲面法尋求最佳的反應值
- ❖ 了解CCD及Box-Behnken的反應曲面設計法
- ❖ 利用等高線圖及反應曲面圖探索最佳化的方向或解答
- ❖ 利用多反應值的最適值或最佳值進行改善

6-1 反應曲面法介紹

反應曲面法(Response Surface Method, RSM)是一種進階的實驗設計技術，可以利用反應曲面法優化／最佳化(Optimize)產品或製程。反應曲面法是結合統計和優化方法，被使用於建構模型和優化設計。在許多新的設計開發的初期，工程人員對設計的瞭解是不足的，他們可以條列出輸出的要求或反應值(Y1,Y2,…,Yn)，也可以條列出因子或變數(X1,X2,…,Xn)。但是，無法得到X和Y之間關係的函數，或稱爲X和Y的轉換函數(Transfer Function)。

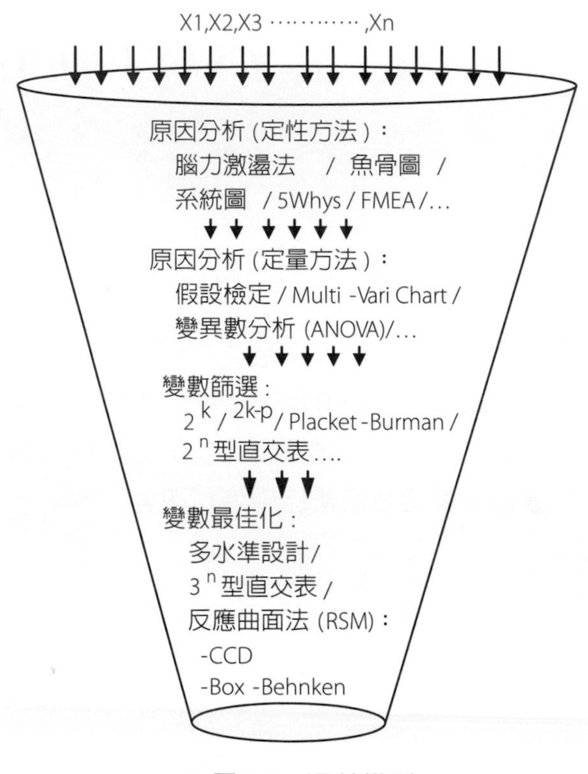

圖6-1 漏斗模型

當有許多變數(X1,X2,…,Xn)時，要獲得變數與反應值之間關係的轉換函數將相當的困難，而且是極大的工作負荷。因此，根據圖 6-1的漏斗模型，開始做實驗設計時應該採用變數篩選實驗設計(Screening Design)，例如，2^K / 2^{K-P} / Plackett-Burman 等等的低解析度實驗設計或部分因子實驗設計，反應曲面法是在實驗已經過篩選，只剩下少數重要的因子或變數時才使用，否則會因爲做龐大的實驗不僅勞民而且傷財。

要利用反應曲面法做實驗，因子必須是連續型變數(Continuous Variables)，反應曲面法在於研究實驗的範圍是否具有曲率(Curvature)，通常是以二階迴歸模型(second-order regression model)來模擬實驗的反應值，所用的理論基礎是主效應及二階效應已經可以充分掌握住反應函數的變化，並且假設三階及高階效應不重要。一個三因子實驗設計的一般二階反應函數是：

$$Y = \beta_0 + \beta_1 X_1 + \beta_2 X_2 + \beta_3 X_3 + \beta_{11} X_1^2 + \beta_{22} X_2^2 + \beta_{33} X_3^2 + \beta_{12} X_1 X_2 + \beta_{13} X_1 X_3 + \beta_{23} X_2 X_3$$

其中 β_0是常數項，β_1, β_2及 β_3是線性主效應係數，β_{11}, β_{22}及 β_{33}是二階主效應係數，β_{12}, β_{13}及 β_{23}是交互作用效應的係數

在k個因子的迴歸模式中將會有 $p=1+k+k+k(k-1)/2=(k+1)(k+2)/2$ 個迴歸參數或係數，如果k=3(三個因子)，則$p=(3+1)(3+2)/2=10$。一個二水準的實驗設計無法獲得二次方主效應的參數或係數(β_{11}，β_{22}，β_{33})，因爲二水準決定的是直線，無法計算曲線的效應。要獲得二次方主效應的參數或係數，各因子必須至少有三個水準。但是如果以四個因子都是三個水準做出的實驗組合的實驗次數將是$3^4=81$，這樣的實驗次數非常龐大；以反應曲面法做實驗設計規劃將可以得到對反應曲面充分解釋的實驗次數，卻不會使實驗次數太龐大。

反應曲面法可以分爲中央合成設計(Central Composite Design, CCD)及Box-Benhken 設計兩種。首先說明中央合成設計(CCD)的結構，中央合成設計利用二水準的全因子設計或解析度V以上的部分因子設計擴展得到，以一個2^2的因子設計爲例，圖6-2是2^2以編碼水準構成的圖形。

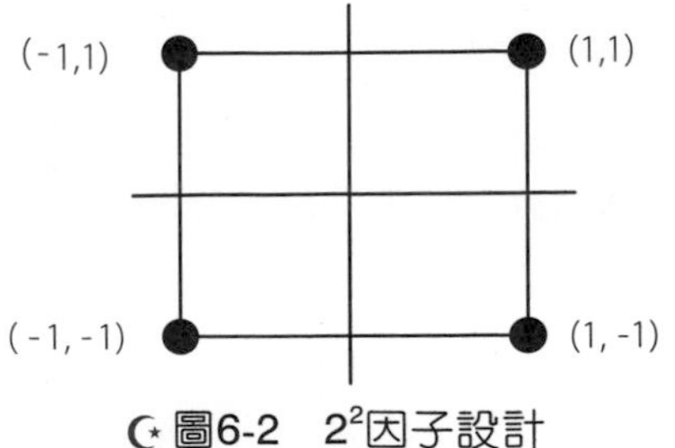

圖6-2　2^2因子設計

其中4個點都位於角落稱爲角點(Corner points)。

中央合成設計必須至少有三個水準，圖6-3是 $\alpha=1$的中央合成設計，這是一個2^2的因子設計加上中心點(Center points)及軸點(Axial points)所構成的。一般以加入3至5個中心點爲原則。當使用 $\alpha=1$，只構成三個不同水準的中央合成設計，這種設計稱爲面向中心的中央合成設計(Face centered central composite design)， 所有的軸點都在平面的線上(二因子的設計)或立方體的面上(三因子的設計)或在 $\alpha=1$的範圍內。

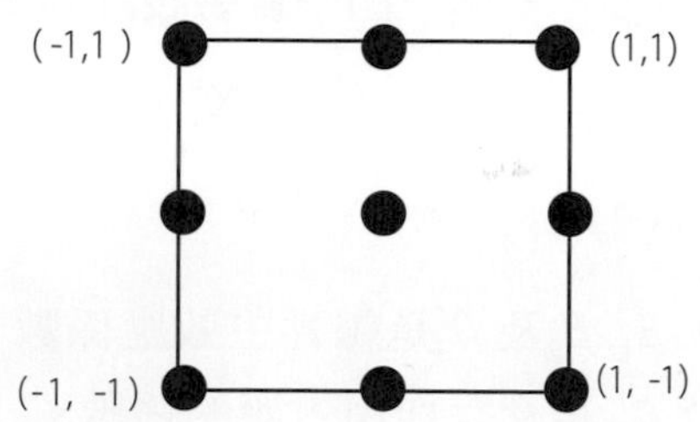

圖6-3　$\alpha=1$中央合成設計

如果使 $\alpha=\sqrt{2}$，則會構成一個圖6-4的中央合成設計，這將構成五個不同水準的中央合成設計。

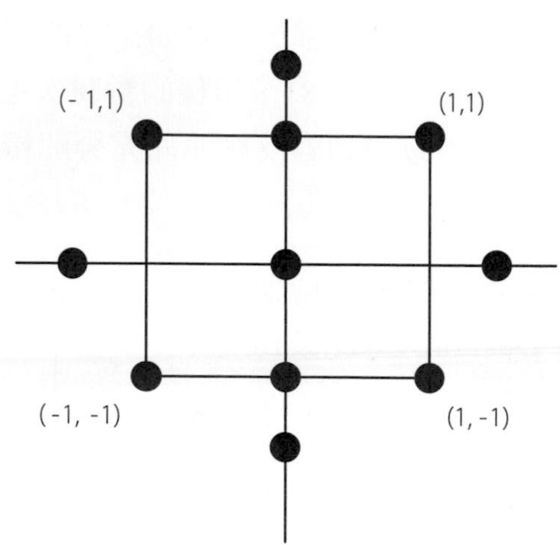

圖6-4　$\alpha=\sqrt{2}$ 中央合成設計

中央合成設計綜合說明：

1. **角點**(Corner points)： 編碼座標是(±1, ±1,……, ±1)。中央合成設計的基礎是二水準全因子或解析度爲V(含)以上的部分因子設計，此成分是提供「線性主效應及所有二因子交互作用效應」的估計。
2. **軸點**(Axial points)：編碼座標是(0,± α ,0,……,0)…等。此成分是獲得所有二次方(quadratic)主效應的估計，當 α >1時，可以計算獲得更高次曲率效應的估計。
3. **中心點**(Center points)：編碼座標是(0,0,0,……,0)。當中心點點數大於1時，可以估計出純誤差(Pure error)，且可以檢定缺適性(Lack of fit)。

至於Box-Behnken設計的最少實驗因子數量是三個(中央合成設計的最少實驗因子數量是二個)，如果將三個因子視爲XYZ的三個軸向的變數，並以(0,0,0)爲中心，和由X是±1、Y是±1及Z是±1構成的立方體，則Box-Behnken設計就是由邊線中點所構成的球體，球體的半徑是$\sqrt{2}$(圖 6-5)。

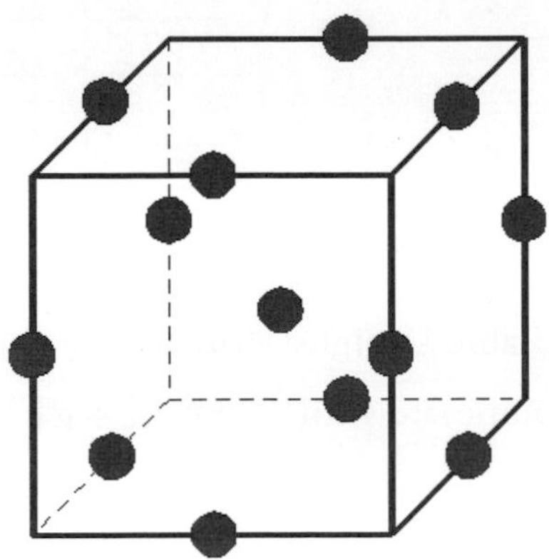

圖6-5　$\alpha = \sqrt{2}$ 的Box-Behnken設計

採用Box-Behnken設計的優點有以下幾點：(1)因爲不包含頂點，當實驗在頂點不具有意義時，就可以使用Box-Behnken設計；(2)Box-Behnken設計實驗次數通常都少於中央合成設計，實驗費用比較經濟或實驗效率比較高。

6-2 反應曲面法的分析－中央合成設計

利用一個簡單的例題說明反應曲面法的實驗設計。工程人員發現一種觸媒可以將A物質和B物質混合後生成C產品，而影響C產品的變數是反應時間和溫度，這兩個物質彼此會相互影響(有交互作用)。爲獲取C產品最大的產出，工程人員希望獲得最佳的操作時間與溫度，假設開始時的預測時間是80分鐘及溫度150℃。爲了獲得更大的產出，工程人員嘗試將實驗的範圍設定在：時間75及85分鐘和溫度140及160℃之間。

利用Minitab建立反應曲面設計的實驗組合：Stat> DOE> Response Surface > Create Response Surface Design，得到圖6-6。

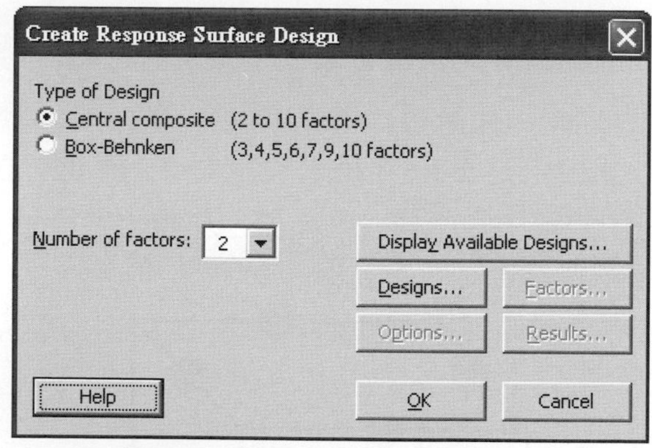

圖6-6　建立中央合成設計

點擊「Display Available Designs(顯示可用的設計)」得到圖6-7，在2因子(Factors)及Central composite full(中央合成全因子)的unblocked(未區集)對應實驗次數是13個。

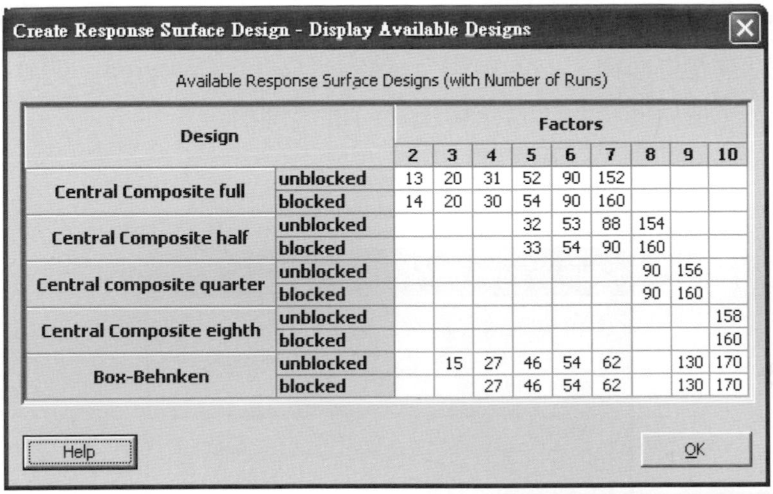

Create Response Surface Design - Display Available Designs

Available Response Surface Designs (with Number of Runs)

Design		Factors								
		2	3	4	5	6	7	8	9	10
Central Composite full	unblocked	13	20	31	52	90	152			
	blocked	14	20	30	54	90	160			
Central Composite half	unblocked				32	53	88	154		
	blocked				33	54	90	160		
Central composite quarter	unblocked							90	156	
	blocked							90	160	
Central Composite eighth	unblocked									158
	blocked									160
Box-Behnken	unblocked		15	27	46	54	62		130	170
	blocked			27	46	54	62		130	170

Help　　OK

圖6-7　顯示可以應用的設計方法

點擊「Designs(設計)」，在圖6-8中選擇 Runs(實驗數)是13個的設計，將建構一個具有5個中心點及 α=1.414的中央合成設計。另有4個角點及4個軸點。

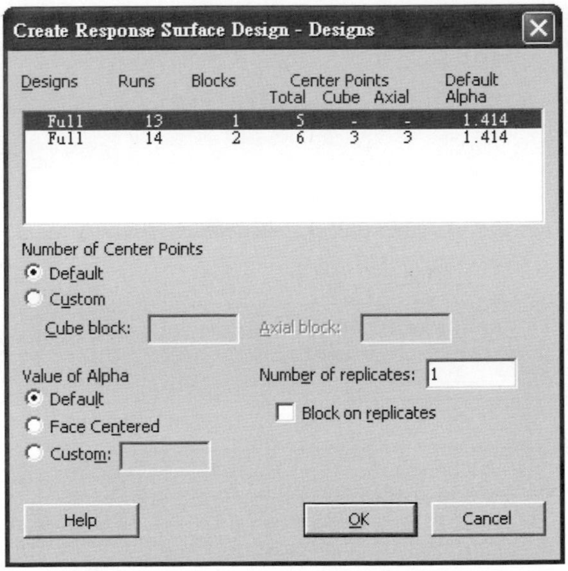

Create Response Surface Design - Designs

Designs	Runs	Blocks	Center Points Total	Cube	Axial	Default Alpha
Full	13	1	5	-	-	1.414
Full	14	2	6	3	3	1.414

Number of Center Points
- Default
- Custom

Cube block:　　Axial block:

Value of Alpha
- Default
- Face Centered
- Custom:

Number of replicates: 1

Block on replicates

Help　　OK　　Cancel

圖6-8　選擇Runs(實驗數)是13個的設計

如果在圖6-8中的「Value of Alpha(α的值)」選擇「Face Centered(面向中心)」將會產生面向中心的中央合成設計(Faced Centered CCD)，此時α將會等於1，使用於探討不希望超出α=1的範圍內。

點擊「Factors(因子)」將時間和溫度輸入，如圖6-9。

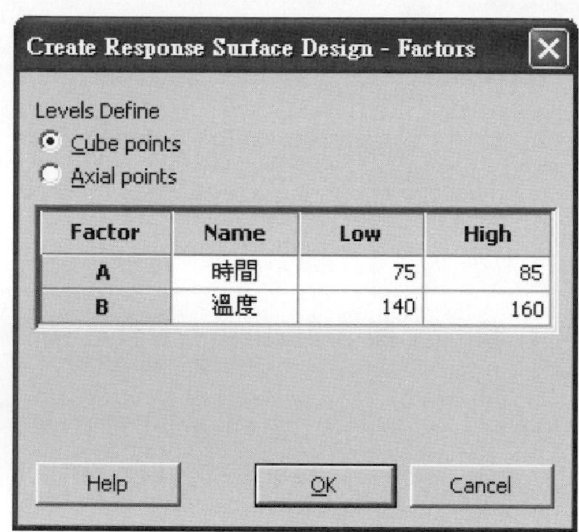

圖6-9　設定因子及水準值

此處省略「Options(選項)」及「Results(結果)」的說明。不勾選「Options(選項)」的Randomize runs(隨機實驗)，使實驗組合(表6-1)容易觀察及了解。

表6-1　實驗組合

C1	C2	C3	C4	C5	C6
StdOrder	RunOrder	PtType	Blocks	時間	溫度
1	1	1	1	75.000	140.000
2	2	1	1	85.000	140.000
3	3	1	1	75.000	160.000
4	4	1	1	85.000	160.000
5	5	-1	1	72.929	150.000
6	6	-1	1	87.071	150.000
7	7	-1	1	80.000	135.858

表6-1　實驗組合(續)

C1	C2	C3	C4	C5	C6
StdOrder	RunOrder	PtType	Blocks	時間	溫度
8	8	-1	1	80.000	164.142
9	9	0	1	80.000	150.000
10	10	0	1	80.000	150.000
11	11	0	1	80.000	150.000
12	12	0	1	80.000	150.000
13	13	0	1	80.000	150.000

填入實驗的反應值得到表6-2，可以進一步分析反應曲面的狀況。(檔案：RSM-1.MTW)

表6-2　實驗反應值

C1	C2	C3	C4	C5	C6	C7
StdOrder	RunOrder	PtType	Blocks	時間	溫度	反應值
1	1	1	1	75.000	140.000	74.84
2	2	1	1	85.000	140.000	67.02
3	3	1	1	75.000	160.000	69.05
4	4	1	1	85.000	160.000	91.12
5	5	-1	1	72.929	150.000	73.61
6	6	-1	1	87.071	150.000	78.92
7	7	-1	1	80.000	135.858	71.12
8	8	-1	1	80.000	164.142	80.32
9	9	0	1	80.000	150.000	90.21
10	10	0	1	80.000	150.000	92.01
11	11	0	1	80.000	150.000	89.43
12	12	0	1	80.000	150.000	90.23
13	13	0	1	80.000	150.000	87.25

利用Minitab分析反應曲面的步驟是 Minitab ： Stat> DOE> Response Surface> Analyze Response Surface Design，得到圖 6-10。

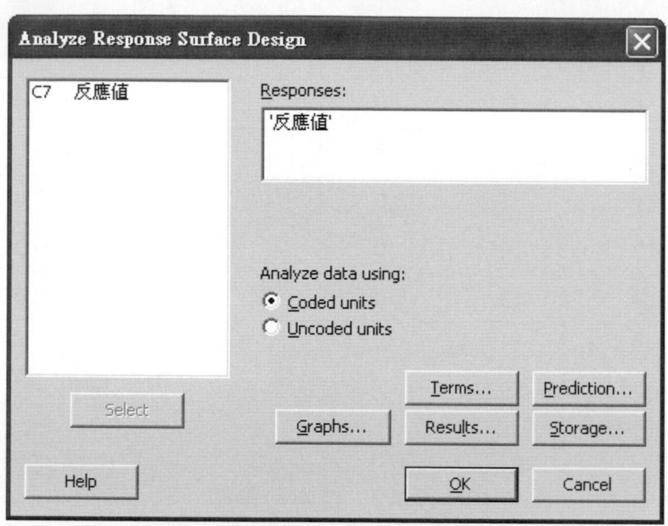

圖6-10 選擇反應值進行數據分析

點擊「Terms(項目)」，選擇「Full quadratic(完整二次方)」(圖6-11) 分析線性的主效應、交互作用效應及二次方效應。

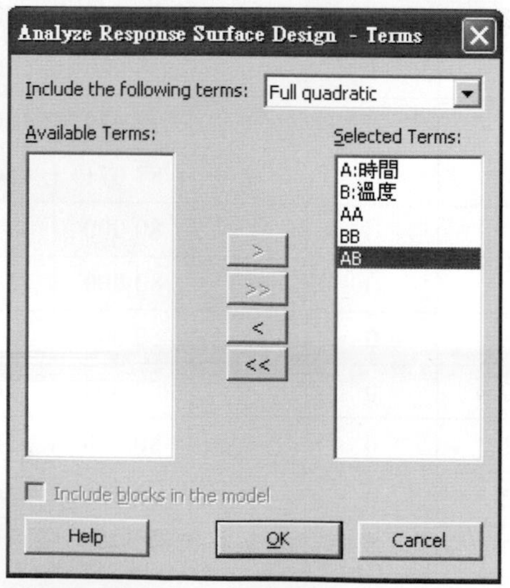

圖6-11 選擇分析的項次

由於此例未使用隨機的方式進行實驗，將不做殘差分析，避免殘差分析的三項檢定可能有不符合，而引起的不必要解釋。

計算出來的結果是：

表6-3迴歸分析，顯示因子及交互作用之水準間都有顯著差異存在(P＜0.05)。

表6-3　迴歸分析

Response Surface Regression：反應值 versus 時間, 溫度 The analysis was done using coded units. Estimated Regression Coefficients for 反應值				
Term	Coef	SE Coef	T	P
Constant	89.826	0.7844	114.520	0.000
時間	2.720	0.6201	4.386	0.003
溫度	3.915	0.6201	6.314	0.000
時間*時間	-6.902	0.6650	-10.379	0.000
溫度*溫度	-7.174	0.6650	-10.789	0.000
時間*溫度	7.473	0.8769	8.521	0.000
S = 1.75390　PRESS = 87.2452 R-Sq = 97.92%　R-Sq(pred) = 91.58%　R-Sq(adj) = 96.44%				

表6-4變異數分析表，顯示線性、二次及交互作用等效應的水準間都存在顯著性差異(P < 0.05)。

表6-4　變異數分析表

Analysis of Variance for 反應值						
Source	DF	Seq SS	Adj SS	Adj MS	F	P
Regression	5	1015.10	1015.101	203.020	66.00	0.000
Linear	2	181.81	181.808	90.904	29.55	0.000
Square	2	609.94	609.939	304.970	99.14	0.000
Interaction	1	223.35	223.353	223.353	72.61	0.000
Residual Error	7	21.53	21.533	3.076		
Lack-of-Fit	3	9.66	9.660	3.220	1.08	0.451
Pure Error	4	11.87	11.873	2.968		
Total	12	1036.63				

表6-5 未編碼迴歸係數

Estimated Regression Coefficients for 反應值 using data in uncoded units

Term	Coef
Constant	-1600.07
時間	22.2977
溫度	9.95826
時間*時間	-0.276070
溫度*溫度	-0.0717425
時間*溫度	0.149450

從表6-4得知(P值都小於0.05)主效應、交互作用效應及二次方效應對反應值都有顯著的影響。同時此完全二次方模型(Full quadratic model)的Lack-of-Fit的P值爲0.451，也不存在缺適性，表示此一統計模型是適用於現有區域。因此，反應曲面的迴歸方程式爲Y= -1600.07+22.2977*時間+9.95826*溫度-0.276070*時間^2-0.0710425*溫度^2+0.149450*時間*溫度。

以Minitab繪出反應曲面的等高線圖及反應曲面圖，步驟是 Minitab：Stat> DOE> Response Surface> Contour/Surface Plots，並對圖6-12的Contour plot及Surface plot分別設定，分別繪出等高線圖及反應曲面圖。

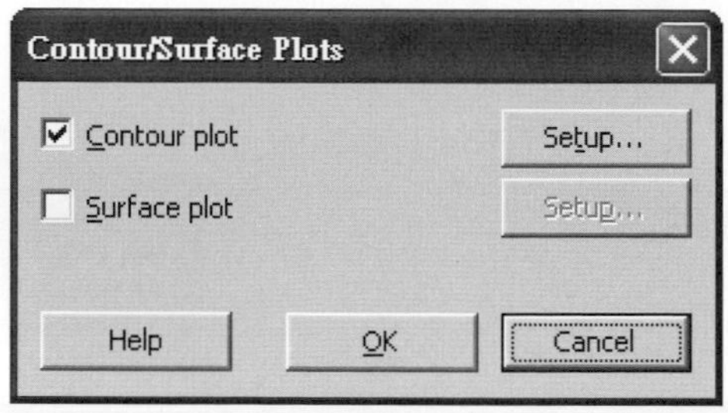

圖6-12 繪製等高線圖及反應曲面圖

先勾選「Contour plot(等高線圖)」(圖6-12)，點擊「Setup(設定)」設定各種要求(圖 6-13、圖6-14及圖6-15)。

由於因子只有二個，所以在圖6-13中Factors(因子)中點選「select a pair of factors for a single plot(選取一對因子來繪圖)」，如果有超過三個以上的因子且希望成對的繪製出等高線圖，則可以點選「Generate plots for all pairs of factors(產生所有成對的圖形)」。在圖6-13的Disply plots using(顯示圖形)點選「Uncoded units(未編碼)」，以實際的(未編碼的)水準值作爲橫軸和縱軸的單位繪製等高線圖，會更易於了解等高線圖上反應值與因子的水準值之間的直接關係。如果點選「Coded units(編碼)」將會以 -1當低的水準(表示時間爲75分鐘，溫度爲140℃)，以 +1當高的水準(表示時間爲85分鐘，溫度爲160℃)，這樣會不易於觀察和了解反應值和各水準值之間的關係。

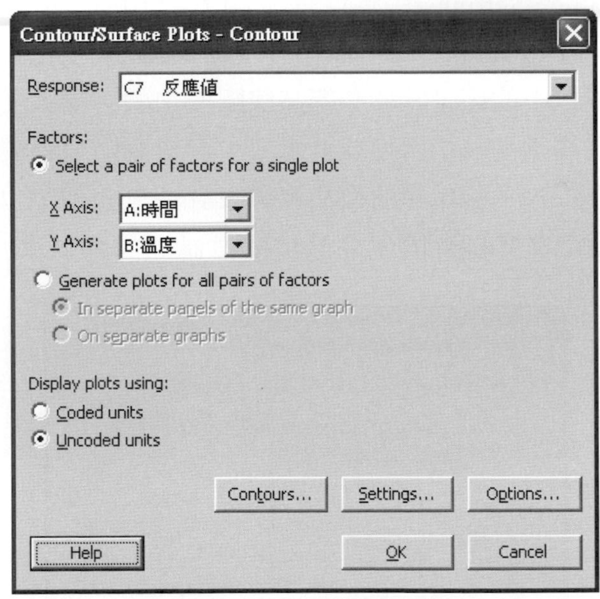

圖6-13　選定反應值及因子

點擊圖6-13的「Contours(等高線)」，爲了使等高線圖更清楚呈現，在圖6-14中勾選「Area(面積)」及「Contour lines(等高線)」。

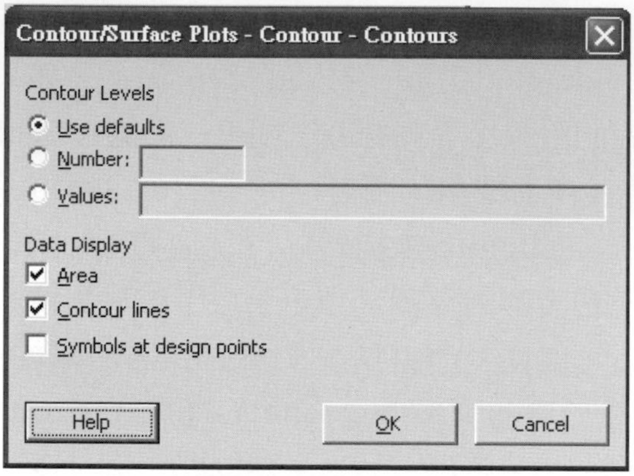

Contour/Surface Plots - Contour - Contours
Contour Levels
Use defaults
Number:
Values:
Data Display
Area
Contour lines
Symbols at design points
Help
OK
Cancel

圖6-14　繪製等高線圖

點擊圖6-13的「Settings(設定)」，在圖 6-15中有三個選項分別是High settings(高設定值)，Middle settings(中設定值) 和Low settings(低設定值)，這是在有三個或以上的因子時繪製等高線圖使用的，是將某一個或多個因子的水準固定在高水準、中水準或低水準，而變動所要繪製的等高線圖的橫軸和縱軸。對二因子的反應曲面法實驗設計則無效用，也就是不需顯示出高中低三種固定水準的差異。

Contour/Surface Plots - Contour - Settings
You may select one of the three choices for settings
OR
enter your own setting by typing a value in the table.
(Settings represent uncoded levels.)
Hold extra factors at:
High settings
Middle settings
Low settings
Factor
Name
Setting
A
時間
80
B
溫度
150
Help
OK
Cancel

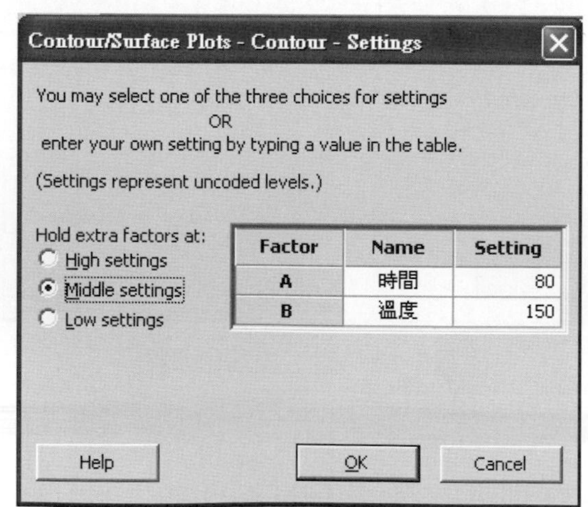

圖6-15　設定因子的高/中/低水準值

圖6-16顯示出不同層次的等高線。最大的反應值大於91，約在時間82.5分鐘及溫度155℃附近)

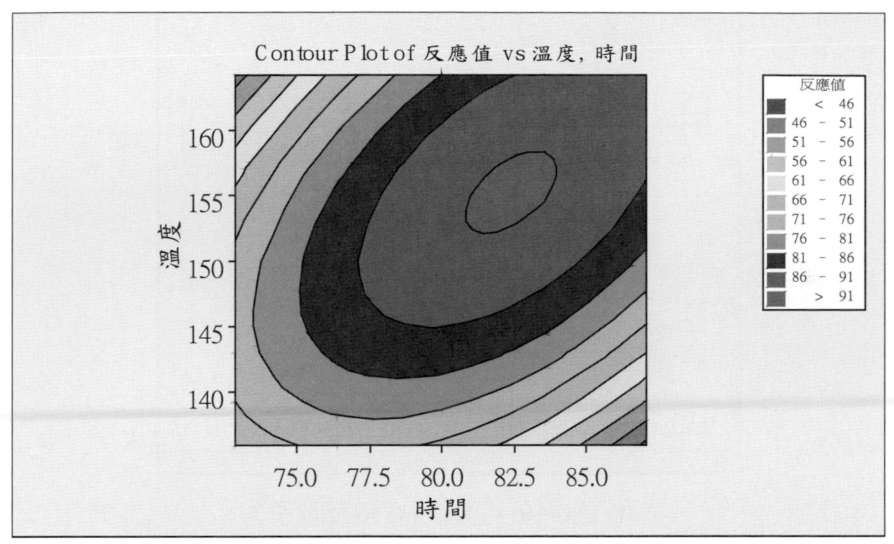

圖6-16 等高線圖

如果想對等高線圖 6-16做變化，可以按滑鼠右漸鍵顯示圖6-17，常用的三項是Edit Area(編輯面積)，Select Item(選取項目)及Graph Options(圖形選項)。

接下來繪製反應曲面圖。方法與繪製等高線圖相同，僅將各步驟列出如圖6-18、圖6-19及圖 6-20，但是不做細節說明。

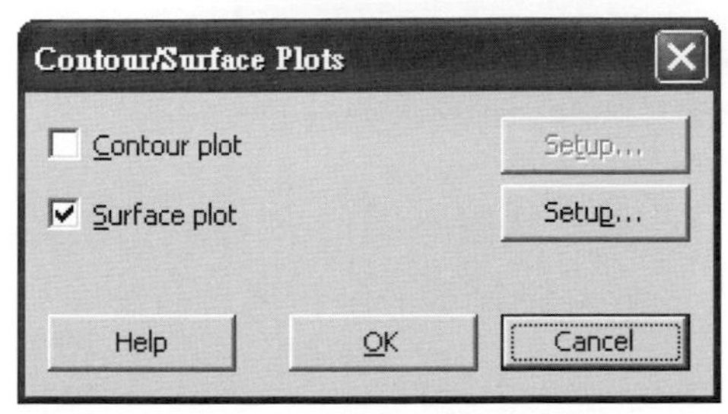

圖6-18 繪製反應曲面

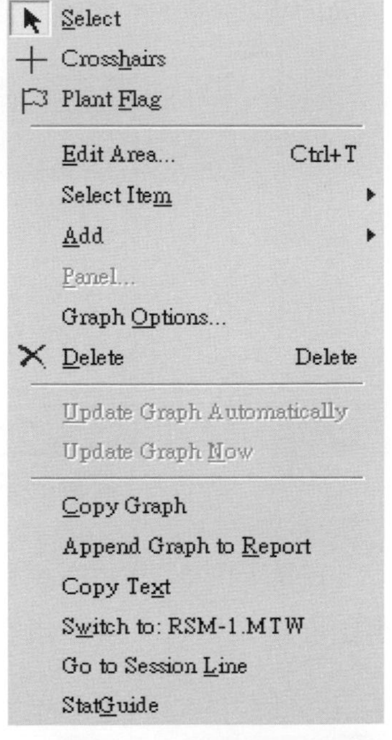

圖6-17 編輯等高線圖

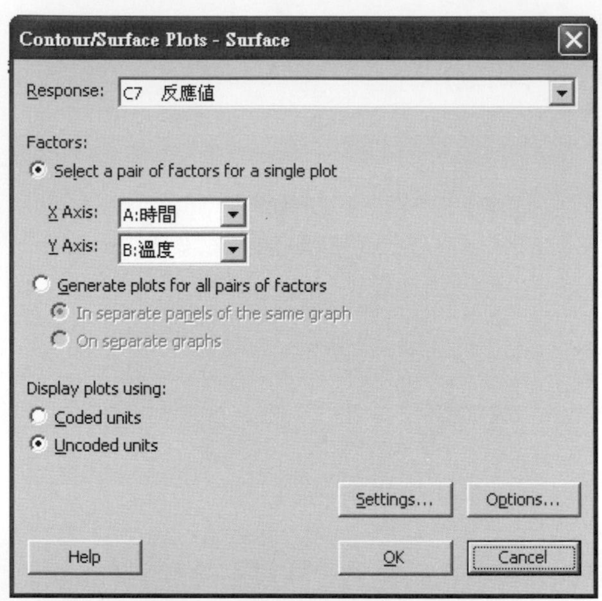

圖6-19　選擇反應值及因子

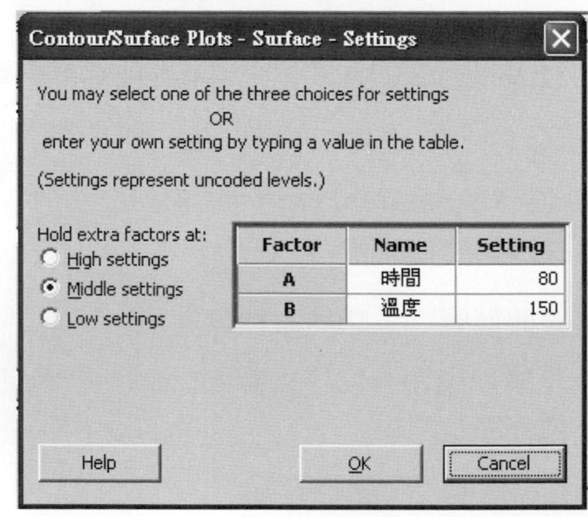

圖6-20　設定因子的高／中／低水準值

繪製出的反應曲面圖是圖6-21(此圖已經修改過)。同樣地，如果想將反應曲面圖做變化，按滑鼠右鍵一次，就可以對圖形進行各種改變。

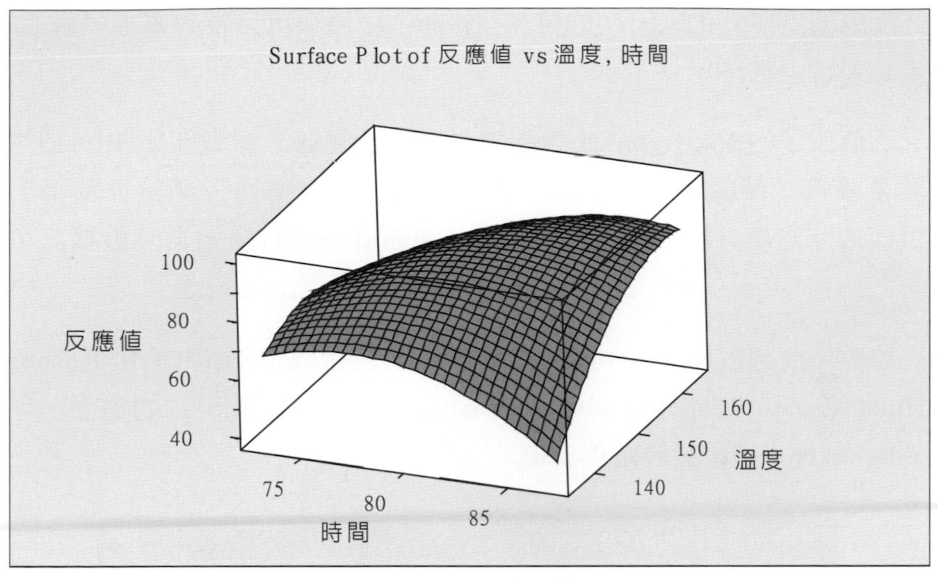

圖6-21　反應曲面圖

6-3　反應曲面法的分析-Box-Behnken設計

利用摘錄自1994年Drapper and Davis在英國的福特汽車公司所做研究的例題說明Box-Behnken設計的應用。

例題(Box-Behnken)：福特汽車(英國)應用Box-Behnken設計探討五個因子對引擎排放廢氣影響的研究(Drapper and Davis, 1994)，五個因子及水準分別是(表6-6)：

表6-6　因子及水準值

因子	水準 1	水準 2
A：Engine load(N-m) 引擎負荷	30	70
B：Engine speed(rpm)引擎速度	1000	4000
C：Spark advance(degrees)	10	30
D：Air-to-fuel ratio 氣燃比	13	16.4
E：Exhaust gas recycle(% of combustion mixture) 廢氣循環	0	10

反應值是一氧化碳(CO)的排放量ppm，因應環境保護的要求，排放CO的量必須越少越好。

五個因子的Box-Behnken設計將會有46次實驗，採用區集(Block)方式設計會成爲二個區集，可以將其視爲選用二個引擎進行測試分別得到的測試值或反應值。接下來說明建置Box-Behnken的實驗組合及數據分析方法。

首先，先建置Box-Behnken的實驗組合，步驟是Stat>DOE>Response Surface>Create Response Surface Design，將會出現圖6-22的畫面，選擇Box-Behnken，因子數設定爲五個。

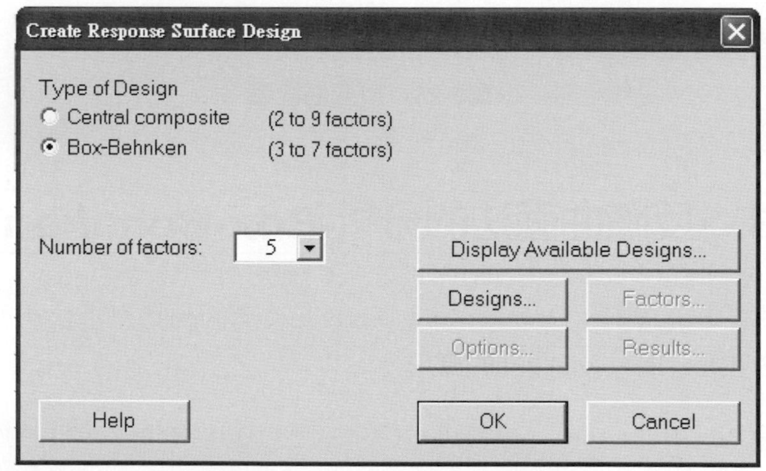

圖6-22　Box-Behnken 設計

點擊「Designs(設計)」，由於想將實驗規劃爲二個引擎進行測試，所以，以區集的方式進行實驗組合建置，這樣可以分別指定區集1是第1個引擎及區集2是第2個引擎(圖6-23)。

Create Response Surface Design - Designs
Number of center points
Default: 6
Custom:
Number of replicates: 1
Block on replicates
Number of blocks: 2
Help
OK
Cancel

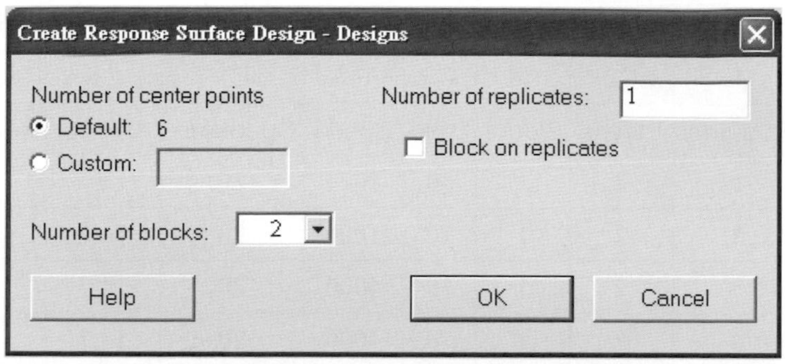

圖6-23　設定中心點數及重複數

點擊「Factors(因子)」，設定各個因子的實驗水準如圖 6-24。

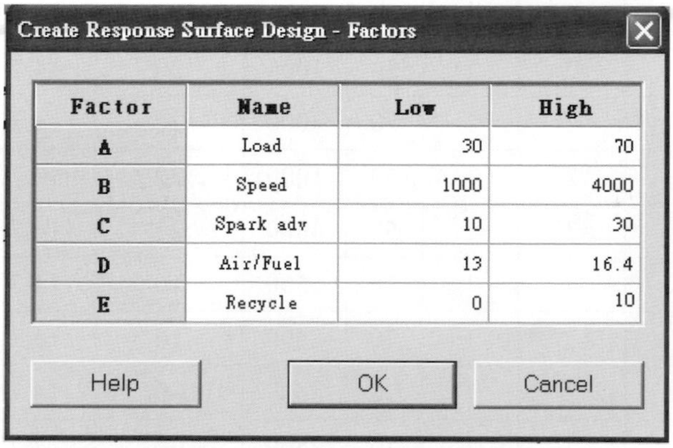

Create Response Surface Design - Factors
Factor Name Low High
A Load 30 70
B Speed 1000 4000
C Spark adv 10 30
D Air/Fuel 13 16.4
E Recycle 0 10
Help
OK
Cancel

圖6-24　輸入因子名稱及水準值

實驗時應該隨機執行實驗的組合條件，爲了方便說明將不勾選「Options(選項)」中的「Randomize runs(隨機實驗)」。建置一個實驗組合，並已經將實驗的反應值填入(表6-7及表6-8)。

表6-7　實驗組合及反應值(I)

C1	C2	C3	C4	C5	C6	C7	C8	C9	C10
StdOrder	RunOrder	PtType	Blocks	Load	Speed	Spark adv	Air/Fuel	Recycle	CO
1	1	2	1	30	1000	20	14.7	5	81
2	2	2	1	70	1000	20	14.7	5	148
3	3	2	1	30	4000	20	14.7	5	348
4	4	2	1	70	4000	20	14.7	5	530
5	5	2	1	50	2500	10	13	5	1906
6	6	2	1	50	2500	30	13	5	1717
7	7	2	1	50	2500	10	16.4	5	91
8	8	2	1	50	2500	30	16.4	5	42
9	9	2	1	50	1000	20	14.7	0	86
10	10	2	1	50	4000	20	14.7	0	435
11	11	2	1	50	1000	20	14.7	10	93
12	12	2	1	50	4000	20	14.7	10	474
13	13	2	1	30	2500	10	14.7	5	224
14	14	2	1	70	2500	10	14.7	5	346
15	15	2	1	30	2500	30	14.7	5	147
16	16	2	1	70	2500	30	14.7	5	287
17	17	2	1	50	2500	20	13	0	1743
18	18	2	1	50	2500	20	16.4	0	46
19	19	2	1	50	2500	20	13	10	1767
20	20	2	1	50	2500	20	16.4	10	73
21	21	0	1	50	2500	20	14.7	5	195
22	22	0	1	50	2500	20	14.7	5	233
23	23	0	1	50	2500	20	14.7	5	236

表6-8 實驗組合及反應值(II)

C1	C2	C3	C4	C5	C6	C7	C8	C9	C10
StdOrder	RunOrder	PtType	Blocks	Load	Speed	Spark adv	Air/Fuel	Recycle	CO
24	24	2	2	50	1000	10	14.7	5	100
25	25	2	2	50	4000	10	14.7	5	559
26	26	2	2	50	1000	30	14.7	5	118
27	27	2	2	50	4000	30	14.7	5	406
28	28	2	2	30	2500	20	13	5	1255
29	29	2	2	70	2500	20	13	5	2513
30	30	2	2	30	2500	20	16.4	5	53
31	31	2	2	70	2500	20	16.4	5	54
32	32	2	2	50	2500	10	14.7	0	270
33	33	2	2	50	2500	30	14.7	0	277
34	34	2	2	50	2500	10	14.7	10	303
35	35	2	2	50	2500	30	14.7	10	213
36	36	2	2	30	2500	20	14.7	0	171
37	37	2	2	70	2500	20	14.7	0	344
38	38	2	2	30	2500	20	14.7	10	180
39	39	2	2	70	2500	20	14.7	10	280
40	40	2	2	50	1000	20	13	5	548
41	41	2	2	50	4000	20	13	5	3046
42	42	2	2	50	1000	20	16.4	5	13
43	43	2	2	50	4000	20	16.4	5	123
44	44	0	2	50	2500	20	14.7	5	228
45	45	0	2	50	2500	20	14.7	5	201
46	46	0	2	50	2500	20	14.7	5	238

開始分析實驗數據(檔案：CO emission(Box-Behnken).MTW)，利用Minitab分析實驗反應值的步驟是 Stat>DOE>Response Surface>Analyze Response Surface Designs，並呈現圖6-25。將反應值CO

選入「Responses(反應值)」對話框中，由於水準設定時是用眞實的數値，不是使用代碼，這裡將「Analyze data using(分析數據)」選為「Uncoded units(未編碼)」會以未編碼顯示出迴歸(Regression)分析或計算的結果。

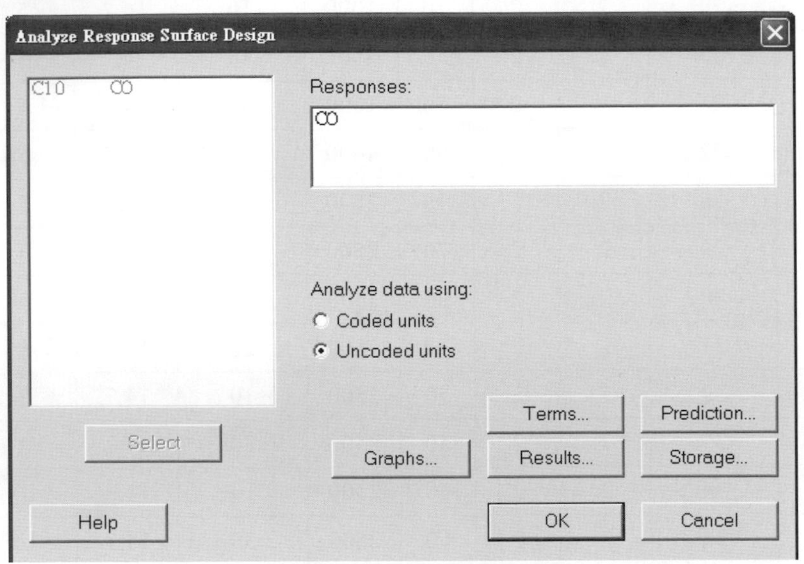

圖6-25　分析反應值數據

點擊「Terms(項目)」(圖6-25)，設定「Include the following terms(包含以下項目)」為「Full quadratic(完整二次方)」檢查完整二階(包含一階及二階)的分析結果(圖6-26)。

點擊「Graphs(圖形)」(圖6-25)，觀察殘差數據的分布狀況(圖6-27)，檢查是否符合殘差的三項假設。

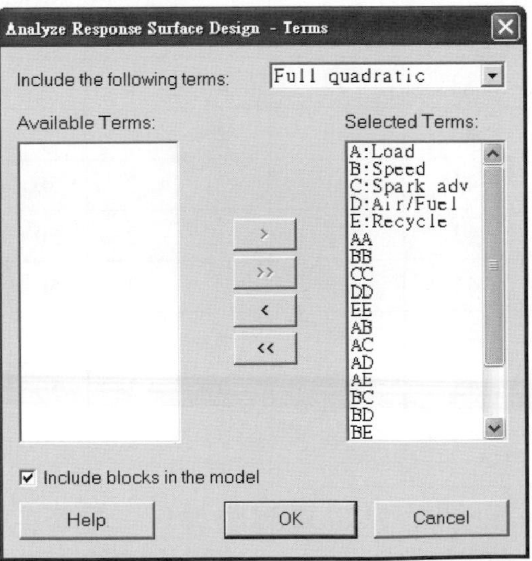

圖6-26　完整二階的模型分析

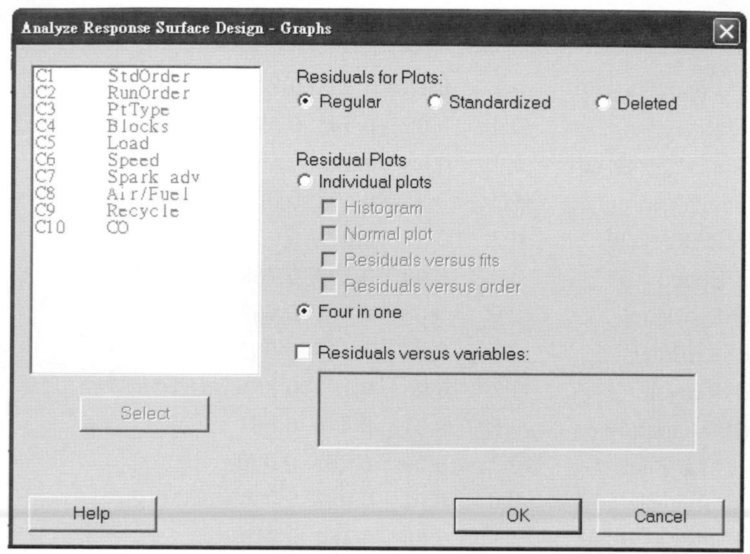

圖6-27　四合一殘差圖

連續點擊「OK」將會顯示反應值分析的狀況。

迴歸分析的結果顯示在表 6-9中，可以發現二階的效果及交互作用的效果有多項不存在顯著的差異(P>0.05)。

表6-9　迴歸分析

Response Surface Regression： CO versus Block, Load, Speed, Spark adv, ...

The analysis was done using uncoded units.

Estimated Regression Coefficients for CO

Term	Coef	SE Coef	T	P
Constant	44296.4	6048.82	7.323	0.000
Block	-5.3	28.38	-0.188	0.853
Load	134.5	46.72	2.879	0.008
Speed	3.6	0.61	5.811	0.000
Spark adv	-36.3	92.51	-0.392	0.698
Air/Fuel	-6550.7	696.55	-9.405	0.000
Recycle	12.6	182.50	0.069	0.945

表6-9 迴歸分析(續)

Load*Load	0.1	0.16	0.355	0.726
Speed*Speed	0.0	0.00	0.543	0.592
Spark adv*Spark adv	0.3	0.65	0.412	0.684
Air/Fuel*Air/Fuel	239.5	22.55	10.623	0.000
Recycle*Recycle	0.2	2.61	0.091	0.928
Load*Speed	0.0	0.00	0.299	0.768
Load*Spark adv	0.0	0.48	0.047	0.963
Load*Air/Fuel	-9.2	2.83	-3.265	0.003
Load*Recycle	-0.2	0.96	-0.190	0.851
Speed*Spark adv	-0.0	0.01	-0.444	0.661
Speed*Air/Fuel	-0.2	0.04	-6.203	0.000
Speed*Recycle	0.0	0.01	0.083	0.934
Spark adv*Air/Fuel	2.1	5.66	0.364	0.719
Spark adv*Recycle	-0.5	1.92	-0.252	0.803
Air/Fuel*Recycle	0.1	11.32	0.008	0.994

S = 192.5 R-Sq = 95.9% R-Sq(adj) = 92.2%

在表6-10的變異數分析中，可以發現Lack-of-fit的P值爲0.000，顯然缺適性是存在的，表示此統計模型Full Quadratic(全二次方)並不恰當，有尋找更佳模型的必要。

表6-10 變異數分析表

Analysis of Variance for CO

Source	DF	Seq SS	Adj SS	Adj MS	F	P
Blocks	1	1305	1305	1305	0.04	0.853
Regression	20	20593048	20593048	1029652	27.79	0.000
Linear	5	13933449	6697861	1339572	36.15	0.000
Square	5	4819410	4819410	963882	26.01	0.000
Interaction	10	1840189	1840189	184019	4.97	0.001
Residual Error	24	889328	889328	37055		
Lack-of-Fit	20	887551	887551	44378	99.87	0.000
Pure Error	4	1777	1777	444		
Total	45	21483681				

在圖6-28中的殘差常態機率圖(Normal Probability Plot)和殘差變異數一致性配適圖(Residuals Versuals the Fitted Values)都存在不符合殘差假設的狀況。其中常態機率圖的左下角有極端偏差的值，右上角也有數點偏離斜線較遠；在殘差配適圖則出現近似V的形狀(應該接近矩形)，相當明顯地不符合殘差變異數一致性的假設。因此，有對反應值進行數據轉換(Transformation)的需要。

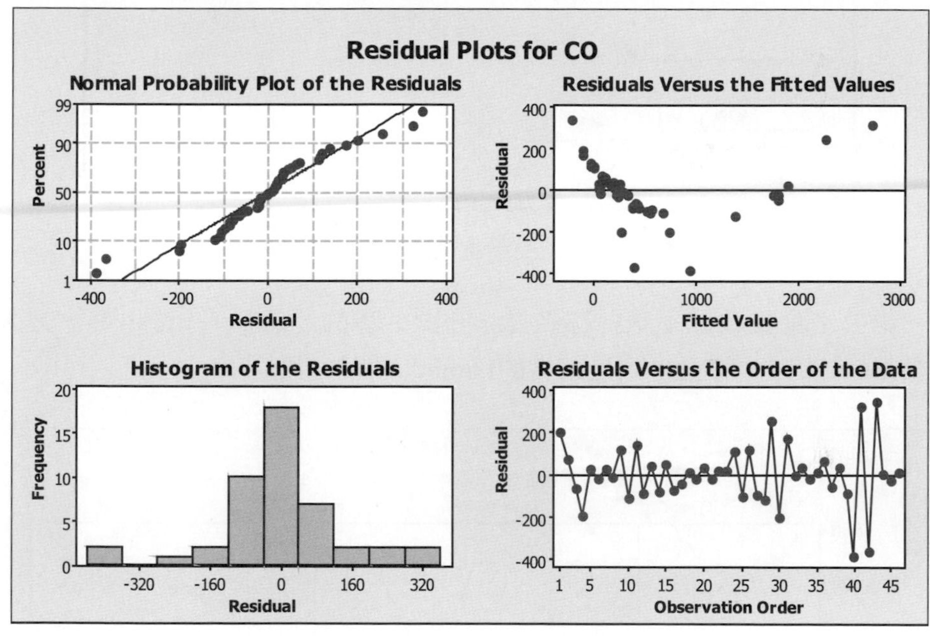

圖6-28　四合一殘差圖

進行Box-Cox數據轉換是將反應值轉換為另一個數值，利用轉換後的反應值再檢查殘差的假設符合性狀況。步驟是Stat>Control charts>Box-Cox Transformation(圖6-29)。

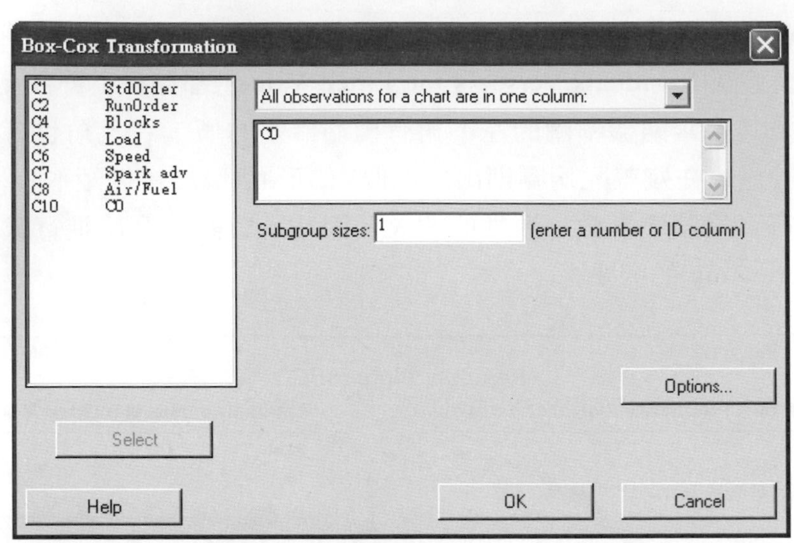

圖6-29　反應值做Box-Cox 轉換

由於是實驗數據不是抽樣數據，在圖6-29的「Subgroup sizes」鍵入1再點擊OK即可，將會得到最適合的Lambda值爲0(圖6-30)。

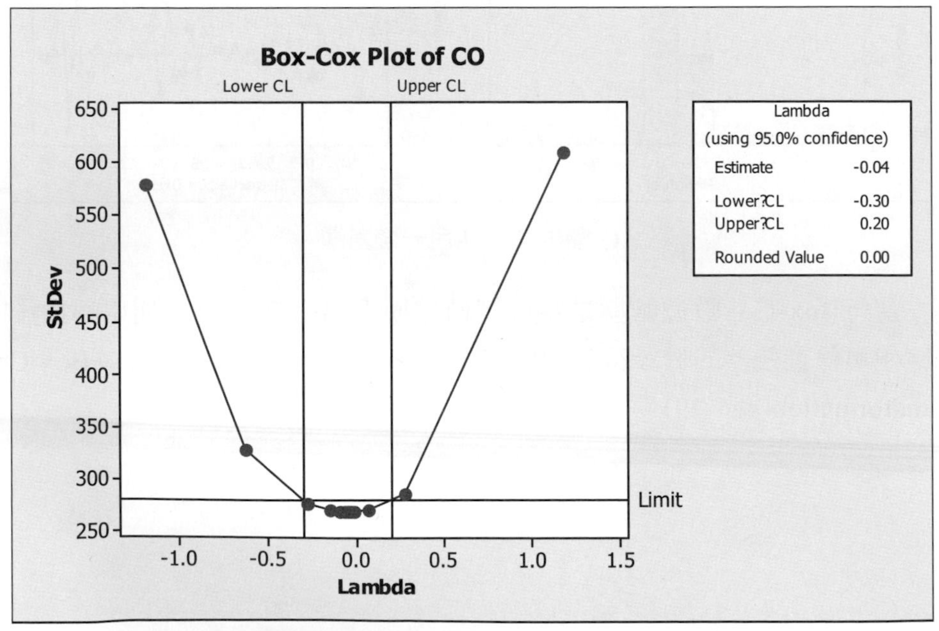

圖6-30　Box-Cox 轉換的Lambda值

假設原來數據為y，Box-Cox數據轉換時得到Lambda值與新的數據y^T之間的對應關係如下：

Lambda	y^T
2	$y^T=y^2$
$\frac{1}{2}$	$y^T=\sqrt{y}$
0	$y^T=\ln(y)$
$\frac{1}{2}$	$y^T=\frac{1}{\sqrt{y}}$
-1	$y^T=\frac{1}{y}$
-2	$y^T=\frac{1}{y^2}$

遵循Box-Cox的建議以自然對數(Natural Log)作為轉換依據，在Minitab上的數據轉換步驟是Calc>Calculator進行(圖6-31)，轉換的結果儲存在另一欄中(例如，圖6-31的C11)，在「Functions」選擇自然對數Natural log將反應值的欄位選入「LN()」的函數中進行轉換。

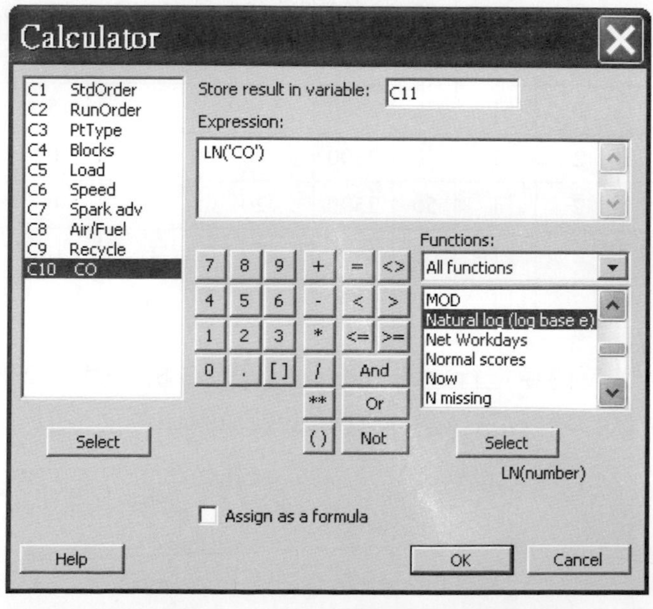

圖6-31　自然對數做數據轉換

反應值轉換成的新值顯示在表6-11中，例如，將81轉爲4.39445。

表6-11　轉換前及轉換後反應值

C1	C2	C3	C4	C5	C6	C7	C8	C9	C10	C11
StdOrder	RunOrder	PtType	Blocks	Load	Speed	Spark adv	Air/Fuel	Recycle	CO	LN(CO)
1	1	2	1	30	1000	20	14.7	5	81	4.3944492
2	2	2	1	70	1000	20	14.7	5	148	4.9972123
3	3	2	1	30	4000	20	14.7	5	348	5.8522025
4	4	2	1	70	4000	20	14.7	5	530	6.272877
5	5	2	1	50	2500	10	13	5	1906	7.5527621
6	6	2	1	50	2500	30	13	5	1717	7.4483339
7	7	2	1	50	2500	10	16.4	5	91	4.5108595
8	8	2	1	50	2500	30	16.4	5	42	3.7376696
9	9	2	1	50	1000	20	14.7	0	86	4.4543473
10	10	2	1	50	4000	20	14.7	0	435	6.075346
11	11	2	1	50	1000	20	14.7	10	93	4.5325995
12	12	2	1	50	4000	20	14.7	10	474	6.1612073
13	13	2	1	30	2500	10	14.7	5	224	5.4116461
14	14	2	1	70	2500	10	14.7	5	346	5.8464388
15	15	2	1	30	2500	30	14.7	5	147	4.9904326
16	16	2	1	70	2500	30	14.7	5	287	5.6594822
17	17	2	1	50	2500	20	13	0	1743	7.463363
18	18	2	1	50	2500	20	16.4	0	46	3.8286414
19	19	2	1	50	2500	20	13	10	1767	7.4770385
20	20	2	1	50	2500	20	16.4	10	73	4.2904594

將轉換後的反應值進行迴歸分析及變異數分析，表6-12是轉換後數據的迴歸分析，具有顯著差異的項目比未做數據轉換多出幾項。

表6-12　迴歸分析

Response Surface Regression： LN(CO) versus Block, Load, Speed,Spark adv, ...

The analysis was done using uncoded units.

Estimated Regression Coefficients for LN(CO)

Term	Coef	SE Coef	T	P
Constant	34.5094	4.75666	7.255	0.000
Block	0.0108	0.02232	0.483	0.633
Load	0.0780	0.03674	2.122	0.044
Speed	0.0003	0.00048	0.626	0.537
Spark adv	0.1000	0.07275	1.374	0.182
Air/Fuel	-3.4713	0.54775	-6.337	0.000
Recycle	-0.1418	0.14351	-0.988	0.333
Load*Load	0.0001	0.00013	0.675	0.506
Speed*Speed	-0.0000	0.00000	-2.585	0.016
Spark adv*Spark adv	0.0012	0.00051	2.310	0.030
Air/Fuel*Air/Fuel	0.0921	0.01773	5.195	0.000
Recycle*Recycle	0.0022	0.00205	1.053	0.303
Load*Speed	-0.0000	0.00000	-0.601	0.553
Load*Spark adv	0.0003	0.00038	0.774	0.447
Load*Air/Fuel	-0.0050	0.00223	-2.232	0.035
Load*Recycle	-0.0006	0.00076	-0.849	0.404
Speed*Spark adv	-0.0000	0.00001	-1.603	0.122
Speed*Air/Fuel	0.0001	0.00003	1.757	0.092
Speed*Recycle	0.0000	0.00001	0.025	0.980
Spark adv*Air/Fuel	-0.0098	0.00445	-2.209	0.037
Spark adv*Recycle	-0.0019	0.00151	-1.249	0.224
Air/Fuel*Recycle	0.0132	0.00890	1.480	0.152

S = 0.1514　R-Sq = 99.1%　R-Sq(adj) = 98.3%

在表6-13的變異數分析中Lack-of-fit (P >0.05)已經不存在，所以完整二次方(Full Quadratic) 的統計模型應該可以接受。

表6-13　變異數分析表

Analysis of Variance for LN(CO)

Source	DF	Seq SS	Adj SS	Adj MS	F	P
Blocks	1	0.0053	0.00535	0.005349	0.23	0.633
Regression	20	60.5873	60.58729	3.029364	132.20	0.000
Linear	5	59.0106	1.52833	0.305666	13.34	0.000
Square	5	1.0967	1.09666	0.219331	9.57	0.000
Interaction	10	0.4800	0.48004	0.048004	2.09	0.067
Residual Error	24	0.5500	0.54995	0.022915		
Lack-of-Fit	20	0.5118	0.51177	0.025588	2.68	0.175
Pure Error	4	0.0382	0.03819	0.009546		
Total	45	61.1426				

再來看看殘差分析，殘差常態機率圖(圖 6-32)仍有二個點存在偏離狀況，但是殘差變異數一致性的圖已經有顯著的改進，表示數據轉換有提高殘差假設的符合性。

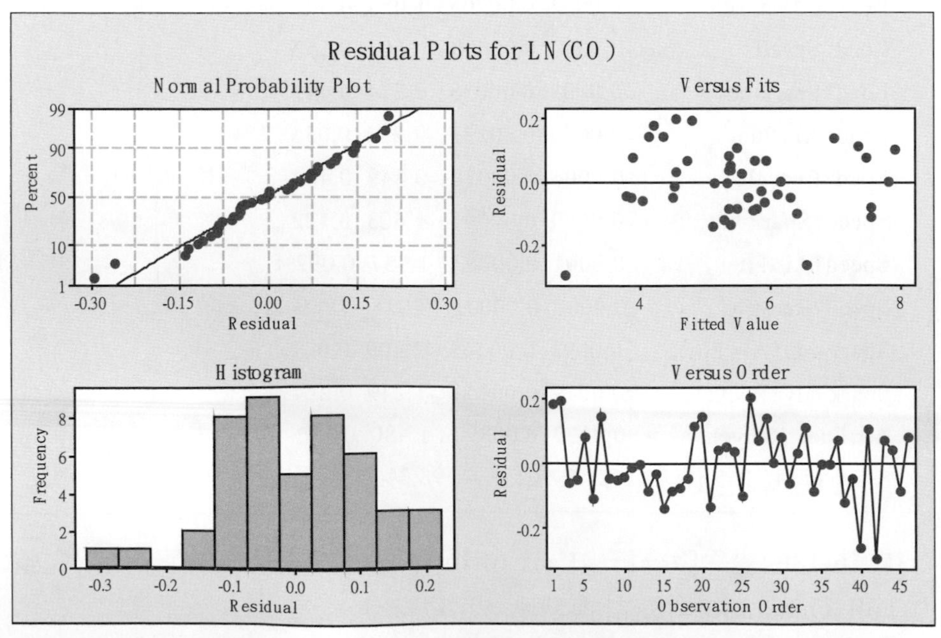

圖6-32　四合一殘差圖

因此，統計模型可以再做修正，將不重要的一次因子、二次因子或交互作用項併入誤差項中，這部分前面章節已經說明過。

利用等高線圖或是反應曲面圖尋找較佳的組合，從迴歸分析(表 6-12)中可以知道只有 A因子(Load)及D因子(Air/Fuel)的P值小於0.05(分別是0.044和 0.000)。先將A及D因子當作X軸和Y軸，繪出等高線圖和反應曲面圖。Minitab的步驟是 Stat>DOE>Response Surface>Contour/Surface Plots得到圖6-33。先進行等高線圖的繪製設定，所以在圖6-33勾選「Contour plot(等高線圖)」，並點擊「Setup(設定)」，進入等高線圖之設定。

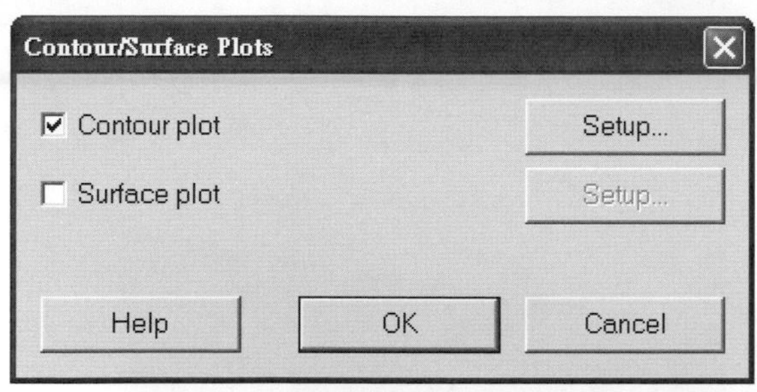

圖6-33　繪製等高線圖

在圖6-34中的反應值(Response)選擇想要分析的LN(CO)，在五個因子裡以A及D因子對反應值的影響最大，所以，選擇A及D因子當作X-Axis(X軸)及Y-Axis(Y軸)。因爲想顯示實際的因子水準值，所以在「Display plot using(顯示圖形)」選項中點選「Uncoded(未編碼)」。

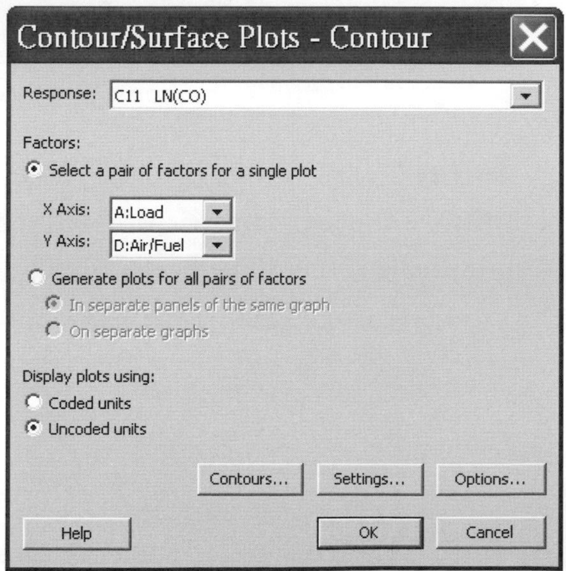

圖6-34　選擇反應值及因子

圖6-34的其他選項「Contours(等高線)」、「Setting(設定)」及「Options(選項)」都暫時不做設定，直接點擊「OK」完成等高線的繪製，會產出圖6-35的等高線圖。等高線圖的左上角是LN(CO)的數値較小的區域(數値小於 4)，那個區域是發生在A：Load 在30附近及D：Air/Fuel在 160以上。

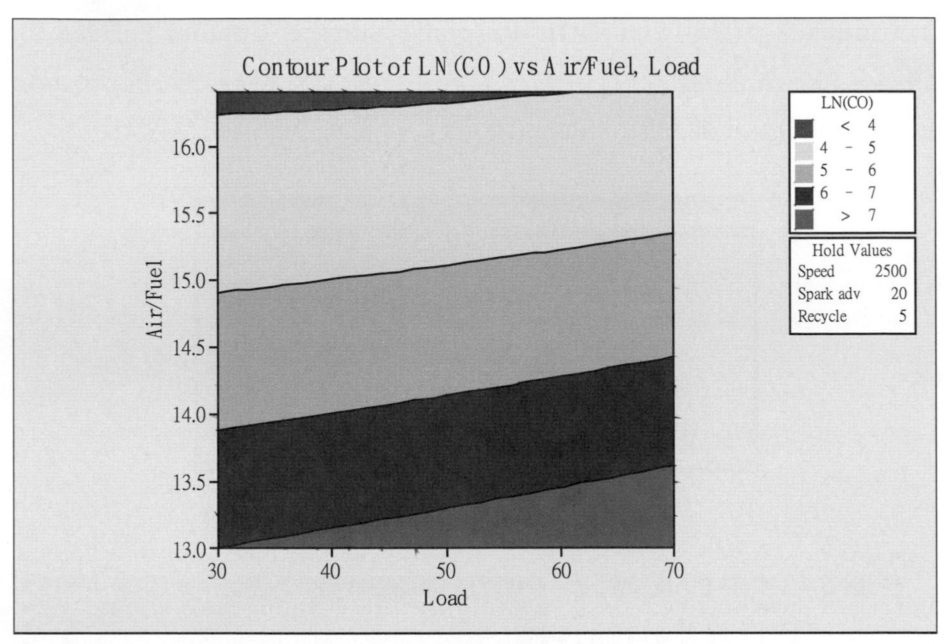

圖6-35　等高線圖

同樣的方式，因爲B因子及D因子的交互作用具有輕微的差異存在，可以利用B因子(Speed)及D因子(Air/Fuel)繪製出來的等高線圖(圖 6-36)，觀察知道Speed接近1000和Air/Fuel在16.0以上具備最小的反應值區域 (數値小於 3)。等高線圖可以提供一個未來努力改進的方向。

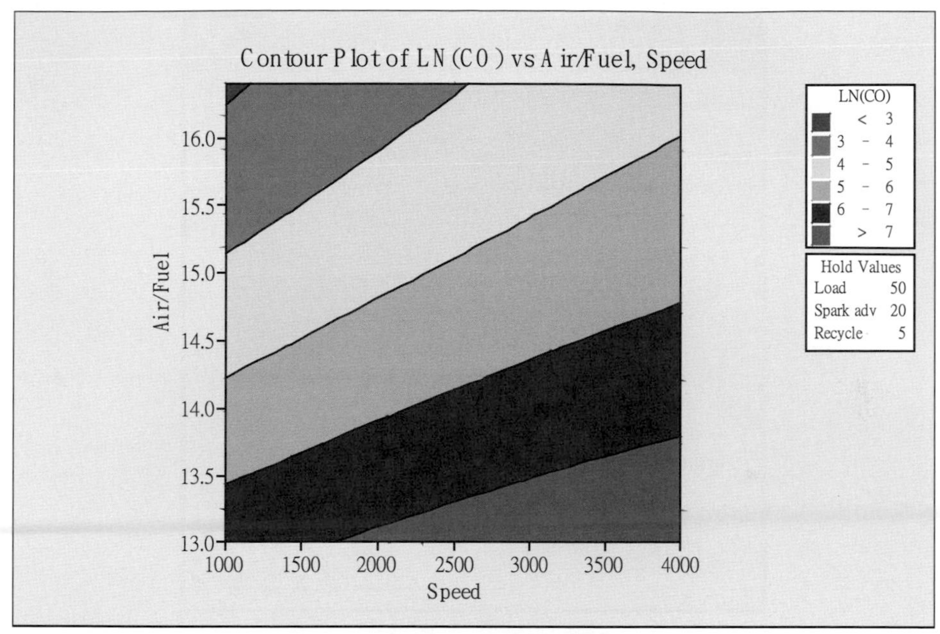

圖6-36　等高線圖

接下來嘗試繪製反應曲面圖(圖6-37)，勾選「Surface plot(反應曲面圖)」並點擊「Setup(設定)」，進入反應曲面的設定。

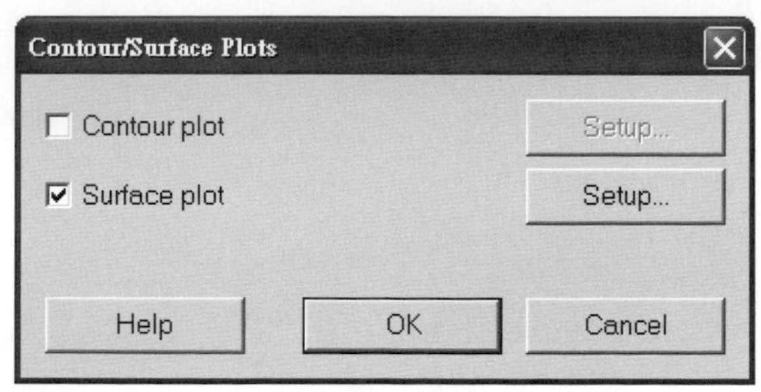

圖6-37　設定反應曲面圖

在圖6-38的設定與等高線圖的設定類似，但是爲了容易觀察反應曲面圖，將X-Axis設爲D：Air/Fuel及Y-Axis設爲B：Speed。選擇 Air/Fuel和Speed當X軸和Y軸，是因爲他們的二次方(Air/Fuel*Air/Fuel及 Speed*Speed在表6-12中的P值分別爲0.000及0.016，是P值屬於較小的而影響度較大的因子)。

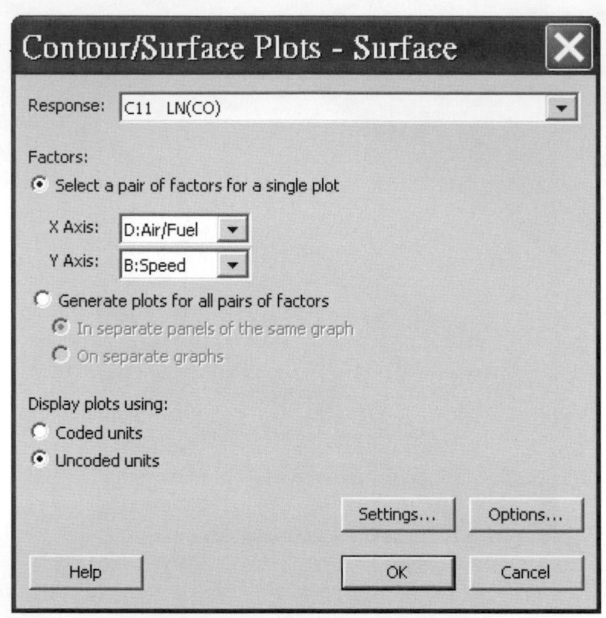

圖6-38　設定反應值及因子

在反應曲面圖(圖6-39)上可以知道D：Air/Fuel的值越小，則反應值越大，反應值受到B：Speed的影響不及D：Air/Fuel的影響。

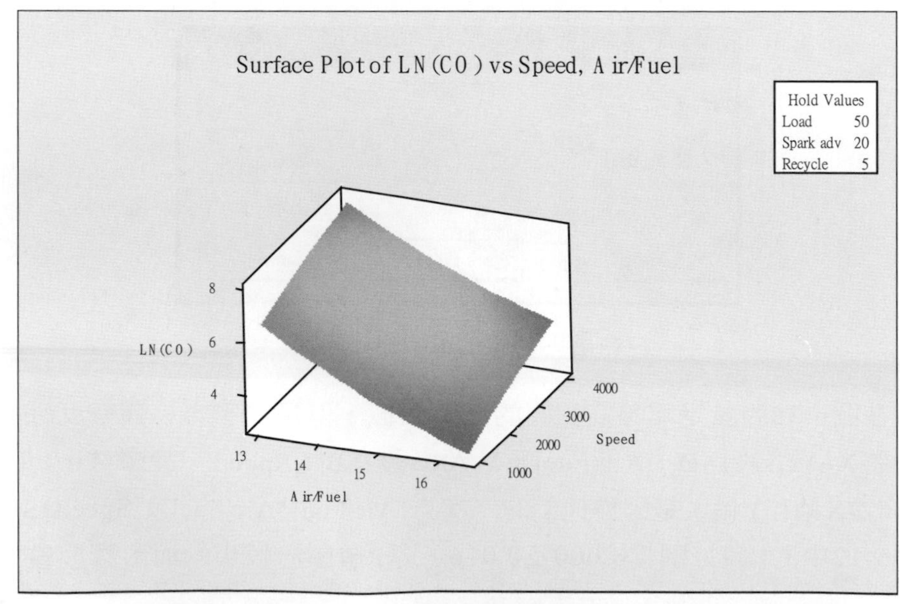

圖6-39　反應曲面圖

當然，如果能求得最適值(Optimization)是最好的，利用Minitab的Stat>DOE>Response Surface>Response Optimizer可以執行最佳化估算(圖6-40)。注意選擇LN(CO)當反應值，進入「Setup(設定)」輸入相關設定。

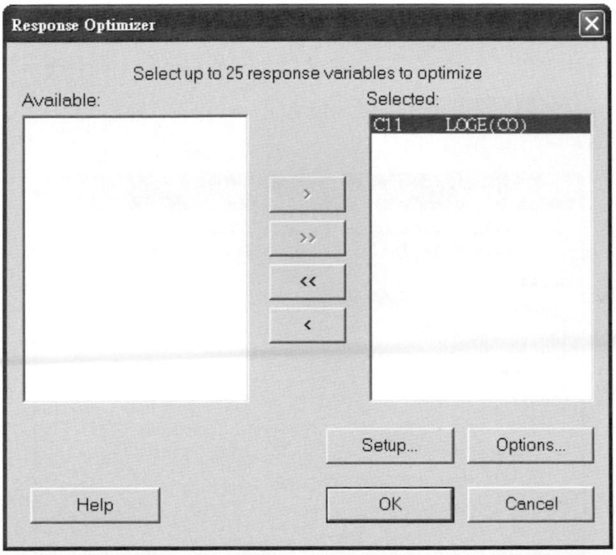

Response Optimizer
Select up to 25 response variables to optimize
Available:
Selected:
C11 LOGE(CO)
Setup...
Options...
Help
OK
Cancel

圖6-40　最佳化估算

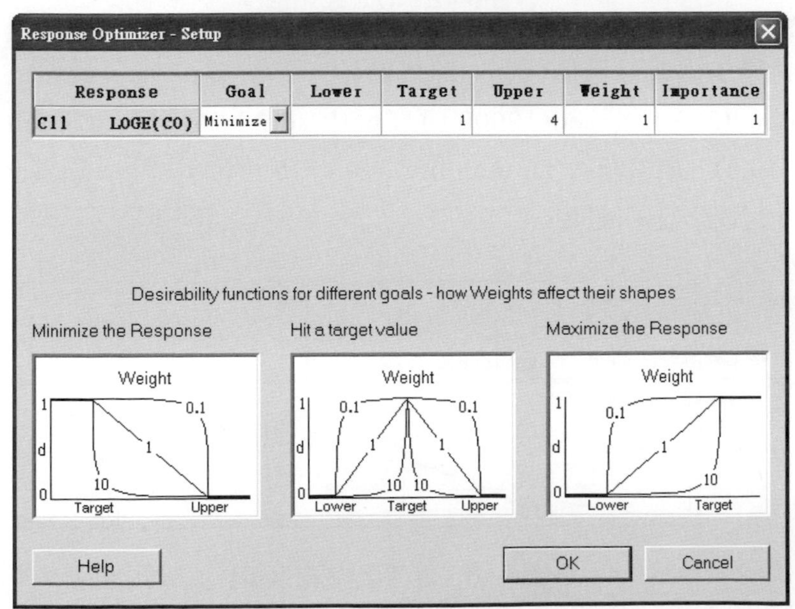

圖6-41　設定最佳化估算

由於CO的排放量越小越好，因此在圖6-41中的「Goal(目標)」應該選擇Minimize，由於CO的排放不可能爲 0，而且觀察轉換後的反應值LN(CO)比4小的機會不多。所以，在圖6-41設定「Target(標的)」及「Upper(上限)」分別爲1及 4。

起始值(Starting value)可以不做任何的設定(圖6-42)，採用預設的「Optimization plot(最佳圖形)」就可以。

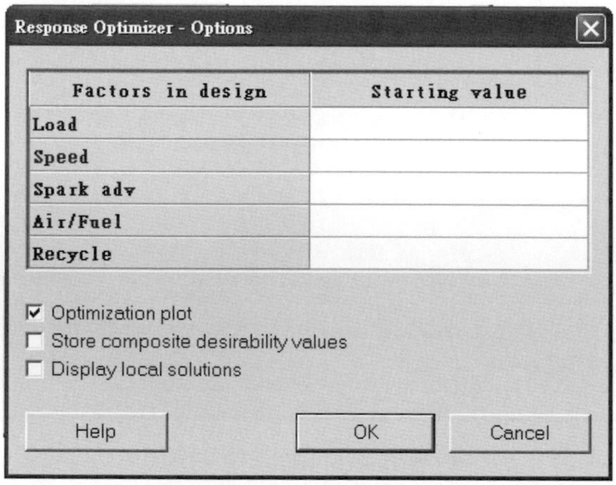

Response Optimizer - Options

Factors in design	Starting value
Load	
Speed	
Spark adv	
Air/Fuel	
Recycle	

☑ Optimization plot
☐ Store composite desirability values
☐ Display local solutions

Help　OK　Cancel

圖6-42　設定起始值

得到最佳值或最適值(圖6-43)爲LN(CO)=y=2.6252，最佳或最適的組合是Load(30.0), Speed(10000.0), Spark ad(29.9616), Air/Fuel(16.40), Recycle(10.0)，願望函數(Desirability)d=0.4825也不算太小，願望函數在後面章節會有較詳盡的說明。

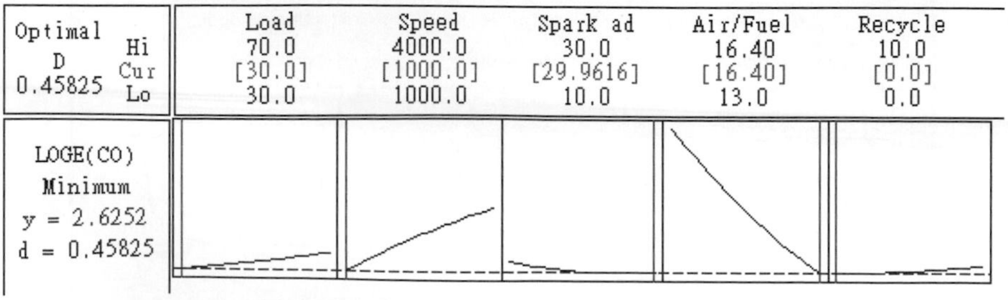

Optimal D 0.45825		Load	Speed	Spark ad	Air/Fuel	Recycle
	Hi	70.0	4000.0	30.0	16.40	10.0
	Cur	[30.0]	[1000.0]	[29.9616]	[16.40]	[0.0]
	Lo	30.0	1000.0	10.0	13.0	0.0

LOGE(CO)
Minimum
y = 2.6252
d = 0.45825

圖6-43　最佳值(或最適值)

這裡要提醒注意的是y=2.6252，在統計推論上是一個點估計值(Point Estimate)，應該將它視爲參考值，而不是唯一的解答。

6-4　最陡上升法

反應曲面法不是在實驗的初期使用，應該在實驗的後期要獲得最佳反應值的因子的水準範圍時使用。工程人員在很多情況下並不知道最佳反應值的各因子的水準範圍，所以實驗的初期應該先做篩選實驗，找出重要的因子，且引導實驗因子的水準接近最佳反應值附近，再作反應曲面法的實驗設計。可以先想像做實驗找出最佳反應值就像爬一座山一樣，在遠方看那座要攀爬的山會感覺整座山的輪廓很清楚，但是一旦進到山裡面，將會被樹林或草叢遮蔽，可能不知道要往哪個方向走才是上山方向，甚至已經迷路了，因此，要有響導或是指北針之類的工具才知道是往上山的方向前進，而且是往山頂的方向前進。

進行實驗設計有時比攀爬一座山更困難，因爲工程人員永遠不知道整個實驗範圍內反應值的輪廓是什麼！因此，從山下開始往山頂攀爬時，應該利用二水準方式篩選出重要因子，接下來利用最陡上升法指出要攀爬的方向，到達山頂附近再用反應曲面法得出最高點(或稱爲三角點)。

利用一個例題(此例選自 Box,Hunter and Hunter-Statistic for experiments)說明整個過程。工程人員發現一種觸媒可以將A物質和B物質混合後生成C產品，而影響C產品的變數是反應時間和溫度，這兩個物質彼此會相互影響(有交互作用)。爲獲取C產品最大的產出，工程人員希望獲得最佳的操作時間與溫度，假設開始時的預測時間是80分鐘及溫度150℃。爲了獲得更大的產出，工程人員嘗試將實驗的範圍設定在：時間75及85分鐘和溫度145及155℃之間。利用2^2因子設計加入3個中心點的組合進行實驗設計，實驗組合及反應值如表6-14。(🗁檔案：2x2+3.MTW)

表6-14　加入中心點的2x2實驗組合及反應值

C1	C2	C3	C4	C5	C6	C7
StdOrder	RunOrder	CenterPt	Blocks	時間	溫度	反應值
1	1	1	1	75	145	54.6
4	2	1	1	85	155	69.3
5	3	0	1	80	150	61.2
2	4	1	1	85	145	60.7
6	5	0	1	80	150	64.3
7	6	0	1	80	150	62.5
3	7	1	1	75	155	64.8

利用Minitab： Stat>DOE>Factorial Design>Analyze Factorial Design分析得到的數據如表6-15,6-16及6-17。

表6-15迴歸分析，時間及溫度均有顯著性的差異。

表6-15　迴歸分析

Factorial Fit： 反應值 versus 時間, 溫度 Estimated Effects and Coefficients for 反應值 (coded units)					
Term	Effect	Coef	SE Coef	T	P
Constant		62.3500	0.6762	92.21	0.000
時間	5.3000	2.6500	0.6762	3.92	0.030
溫度	9.4000	4.7000	0.6762	6.95	0.006
Ct Pt		0.3167	1.0329	0.31	0.779
S = 1.35236　PRESS = 19.3911 R-Sq = 95.51%　R-Sq(pred) = 84.12%　R-Sq(adj) = 91.01%					

表6-16變異數分析，主效應的水準之間有顯著差異，但是不存在曲率(Curvature)及缺適性(Lack of Fit)。

表6-16　變異數分析

Analysis of Variance for 反應值 (coded units)						
Source	DF	Seq SS	Adj SS	Adj MS	F	P
Main Effects	2	116.450	116.450	58.2250	31.84	0.010
Curvature	1	0.172	0.172	0.1719	0.09	0.779
Residual Error	3	5.487	5.487	1.8289		
Lack of Fit	1	0.640	0.640	0.6400	0.26	0.658
Pure Error	2	4.847	4.847	2.4233		
Total	6	122.109				

表6-17　未編碼迴歸係數

Estimated Coefficients for 反應值 using data in uncoded units

Term	Coef
Constant	-121.050
時間	0.530000
溫度	0.940000
Ct Pt	0.31667

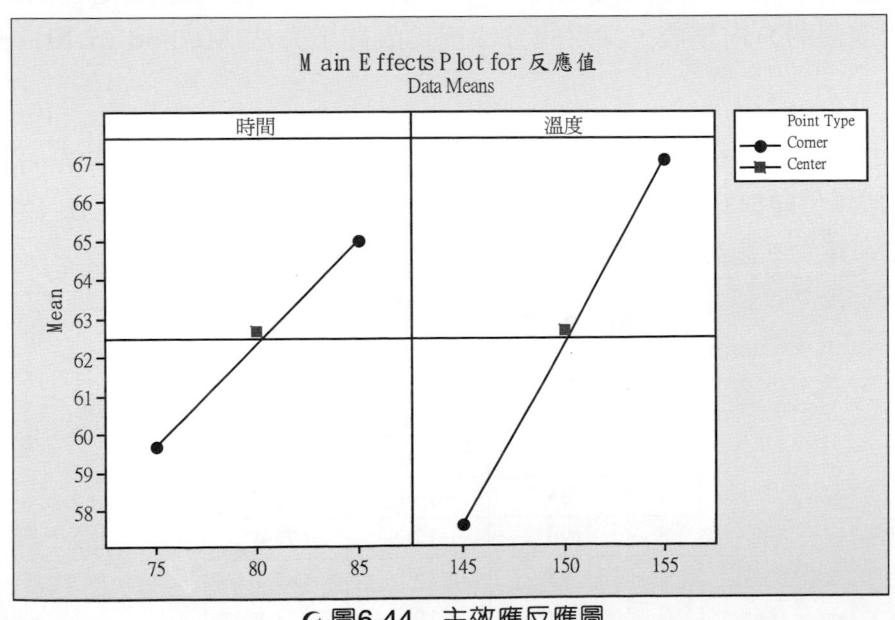

圖6-44　主效應反應圖

時間和溫度的P值均小於0.05(表6-15)，可以知道時間和溫度對反應值都是有顯著影響的。在缺適性(Lack-of-fit)中的P值是0.648，表示缺適性不存在，也就是一階 (First Order) 模型的迴歸方程式在這個實驗的範圍內是良好的或符合的。

繪出主效應圖(圖6-44)可以知道時間及溫度都是往高的水準會得到較好的反應值(Y)，以一個二維座標軸指出反應值的變化方向(圖6-45)。

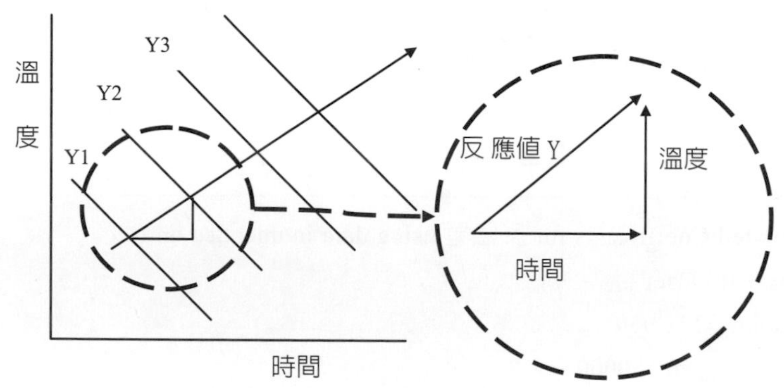

圖6-45　反應值的變化方向

接下來循著時間及溫度都是往高水準方向前進，也就是往時間長和溫度高的方向攀爬，採用的方法稱爲最陡上升法(Method of Steepest Ascent)。

根據迴歸方程式 Y = -121.05 + 0.53*時間 + 0.94*溫度 ，時間方向移動0.53個單位時對應於溫度方向移動0.94個單位，時間和溫度移動的比值約爲1比2，建立一個最陡上升法的探索路徑(表6-18)。

表6-18　最陡上升法之實驗反應值

No.	因子		反應值
	時間	溫度	Y
1	80	150	63.2
2	85	160	68.5
3	90	170	76.4
4	95	180	87.7
5	100	190	78.8

從表6-18知道在時間95分鐘及溫度180℃可能有最高的反應值。將時間95分鐘及溫度180℃設計一個2^2因子設計加3個中心點的實驗組合，以查證在時間95分鐘及溫度180℃範圍的一階模型是否仍然適用。(檔案：2x2+3-after.MTW)

表6-19　2x2加3個中心點的實驗組合及反應值

C1	C2	C3	C4	C5	C6	C7
StdOrder	RunOrder	CenterPt	Blocks	時間	溫度	反應值
6	1	0	1	95	180	89.3
3	2	1	1	90	185	74.7
4	3	1	1	100	185	85.3
7	4	0	1	95	180	92
1	5	1	1	90	175	79.6
2	6	1	1	100	175	79.5
5	7	0	1	95	180	88.5

進行實驗反應值的數據分析，從迴歸分析表(表6-20)的中心點(Ct Pt)的 P值0.018小於0.05，同時，變異數分析表(表 6-21)顯示出中心點存在曲率(Curvture)，因爲P值爲 0.018(小於0.05)，表示在此實驗範圍內有更好的模型可以適配(fitness) ，因此，進一步的利用二階模型反應曲面實驗設計來探討反應值的變化是必須的。從反應曲面圖(圖 6-46)及等高線圖(圖6-47)，可以觀察到在中心點附近有凸起或較高的反應值。此兩個圖必須利用 Minitab： Graph> Contour Plot或3D Surface Plot才繪製的出來。

迴歸分析(表6-20)：中心點(Ct Pt)的P值0.018小於0.05，表示在中心點附近有彎曲。

表6-20 迴歸分析

Factorial Fit： 反應值 versus 時間, 溫度 Estimated Effects and Coefficients for 反應值 (coded units)					
Term	Effect	Coef	SE Coef	T	P
Constant		79.7750	0.9170	87.00	0.000
時間	5.2500	2.6250	0.9170	2.86	0.103
溫度	0.4500	0.2250	0.9170	0.25	0.829
時間*溫度	5.3500	2.6750	0.9170	2.92	0.100
Ct Pt	10.1583	1.4007	7.25	0.018	
S = 1.83394　PRESS = * R-Sq = 97.20%　R-Sq(pred) = *%　R-Sq(adj) = 91.59%					

變異數分析(表6-21)：同樣，中心點存在曲率(Curvture)，因爲P值爲0.018(小於0.05)

表6-21 變異數分析表

Analysis of Variance for 反應值 (coded units)						
Source	DF	Seq SS	Adj SS	Adj MS	F	P
Main Effects	2	27.765	27.765	13.883	4.13	0.195
2-Way Interactions	1	28.622	28.622	28.622	8.51	0.100
Curvature	1	176.900	176.900	176.900	52.60	0.018
Residual Error	2	6.727	6.727	3.363		
Pure Error	2	6.727	6.727	3.363		
Total	6	240.014				

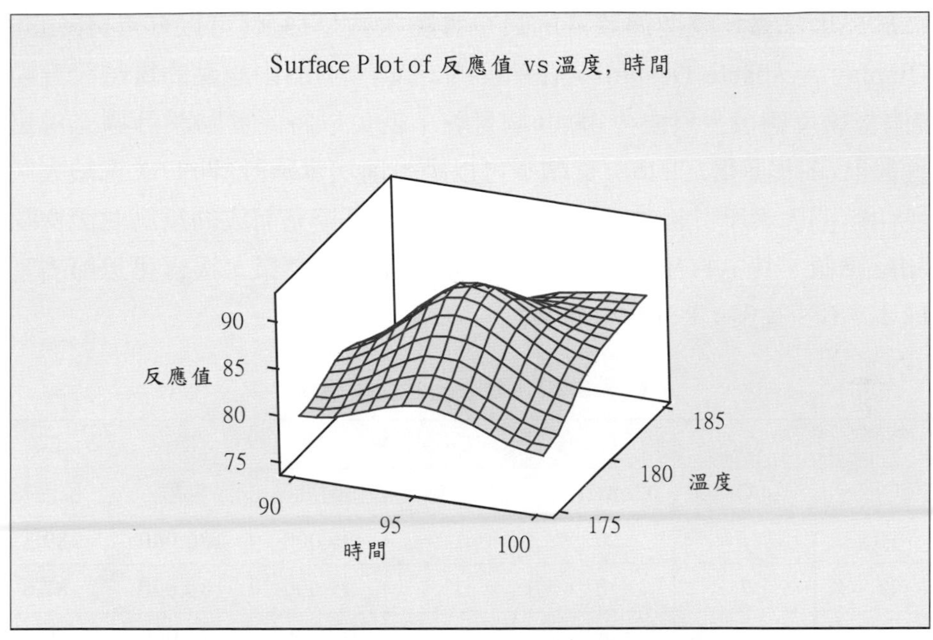

圖6-46　反應曲面圖

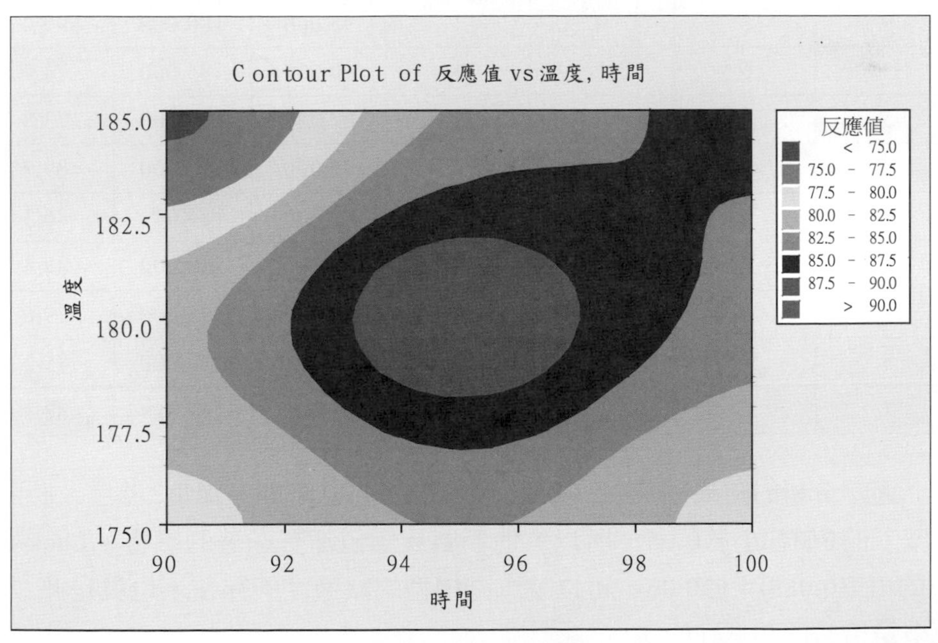

圖6-47　等高線圖

於二因子做反應曲面設計的最少實驗次數是13次(可以參考Minitab中的Display Available Design)，在前面的2^2因子加3個中心點的實驗設計中只有7個實驗反應值，只要再增加6個實驗，就可以將此實驗設計擴充爲反應曲面設計(前提是增加的6次實驗不可以距離前次實驗設計的7次實驗太久，以免由時間因素所引起的實驗誤差)。表 6-22是擴充而成的反應曲面實驗組合和反應值，其中的7個反應值是引用前一次實驗結果，這樣可以節省實驗的成本。(檔案：RSM-2.MTW)

表6-22 實驗組合及反應值

C1	C2	C3	C4	C5	C6	C7
StdOrder	RunOrder	CenterPt	Blocks	時間	溫度	反應值
10	1	0	1	95.000	180.000	89.3
11	2	0	1	95.000	180.000	87.6
2	3	1	1	100.000	175.000	79.5
4	4	1	1	100.000	185.000	85.3
9	5	0	1	95.000	180.000	90.2
3	6	1	1	90.000	185.000	74.7
5	7	-1	1	87.929	180.000	73.8
13	8	0	1	95.000	180.000	89.9
8	9	-1	1	95.000	187.071	86.3
12	10	0	1	95.000	180.000	88.5
1	11	1	1	90.000	175.000	79.6
6	12	-1	1	102.071	180.000	85.2
7	13	1	1	95.000	172.929	82.3

迴歸分析的結果在表6-23中，「時間、時間*時間、溫度*溫度及時間*溫度」的P值都小於0.05，所以，他們對反應值都有顯著的影響。Lack-of-Fit的P值(0.085)大於0.05，可以說二階模型的缺適性不存在，也就是此二階模型是恰當的和良好的。

迴歸分析(表6-23)：「時間、時間*時間、溫度*溫度及時間*溫度」的P值都小於0.05，表示他們對反應值都有顯著的影響。

表6-23　迴歸分析

Response Surface Regression： 反應值 versus 時間, 溫度

The analysis was done using coded units.

Estimated Regression Coefficients for 反應值

Term	Coef	SE Coef	T	P
Constant	89.1000	0.7618	116.963	0.000
時間	3.3278	0.6022	5.526	0.001
溫度	0.8196	0.6022	1.361	0.216
時間*時間	-5.3312	0.6458	-8.255	0.000
溫度*溫度	-2.9313	0.6458	-4.539	0.003
時間*溫度	2.6750	0.8517	3.141	0.016

S = 1.70338　PRESS = 119.462

R-Sq = 94.60%　R-Sq(pred) = 68.23%　R-Sq(adj) = 90.74%

變異數分析：Lack-of-Fit的P值(0.085)大於0.05，可以說二階模型的缺適性不存在，也可以說此二階模型是恰當和良好的。

表6-24　變異數分析表

Analysis of Variance for 反應值

Source	DF	Seq SS	Adj SS	Adj MS	F	P
Regression	5	355.686	355.686	71.137	24.52	0.000
Linear	2	93.966	93.966	46.983	16.19	0.002
Square	2	233.098	233.098	116.549	40.17	0.000
Interaction	1	28.622	28.622	28.622	9.86	0.016
Residual Error	7	20.311	20.311	2.902		
Lack-of-Fit	3	15.811	15.811	5.270	4.68	0.085
Pure Error	4	4.500	4.500	1.125		
Total	12	375.997				

表6-25　迴歸係數

Estimated Regression Coefficients for 反應值 using data in uncoded units	
Term	Coef
Constant	-3897.41
時間	21.9231
溫度	32.2089
時間*時間	-0.213250
溫度*溫度	-0.117250
時間*溫度	0.107000

根據表6-25得到迴歸方程式：

Y= -3897.41+21.9231*時間+32.2089*溫度-0.213250*時間*時間-0.117250*溫度*溫度+0.107000*時間*溫度

其中，溫度的項次(32.2089*溫度)因爲沒有顯示出顯著差異(p > 0.05)，可以不予考慮。從等高線圖(圖6-48)的分析可以得知最高的反應值(Response)約落在時間 93~100分鐘和溫度 177~185 ℃之間構成的87.5的範圍內。

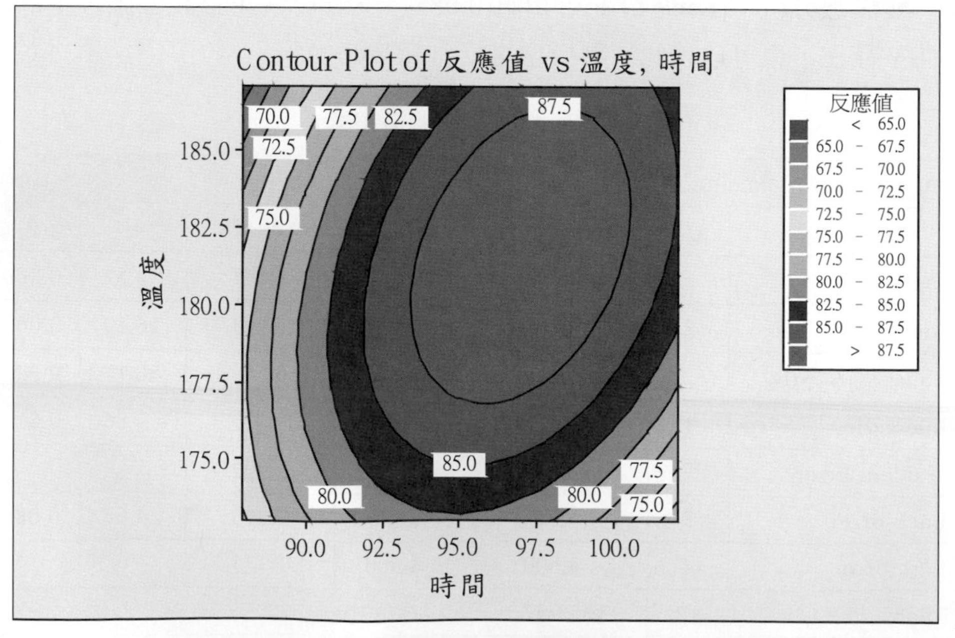

圖6-48　等高線圖

同樣地，也可以利用Minitab繪製得到反應曲面圖。

6-5　最佳化設計

最佳化設計的統計理論相當複雜，本書只做軟體設定上的操作說明及計算結果的解釋。

利用Minitab：Stat>DOE>Response Surface>Response Optimizer計算出最高的反應值或是最佳的解答。步驟按照圖6-49及圖6-50就可獲得表6-26和圖6-51的結果。

圖6-49　最佳化估算

在圖6-50中「Goal(目標)」應該選擇Maximize，因爲例題希望反應值(Y)越大越好，並設定「Lower(下限)」爲80及「Target(標的)」爲90。「Lower(下限)」設爲80是希望反應值不要低於80，「Target(標的)」設爲90是考慮反應值最大可能在90附近。

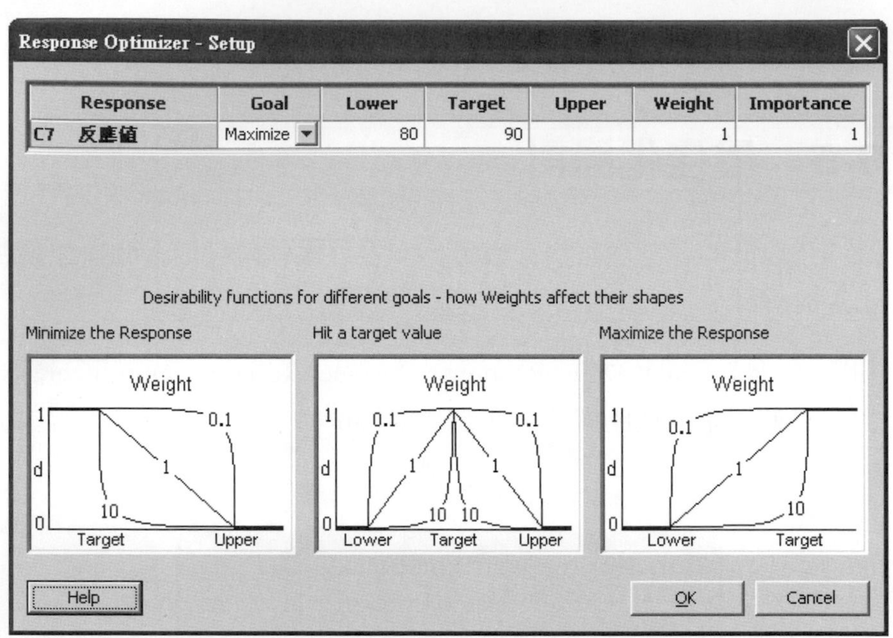

圖6-50 設定反應值

表6-26是計算出的最大反應值爲89.8823(此爲預測反應值Predicted Responses)的時間是96.9分鐘，溫度是181.6℃(如果實際上無法控制的很準確，時間及溫度小數點以下的位數可以捨去)。願望函數(Desirability function)可以視爲達成目標的機會，本例題的願望函數是0.988226(約98.8%)，表示有相當高的機會可達成預測的反應值的。此例題只有單一種反應值(Single Response)，所以，其合成的願望函數(Composite Desirability)與個別的願望函數(desibability)相同。

最佳化反應值(表6-26)：獲得最佳反應值的因子之水準值。

在Minitab的實際圖形(圖6-51)裡面，垂直線可以左右調整，將發現時間、溫度和相對應的反應值是可以變動的，就是可以按照所要的反應值做出時間和溫度的操作範圍或區間。

表6-26　最佳化反應值

Response Optimization

Parameters

	Goal	Lower	Target	Upper	Weight	Import
反應值	Maximum	80	90	90	1	1

Global Solution

時間 = 96.9285

溫度 = 181.643

Predicted Responses

反應值 = 89.8823 , desirability = 0.988226

Composite Desirability = 0.988226

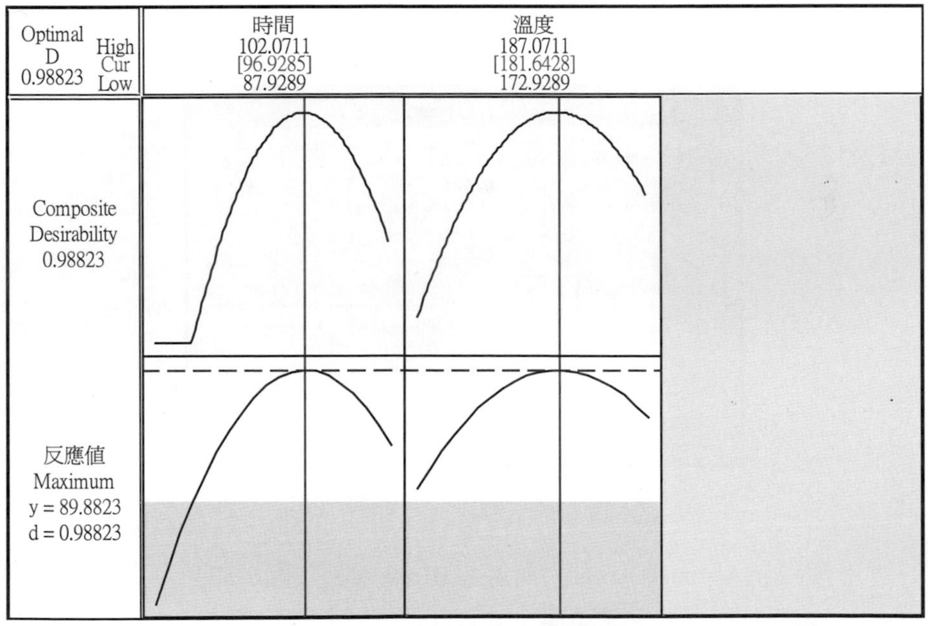

圖6-51　最佳化反應值

6-6 多反應值的最佳化

多反應值是最實際的現象，舉一個多反應值的案例說明最佳化的實驗設計及分析方法。這是一個修改自Deeringer 和 Suich的輪胎複合物研究的例題，屬於多反應值的實驗設計，利用反應曲面法進行最佳化的實驗。其中可控制的變數(因子)是X1：氫氧化矽，X2：矽的耦合物，X3：硫化。有四項要求必須達成，反應值分別是 Y1：摩擦指數(最少應該大於120，越大越好)，Y2：200%係數(應該大於1000，且越大越好)，Y3：破裂的伸長量(介於400到600之間，最好是450)，Y4：硬度(介於65到 70之間，最好是67.5)。利用中央合成設計(CCD)的反應曲面法建構實驗組合(參考圖6-52到圖6-55)。

選擇中央合成設計(圖6-52)，建置實驗設計組合。

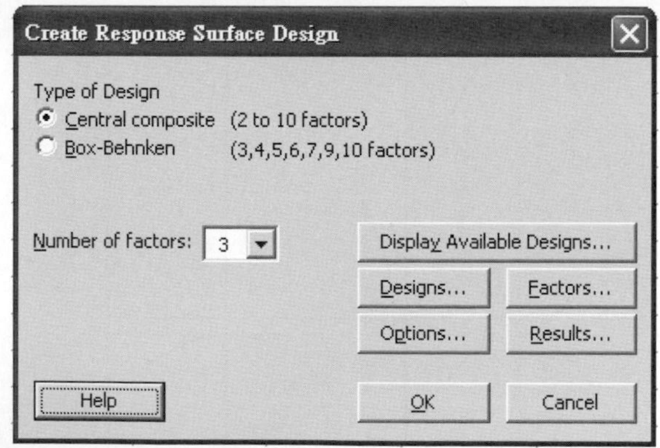

圖6-52　選擇中央合成設計

選用預設值Alpha爲1.682的無區集Blocks設計(圖6-53)。

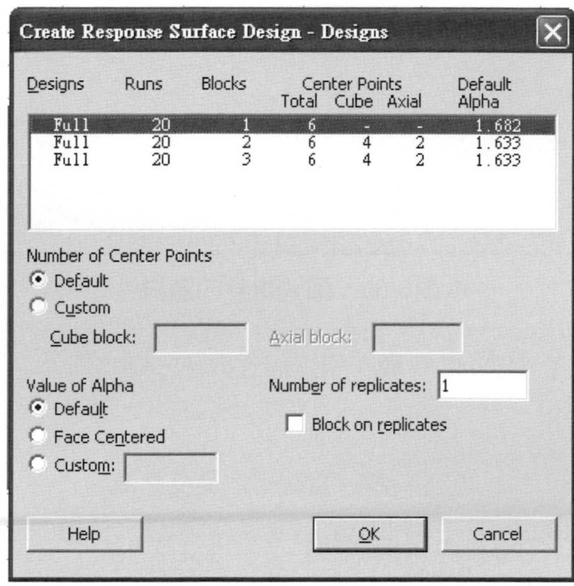

圖6-53　6個中心點設計

選擇「Cube points(立體點)」(圖6-54)設計實驗組合。

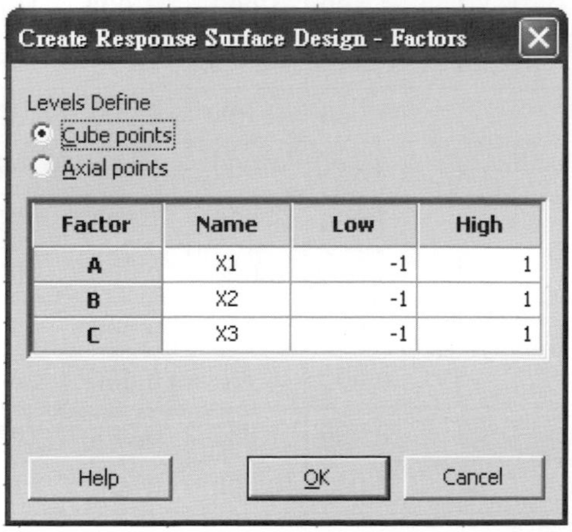

Create Response Surface Design - Factors

Levels Define
- (•) Cube points
- ( ) Axial points

Factor	Name	Low	High
A	X1	-1	1
B	X2	-1	1
C	X3	-1	1

Help　OK　Cancel

圖6-54　選擇Cube points設計

在圖6-55中刻意將「Randomize runs(隨機實驗)」取消，是爲了方便說明實驗的順序。

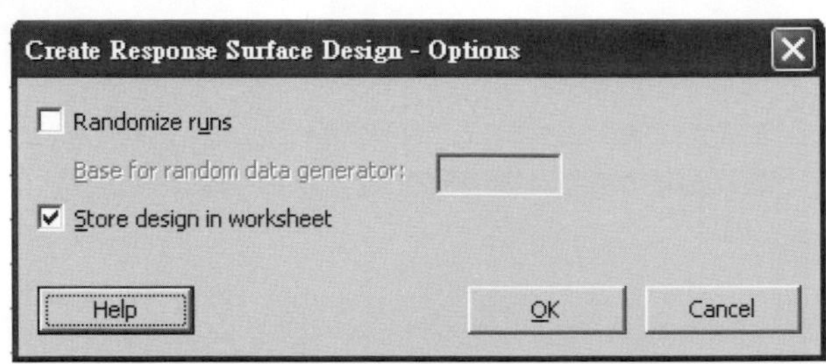

圖6-55　取消實驗的隨機性

實驗組合及實驗反應值顯示在表6-27中。(檔案：RSM-Multiple responses.MTW)

表6-27　實驗組合及反應值

C1	C2	C3	C4	C5	C6	C7	C8	C9	C10	C11
StdOrder	RunOrder	PtType	Blocks	X1	X2	X3	Y1	Y2	Y3	Y4
1	1	1	1	-1.000	-1.000	-1.000	102	900	470	67.5
2	2	1	1	1.000	-1.000	-1.000	120	860	410	65
3	3	1	1	-1.000	1.000	-1.000	117	800	570	77.5
4	4	1	1	1.000	1.000	-1.000	198	2294	240	74.5
5	5	1	1	-1.000	-1.000	1.000	103	490	640	62.5
6	6	1	1	1.000	-1.000	1.000	132	1289	270	67
7	7	1	1	-1.000	1.000	1.000	132	1270	410	78
8	8	1	1	1.000	1.000	1.000	139	1090	380	70
9	9	-1	1	-1.682	0.000	0.000	102	770	590	76
10	10	-1	1	1.682	0.000	0.000	154	1690	260	70
11	11	-1	1	0.000	-1.682	0.000	96	700	520	63
12	12	-1	1	0.000	1.682	0.000	163	1540	380	75
13	13	-1	1	0.000	0.000	-1.682	116	2184	520	65
14	14	-1	1	0.000	0.000	1.682	153	1784	290	71
15	15	0	1	0.000	0.000	0.000	133	1300	380	70
16	16	0	1	0.000	0.000	0.000	133	1300	380	68.5
17	17	0	1	0.000	0.000	0.000	140	1145	430	68
18	18	0	1	0.000	0.000	0.000	142	1090	430	68

多反應值的分析有二種方法：第一種是使用數學規劃(Mathematical Programming)，在Minitab上是使用等高線重疊方法求算出符合各種限制條件的操作窗(Operating Window)，表示最佳的解答就存在操作窗中。第二種方法是使用願望函數(Desirability Function)，願望函數介於0到1之間，越接近1表示達成反應值的機會越大。本例題有四個反應值，將會有四個願望函數，合成的願望函數(Composite Desirability)是從四個個別的願望函數的幾何平均數得到。公式是

$D = \sqrt[4]{d_1 \times d_2 \times d_3 \times d_4}$ 其中d_1，d_2，d_3，d_4是四個反應值的個別願望函數

合成的願望函數D仍然介於0到1之間，而且越接近1越好。

首先，利用重疊的等高線方法獲得操作窗，如圖6-56到圖6-58。在圖6-56中將四個反應值(Y1,Y2,Y3及Y4)選入「Selected(被選取)」欄中，以利於同時進行數學規劃。

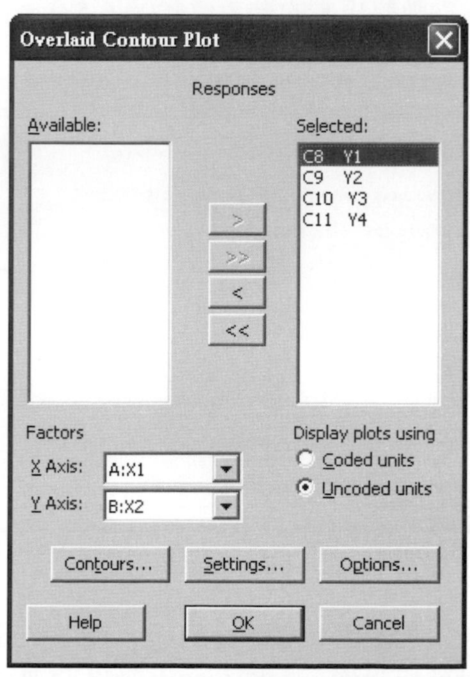

圖6-56　重疊等高線圖

將四項限制條件分別輸入圖6-57的低「Low(低)」和高「High(高)」。

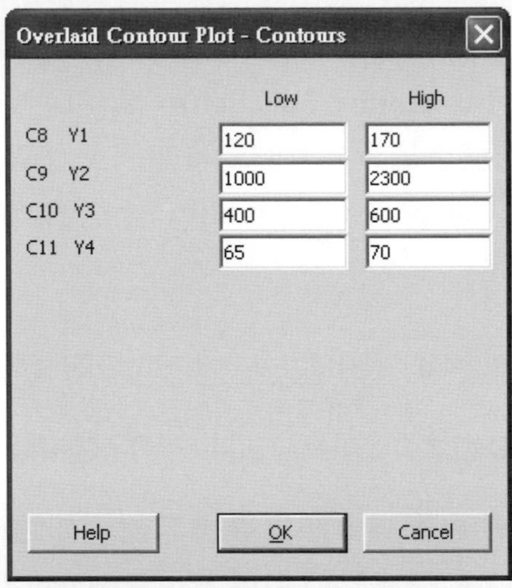

圖6-57 輸入多反應值的範圍

以設定中間值作爲數學規劃的參考位置(圖6-58)。

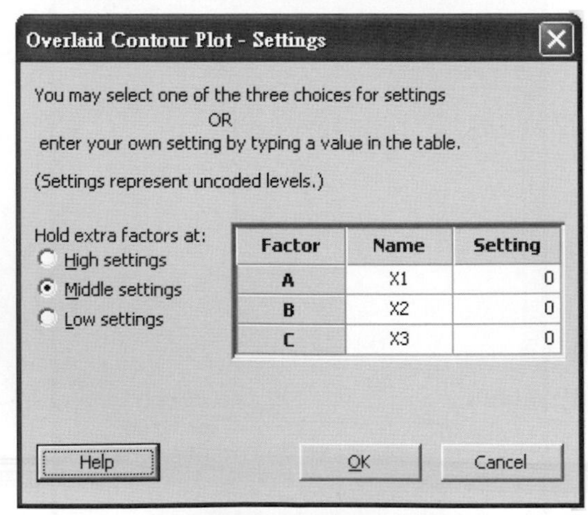

圖6-58 設定參考值

圖6-59是經過數學規劃的重疊等高線圖，可以很容易地看出白色區域是符合所有限制條件的操作窗。在圖6-59中已將X3設定在 0，也可以依據需求調整X3的設定值(例如，1或 -1)，來呈現可能的操作窗。

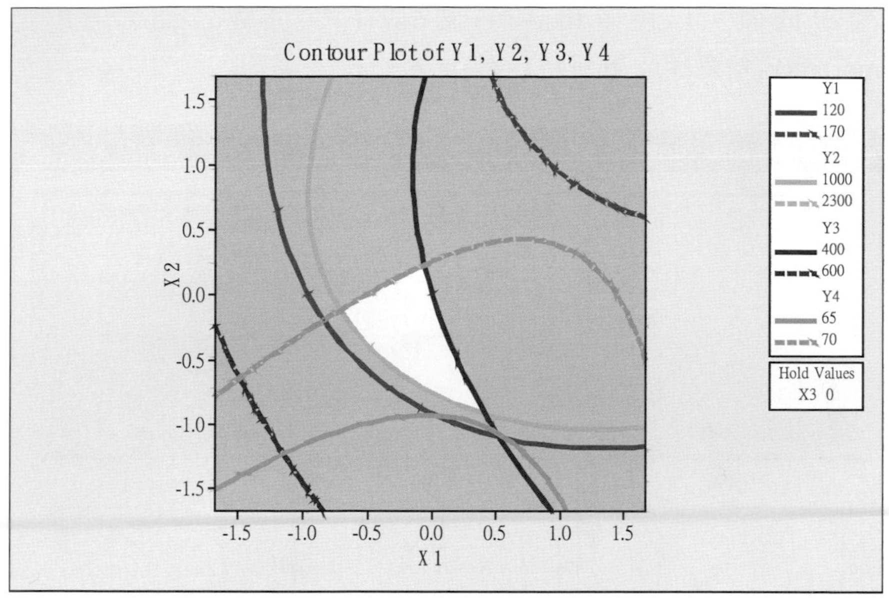

圖6-59　多反應值的重疊等高線圖

第二種多反應值的求算方法是利用願望函數。在Minitab的步驟是Stat>DOE>Response Surface>Response Optimizer，在圖6-60將四個反應值(Y1,Y2,Y3及Y4)選入「Selected(被選取)」欄。

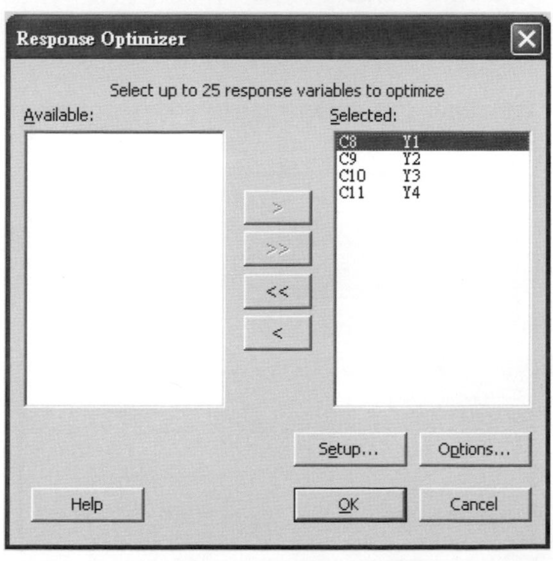

圖6-60　最佳化估算

設定低值、目標值和高值(圖6-61)，「Weight(權重)」及「Importance(重要性)」都維持1的設定。

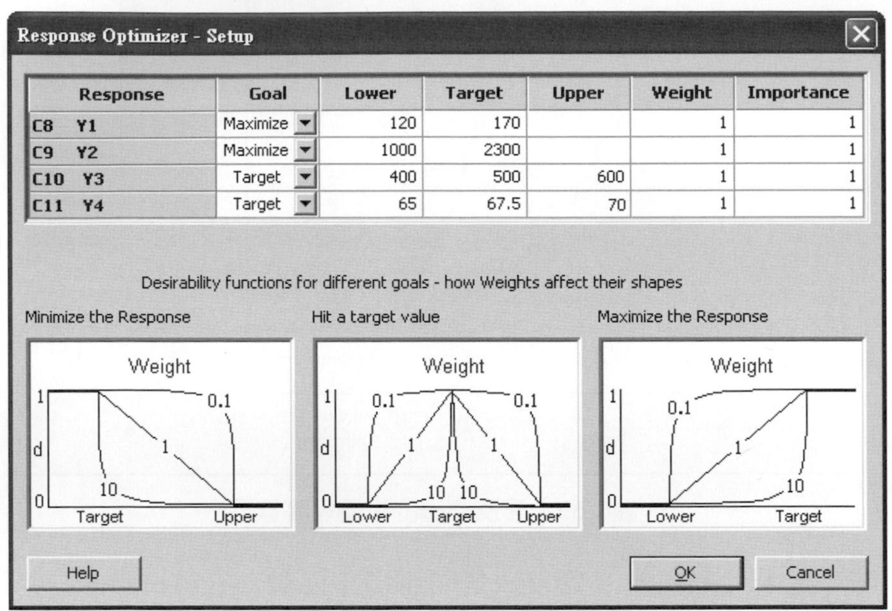

Response Optimizer - Setup

Response	Goal	Lower	Target	Upper	Weight	Importance
C8 Y1	Maximize	120	170		1	1
C9 Y2	Maximize	1000	2300		1	1
C10 Y3	Target	400	500	600	1	1
C11 Y4	Target	65	67.5	70	1	1

圖6-61　設定反應值的要求

在圖6-62的「Starting Value(起始值)」欄中設定0作爲估算最佳值的起始值。

Response Optimizer - Options

Factors in design	Starting value
X1	0
X2	0
X3	0

☑ Optimization plot
☐ Store composite desirability values
☐ Display local solutions

Help　OK　Cancel

圖6-62　最佳值的起始值

在圖6-63及表6-28中顯示獲得的最佳反應值(Y1,Y2,Y3及Y4)及因子(X1,X2及X3)的推定值。

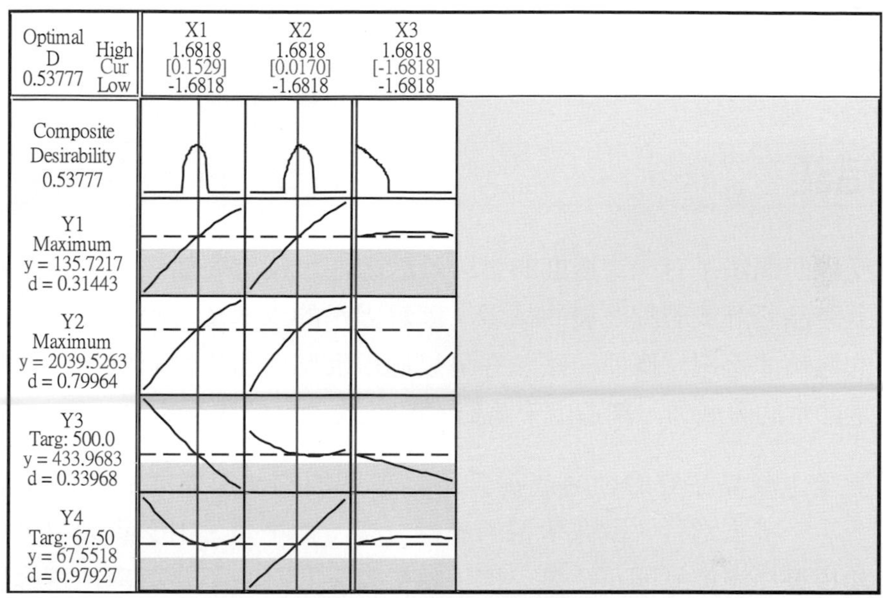

圖6-63　多反應值的最佳化

表6-28　多反應值的最佳化

Optimization Plot
Response Optimization
Parameters

	Goal	Lower	Target	Upper	Weight	Importance
Y1	Maximum	120	170.0	170	1	1
Y2	Maximum	1000	2300.0	2300	1	1
Y3	Target	400	500.0	600	1	1
Y4	Target	65	67.5	70	1	1

Global Solution
X1 = 0.152890
X2 = 0.0169878
X3 = -1.68179
Predicted Responses
Y1 = 135.72 , desirability = 0.314433
Y2 = 2039.53 , desirability = 0.799636
Y3 = 433.97 , desirability = 0.339683
Y4 = 67.55 , desirability = 0.979272
Composite Desirability = 0.537774

所以，最佳組合在X方面分別是X1= 0.152890，X2= 0.0169878 及 X3=-1.68179時，可以得到最佳的預測反應值(Predicted Responses)為Y1 = 135.72, Y2 = 2039.53,Y3 = 433.97 及 Y4 = 67.55 。因此，經由實驗設計所獲得的結論將容易了解和接受。

結語

反應曲面法是有一定難度的實驗設計課題，反應曲面法也不一定適用於眾多產品設計或製程開發的領域，因為因子的水準及反應值都必須是連續型的數值才適用反應曲面法。在可以適用反應曲面法的領域中，使用此法卻是非常的有威力，創造出千萬倍的財務效益也是常有的。

最後，產品品質的創造或提升不是短期能夠快速達成的，必須有計畫地一步一步去進行，就像學習的歷程一樣：從小學、中學到大學，必須基礎紮根循序漸進到開花結果一樣。執行實驗設計時不要草率地選擇因子及水準，應該詳細探討整個實驗範圍的背景資料，經過細緻地探討後才開展實驗設計，如此將會大大地提高實驗設計的成功率，收到事半功倍的效果。同時，經由實驗設計的執行將技術能力蓄積起來，可以有效地創造或提升產品的品質競爭力。

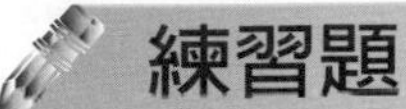

練習題

解釋及說明題：

1. 解釋以下名詞

   曲率(Curvature)

   缺適性(Lack of Fit)

   中央合成設計(Central Composite Design)

   Box-Behnken設計

2. 如果使用一階模式分析，是否有分析趨勢與驗證實驗結果不相符合的情形？如果有，應該如何進一步分析？

3. 如果進行CCD(中央合成設計)實驗， 結果發現反應值Y1, Y2及 Y3的 Desirability分別是10%，15%及25%。這樣的實驗結果適合轉移到製程嗎？

4. 如果Desirability是重要的，如何提高Desirability？

5. 如何擴大產品或製程的Operating Window？

筆記欄

Chapter 7

田口方法

學習目標

- ❖ 了解田口對品質的闡述
- ❖ 了解直交表的選用與安排實驗的方式
- ❖ 了解SN比及斜率的分析意義與判斷

7-1 田口方法概述

田口方法(Taguchi Method)是以創立此方法的日本人田口玄一為命名。田口方法是由實驗設計(DOE)延伸而來，田口提出田口方法有其背景及環境，不用刻意比較田口方法和實驗設計的差異或優劣，這二種方法都很值得學習與應用。從學習者的角度而言，田口方法是較容易理解及實際應用的，這是因為田口方法將實驗設計中比較屬於統計理論的部分省略，直接從實驗的安排與實驗結果數據的分析進行探討。田口方法是不需要懂統計的工程或技術人員也能使用的實驗方法，這就讓更多的工程或技術人員願意去了解及應用田口方法。

在工業產品中品質特性經常有不同的要求，這些要求基本上可以分為：有目標值或上下規格界限(例如電腦螢幕的亮度、零件尺寸的大小)、越小越好(例如磨損量、洩漏電流)及越大越好(例如金屬硬度、收率、合格率)，田口方法將這些品質特性的要求區分為三類，稱為「望目特性、望小特性及望大特性」，讓人很容易就能望文生義，了解要探討的品質特性的性質。這三類的品質特性在田口方法中各有不同的分析公式，即稱為SN比(Signal to Noise Ratio)分析。

田口還提出品質損失函數(Loss Function)的觀念，將品質對社會造成的損失以金額來衡量，所以追求最適當的品質，就是對社會整體的損失最少。在此之前，提出品質成本觀念的是美國的費根保(A.V.Feigenbaum)，他提出將品質成本分為四種，分別是預防成本、鑑定成本、內部失敗成本及外部失敗成本。田口將品質的損失以函數方式表示，如同前面所說的三種品質特性，損失函數也有三個，即望目、望小及望大損失函數。

對於實驗的配置安排方式，田口提出以直交表(Orthogonal Array)安排實驗的方式，例如，其中2^n型的直交表的實驗設計與2^k或2^{k-p}的實驗配置類似。田口對於反應值也有他的看法，他提出靜態品質特性及動態品質特性，更符合實務，也更具創新的觀念及做法。

在實際協助企業提升品質水準時，經常運用實驗設計或田口方法，企業界經常會詢問到底實驗設計或田口方法那一種比較好？這是無法完整回答的問題，因爲這二種方法均能有效地協助企業提升品質水準，減少品質引起的損失，降低品質成本。所以，不需要分辨那一種方法較優，而要以使用者能掌握與活用爲主，以能解決問題爲首要任務。

7-2 直交表的原理及選用

田口方法的二個主要工具是直交表和SN比分析。本節先探討直交表的原理及如何選用適當的直交表。

直交表是安排實驗組合的簡便工具，直交表可以分爲2^n型、3^n型及特殊型等類別，根據實務應用的考量，將僅針對較常使用的直交表做說明。

7-2-1 2^n型直交表

2^n型直交表有$L_4(2^3)$、$L_8(2^7)$、$L_{16}(2^{15})$、$L_{32}(2^{31})$等，均是2的次方所構成。在$L_4(2^3)$中，L是代表Latin Square(拉丁方格)的第一個英文字母，4表示直交表有4個橫向列數(4種組合)，2表示實驗的水準數均爲2水準，3表示直交表有3個縱向行數。因此，$L_4(2^3)$直交表就如表7-1所示。

表7-1　$L_4(2^3)$直交表

$L_4(2^3)$	1	2	3
1	1	1	1
2	1	2	2
3	2	1	2
4	2	1	1

如果現在有一個實驗是要探究時間(A因子)與溫度(B因子)對反應值的影響(希望反應值越大越好)，將時間及溫度均設爲二水準，則可以利用

表7-1的$L_4(2^3)$直交表，將時間(A因子)安排在第1行，溫度(B因子)安排第2行，而時間與溫度的交互作用安排在第3行。假設時間的二水準爲70及80分鐘，溫度的二水準爲125℃及135℃，可以將表7-1改寫爲表7-2的直交表。

表7-2 $L_4(2^3)$直交表

$L_4(2^3)$	A(時間)	B(溫度)	A×B
1	70	125	1
2	70	135	2
3	80	125	2
4	80	135	1

表7-2的$L_4(2^3)$直交表與第四章的表4-4或表4-7非常相似，同樣是四種實驗組合，只是這四個組合出現的順序上有些不同。實際上，2^n直交表就是從2^k因子設計的「正負號表」演變來的。注意：交互作用的行是不需要安排實驗條件的，交互作用行的1或2之表示則是由主因子決定，例如表7-1中第1行與第2行的交互作用構成第3行，則第3行交互作用是第1行水準×第2行水準，表示方式爲1×1=1，1×2=2，2×1=2，2×2=1，可將2視爲-1，則2×2=(-1)×(-1)=1。其他常用的2^n型直交表$L_8(2^7)$及$L_{16}(2^{15})$列出如表7-3及表7-4，並將每一行代表的因子或交互作用以英文字母塡入在該行的編號之下，當需要考慮某一因子與另一因子之間的交互作用時，將會更容易知道那個行屬於該交互作用的，而應該避免將其他因子安排在該行上，才不會產生交絡現象。實際上，這樣的安排方式還是與第四章2^k因子設計或第五章2^{k-p}部分因子設計的作法相同。因子間的交互作用的關係之較詳細說明請參閱前面實驗設計的章節。

表7-3　$L_8(2^7)$直交表

$L_8(2^7)$	1	2	3	4	5	6	7
	A	B	A×B	C	A×C	B×C	A×B×C
1	1	1	1	1	1	1	1
2	1	1	1	2	2	2	2
3	1	2	2	1	1	2	2
4	1	2	2	2	2	1	1
5	2	1	2	1	2	1	2
6	2	1	2	2	1	2	1
7	2	2	1	1	2	2	1
8	2	2	1	2	1	1	2

表7-4　$L_{16}(2^{15})$直交表

$L_{16}(2^{15})$	1	2	3	4	5	6	7	8	9	10	11	12	13	14	15
	A	B	A×B	C	A×C	B×C	A×B×C	D	A×D	B×D	A×B×D	C×D	A×C×D	B×C×D	A×B×C×D
1	1	1	1	1	1	1	1	1	1	1	1	1	1	1	1
2	1	1	1	1	1	1	1	2	2	2	2	2	2	2	2
3	1	1	1	2	2	2	2	1	1	1	1	2	2	2	2
4	1	1	1	2	2	2	2	2	2	2	2	1	1	1	1
5	1	2	2	1	1	2	2	1	1	2	2	1	1	2	2
6	1	2	2	1	1	2	2	2	2	1	1	2	2	1	1
7	1	2	2	2	2	1	1	1	1	2	2	2	2	1	1
8	1	2	2	2	2	1	1	2	2	1	1	1	1	2	2
9	2	1	2	1	2	1	2	1	2	1	2	1	2	1	2
10	2	1	2	1	2	1	2	2	1	2	1	2	1	2	1
11	2	1	2	2	1	2	1	1	2	1	2	2	1	2	1

表7-4 $L_{16}(2^{15})$直交表(續)

$L_{16}(2^{15})$	1	2	3	4	5	6	7	8	9	10	11	12	13	14	15
	A	B	A×B	C	A×C	B×C	A×B×C	D	A×D	B×D	A×B×D	C×D	A×C×D	B×C×D	A×B×C×D
12	2	1	2	2	1	2	1	2	1	2	1	1	2	1	2
13	2	2	1	1	2	2	1	1	2	2	1	1	2	2	1
14	2	2	1	1	2	2	1	2	1	1	2	2	1	1	2
15	2	2	1	2	1	1	2	1	2	2	1	2	1	1	2
16	2	2	1	2	1	1	2	2	1	1	2	1	2	2	1

2^n型直交表的列數及行數是代表什麼意義？舉$L_8(2^7)$爲例，主要是由三個因子(例如：A、B及C)均是二水準所構成的全因子實驗設計，所以$2\times2\times2=2^3=8$，代表列數有8列(有8種可能的實驗組合)。行數有7行，是表示主因子及交互作用共有7個(見表7-3)，因爲因子均是二水準，$L_8(2^7)$直交表的每一行均是由1及2組成，所以，每一行均具備1個自由度(因子自由度=因子水準數-1，交互作用自由度=因子自由度相乘)，例如A因子自由度=2-1=1，B因子自由度=2-1=1，A×B交互作用自由度=1×1=1。依據此性質，2^n型直交表的列數均比行數少1，就構成$L_4(2^3)$、$L_8(2^7)$、$L_{16}(2^{15})$、$L_{32}(2^{31})$、$L_{64}(2^{63})$等。

田口建議選擇比較不會有交互作用產生的因子，因爲交互作用是不可控制的，實驗結果受到不可控制的交互作用之影響，就像受到干擾因素的影響一般，將使實驗的重複性較差，線性模式效果也不好。另外，交互作用也不一定經常存在，不需要時時考慮交互作用，而使同樣規模大小的實驗能探討的因子數較少。爲了能夠在篩選實驗階段盡可能地多安排實驗的因子，往往在不清楚是否存在交互作用的情況，就先不考慮交互作用。這就跟第五章2^{k-p}部分因子設計的作法幾乎相同。因此，L_4有三行，可以安排三個因子；L_8有七行，最多可以安排七個因子；L_{16}有15行，最多可以安排15個因子。如果將每一行均安排因子進行實驗，就是所謂的飽和實驗，可以參考「5-4-1飽和實驗」的章節。例如，L_8的飽和實驗將有七個因子(A、B、C、D、E、F及G)被分別安排在各行中，如表7-5所示。

表7-5　$L_8(2^7)$直交表－飽和實驗

$L_8(2^7)$	1	2	3	4	5	6	7
	A	B	C	D	E	F	G
1	1	1	1	1	1	1	1
2	1	1	1	2	2	2	2
3	1	2	2	1	1	2	2
4	1	2	2	2	2	1	1
5	2	1	2	1	2	1	2
6	2	1	2	2	1	2	1
7	2	2	1	1	2	2	1
8	2	2	1	2	1	1	2

利用統計軟體Minitab進行直交表的安排：如要設計一個4因子，均為二水準的直交表，Minitab的操作順序為Minitab：Stat＞DOE＞Taguchi＞Create，將顯示圖7-1建立直交表的畫面。

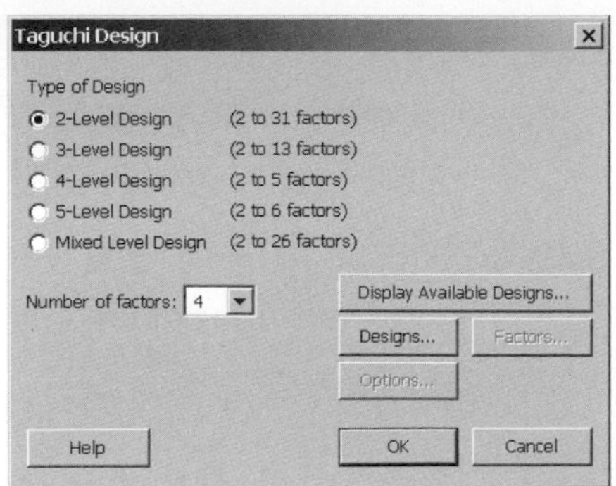

圖7-1　建立直交表

將4個因子分別命名爲A、B、C及D，在圖7-1中選取「Designs(設計)」可得到圖7-2設計(Designs)的畫面，顯示有4種的直交表可以選用，當然，以選擇較小規模的直交表即可。

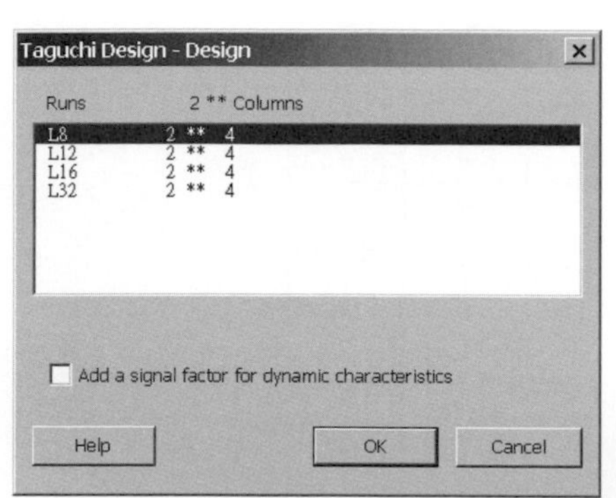

圖7-2　田口方法之設計(Designs)

在圖7-2有一行文字「Add a signal factor for dynamic characteristics(加入1個動態特性的信號因子)」，是屬於後續章節關於動態參數設計才會使用，在此暫不勾選此項。

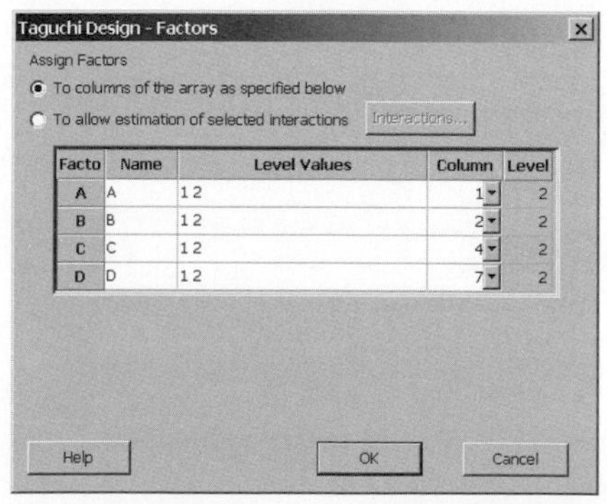

圖7-3　因子設定

接下來選取圖7-1的「Factors(因子)，可以得到圖7-3因子設定，在此並不考慮交互作用。將A、B、C及D因子分別安排在直交表的第1、2、4及7行，圖7-3已經內設相應行的位置，所以不需修改。在圖7-3中，可以變更因子的名稱(Name)、設定水準值(Level Values)及變換因子所在行的位置(Column)。在圖7-3中已經將第3、5、及6行空出來，這幾行屬於交互作用A×B、A×C及B×C，如果有交互作用存在，又不想自己安排或不會安排交互作用所在行的位置，則可以選擇圖7-3的「To allow estimation of selected interactions(經選擇的交互作用之評估)」。

在Minitab將獲得如表7-6直交表的樣式，即能按照直交表的組合條件進行實驗。

表7-6　直交表

	C1	C2	C3	C4
	A	B	C	C
1	1	1	1	1
2	1	1	2	2
3	1	2	1	2
4	1	2	2	1
5	2	1	1	2
6	2	1	2	1
7	2	2	1	1
8	2	2	2	2

7-2-2　3^n型直交表

3^n型直交表通常用於優化實驗階段，希望進一步尋找更接近所期望的結果的組合條件或參數，常用的3^n型直交表是$L_9(3^4)$及$L_{27}(3^{13})$。由於3^n型直交表的實驗組合數量是以3次方的方式膨脹，當然就幾乎不會用到$L_{81}(3^{40})$的直交表。由於L_{27}的直交表已經相當龐大，以下僅列出L_9的直交表(見表7-7)，並進行說明。

表7-7　$L_9(3^4)$直交表

$L_9(3^4)$	1	2	3	4
	A	B	A×B	A×B
1	1	1	1	1
2	1	2	2	2
3	1	3	3	3
4	2	1	2	3
5	2	2	3	1
6	2	3	1	2
7	3	1	3	2
8	3	2	1	3
9	3	3	2	1

3^n型直交表是由三水準的因子進行實驗組合，例如A因子及B因子均爲三水準，則實驗的可能組合就有9個(因爲3×3=9)，直交表的列數就有9個。至於3^n型直交表的自由度計算，也與2^n型直交表的自由度計算相同，就是「因子自由度=因子水準數-1，交互作用自由度=因子自由度相乘」。A因子自由度=3-1=2，B因子自由度=3-1=2，A×B交互作用自由度=2×2=4。在表7-6中有二行均標示A×B，是因爲A×B的自由度爲4，而L_9直交表的每一行自由度=3-1=2，所以要有二行的自由度合計爲4(即2+2=4)，才足以等於交互作用的自由度。

如果不考慮交互作用(假設或已知交互作用不重要)，則L_9直交表最多可以安排4個因子(例如A、B、C及D)同時進行實驗，這將構成表7-8的L_9直交表。

表7-8　$L_9(3^4)$直交表

$L_9(3^4)$	1	2	3	4
	A	B	C	D
1	1	1	1	1
2	1	2	2	2
3	1	3	3	3
4	2	1	2	3
5	2	2	3	1
6	2	3	1	2
7	3	1	3	2
8	3	2	1	3
9	3	3	2	1

7-2-3　點線圖的用途

爲了協助執行實驗者安排交互作用，田口提出點線圖的做法，點代表主要因子，線代表交互作用。例如：L_4的點線圖表示如圖7-4，1及2代表主要因子，3代表交互作用，這裡的1、2及3即是直交表中各行的位置。

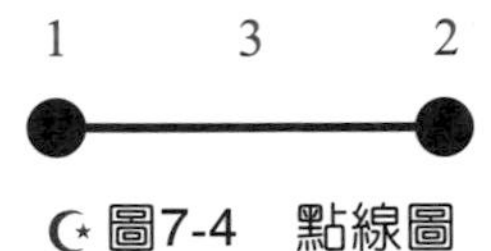

圖7-4　點線圖

由於統計軟體的發展，例如Minitab就能協助實驗者安排主因子及交互作用，利用點線圖協助配置直交表的重要性就漸漸不存在(可以參閱圖7-3因子設定)。在常用的直交表L_4,、L_8、L_{16}及L_9等已經在本節將主因子及交互作用所屬行的位置標示出來，就算沒有用點線圖，基本上也能做好直交表的選擇與因子配置，將不對點線圖多做說明。

7-2-4　常用的特殊型直交表$L_{12}(2^{11})$及$L_{18}(2^1x3^7)$

直交表除了前述的2^n型及3^n型外，田口也提出二個常用的特殊型直交表，分別是$L_{12}(2^{11})$及$L_{18}(2^1\times3^7)$。

$L_{12}(2^{11})$是以一個純粹的二水準所構成的直交表，由於$L_{12}(2^{11})$不是2^n型直交表，各因子的交互作用已經被分散至各行，因此無法單獨列出交互作用行。所以，$L_{12}(2^{11})$只能安排主要的因子進行實驗，通常$L_{12}(2^{11})$是在進行多因子的篩選實驗時被選用。當工程經驗判斷有較強的交互作用存在時，就不要選用$L_{12}(2^{11})$，以免有較強的交絡效果產生，而影響實驗結果的判斷。$L_{12}(2^{11})$在篩選實驗時是非常有用的直交表，它可以安排多達11個因子同時進行實驗，相當經濟有效。尤其是因子數在8～11個之間時，選用$L_{12}(2^{11})$更能展現其實驗效率。當因子數介於4至7之間，可以選用L_8；當因子數介於12至15之間，可以選用L_{16}。表7-9是$L_{12}(2^{11})$的直交表，表中未列出因子「I」，是因爲「I」有可能被誤爲阿拉伯數字的「1」，所以避開不用「I」。

表7-9　$L_{12}(2^{11})$直交表

$L_{12}(2^{11})$	1	2	3	4	5	6	7	8	9	10	11
	A	B	C	D	E	F	G	H	J	K	L
1	1	1	1	1	1	1	1	1	1	1	1
2	1	1	1	1	1	2	2	2	2	2	2
3	1	1	2	2	2	1	1	1	2	2	2
4	1	2	1	2	2	1	2	2	1	1	2
5	1	2	2	1	2	2	1	2	1	2	1
6	1	2	2	2	1	2	2	1	2	1	1
7	2	1	2	2	1	1	2	2	1	2	1
8	2	1	2	1	2	2	2	1	1	1	2
9	2	1	1	2	2	2	1	2	2	1	1
10	2	2	2	1	1	1	1	2	2	1	2
11	2	2	1	2	1	2	1	1	1	2	2
12	2	2	1	1	2	1	2	1	2	2	1

$L_{18}(2^1 \times 3^7)$的直交表是屬於混合式的直交表，表 7-10的$L_{18}(2^1 \times 3^7)$直交表包含1行的二水準及7行的三水準。與$L_{12}(2^{11})$類似，當工程經驗判斷有較強的交互作用時，盡可能不用$L_{18}(2^1 \times 3^7)$的直交表進行實驗配置。選用$L_{18}(2^1 \times 3^7)$直交表的時機約略分爲：有1個二水準的因子，及7個三水準以內的因子；沒有二水準的因子，有5至7個三水準以內的因子(如爲4個三水準以內的因子，則選用L_9就可以)。

表7-10　$L_{18}(2^1 \times 3^7)$直交表

$L_{18}(2^1 \times 3^7)$	1	2	3	4	5	6	7	8
	A	B	C	D	E	F	G	H
1	1	1	1	1	1	1	1	1
2	1	1	2	2	2	2	2	2
3	1	1	3	3	3	3	3	3

表7-10　$L_{18}(2^1 \times 3^7)$直交表(續)

$L_{18}(2^1 \times 3^7)$	1	2	3	4	5	6	7	8
	A	B	C	D	E	F	G	H
4	1	2	1	1	2	2	3	3
5	1	2	2	2	3	3	1	1
6	1	2	3	3	1	1	2	2
7	1	3	1	2	1	3	2	3
8	1	3	2	3	2	1	3	1
9	1	3	3	1	3	2	1	2
10	2	1	1	3	3	2	2	1
11	2	1	2	1	1	3	3	2
12	2	1	3	2	2	1	1	3
13	2	2	1	2	3	1	3	2
14	2	2	2	3	1	2	1	3
15	2	2	3	1	2	3	2	1
16	2	3	1	3	2	3	1	2
17	2	3	2	1	3	1	2	3
18	2	3	3	2	1	2	3	1

田口提出$L_{12}(2^{11})$及$L_{18}(2^1 \times 3^7)$直交表，主要用意是避免實驗的數量增加太快，所以在L_8及L_{16}中間插入L_{12}，在L_9及L_{27}中間插入L_{18}的直交表。這二個特殊型直交表L_{12}及L_{18}在企業界也經常被使用。

7-2-5　直交表的選擇方式

選擇使用那一個直交表之前要先決定因子數及其交互作用，以流程圖(圖7-5)方式表示選擇直交表的想法：

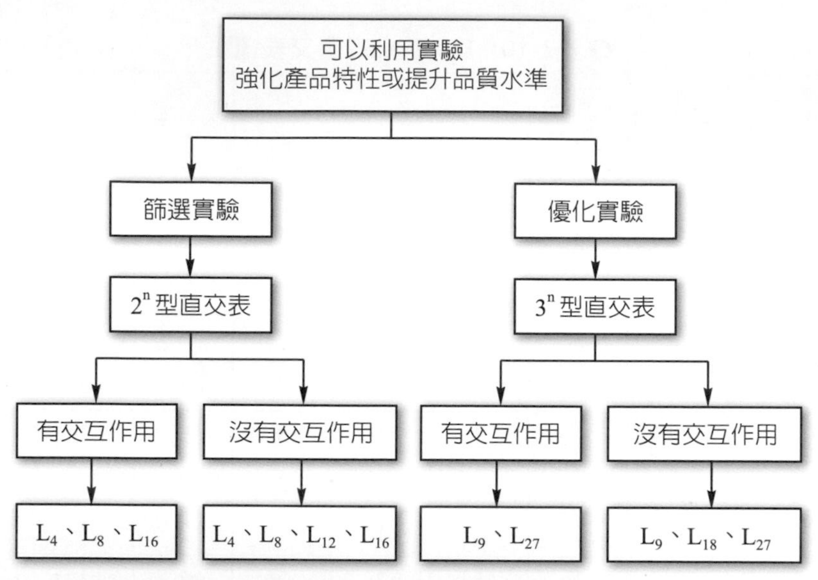

圖7-5　選擇直交表的流程

一般做實驗的技術人員或工程師選擇直交表時都希望選擇最小的直交表，又希望實驗後獲得最多的訊息及最好的結果，就是「想要馬兒好，又要馬兒少吃草」。但實務上，卻不一定能達成這樣的期望，唯有扎實的實驗才能獲得想要的結果。在實際指導企業利用田口方法或實驗設計進行品質提升的工作上，經常發現業界對實驗的因子數或水準數過度的偷工減料，以至於選擇最小的直交表進行實驗，然而卻期望有豐厚的實驗成果。多做實驗是不必要的浪費，少做實驗而未得結果又是另一種浪費，因此，安排適當規模的實驗是必須的。

7-2-6　直交表的因子配置安排

直交表的實驗順序不像實驗設計2^k或2^{k-p}的配置要求以隨機順序進行實驗。觀察2^n型或3^n型直交表就能發現其中第1行的水準數變動次數最少，以2^n型爲例，第1行水準從水準1變爲水準2，只進行一次的變更。觀察L_8(表7-3)，將會發現第1、2及4行這三行的水準變更順序是有規則的(其他四行都是由這三行組合而成)。因此，在配置直交表時可以考慮以下二個方向：因子間是否有交互作用存在，及因子的水準變更難度是否很高。

首先，因子間交互作用存在的可能性極高時，優先安排在直交表的左側。因爲先將因子及其交互作用安排妥當，剩下的行數就能任意安排其他的因子，才不至於產生因子或交互作用在直交表的配置位置上發生衝突，而引起不必要的交絡現象。

其次，因子的水準變更難度高的，優先安排在直交表的左側。因爲左側欄位的水準變更次數較少，將水準變更難度高的因子安排在直交表左側，可以省去水準變更的時間耗用或費用增加。當水準變更難度高的因子安排妥當後，剩下的行數就可以任意安排其他的因子。

例如，一個實驗有5個主要因子(A、B、C、D及E)，其中C因子與D因子有交互作用(C×D)，因此優先安排C及D這二個因子及其交互作用。又由於D因子的水準變更難度相當高，於是將D因子安排在第1行，C因子安排在第2行，D因子與C因子的交互作用就安排在第3行，而B、A及E三個因子則任意安排在直交表中，配置結果可以如表7-11。表7-11的第7行就不需安排任何因子，只要保持空白即可。

表7-11　$L_8(2^7)$直交表

$L_8(2^7)$	1	2	3	4	5	6	7
	D	C	D×C	B	A	E	–
1	1	1	1	1	1	1	1
2	1	1	1	2	2	2	2
3	1	2	2	1	1	2	2
4	1	2	2	2	2	1	1
5	2	1	2	1	2	1	2
6	2	1	2	2	1	2	1
7	2	2	1	1	2	2	1
8	2	2	1	2	1	1	2

範例➡利用Minitab建立$L_{18}(2^1 \times 3^7)$直交表(無交互作用)

(摘錄及修改自陳夢倫，「積層陶瓷電容印刷製程機器參數最佳化之研究」，國立成功大學，製造工程研究所，碩士論文，2003)

積層陶瓷電容(Multi-layer Ceramic Capacitor, MLCC)有體積小、電容量可以隨著陶瓷堆疊的層數而增加及生產速度快的優點，是行動通訊產品的必要被動元件產品。在複雜的MLCC生產製程中有許多不確定的生產參數，如何控管製程變數以穩定產品品質是一個重要的課題。根據過去的生產數據資料顯示及業界資深工程人員的經驗得知，MLCC製程的電性品質不良率其不良原因是來自於Pd / Ag膏印刷製程。因此，安排以下的因子及水準(如表7-12)：

表7-12

因子	水準1	水準2	水準3
A：張力(Newton)	24	28	－
B：印刷壓力(Kg / cm^2)	2.0	2.4	2.8
C：網版厚度(X10-6M)	43	46	49
D：刷把角度(degree)	65	70	75
E：回墨刀間隙(X10-6M)	150	250	250(設為2水準)
F：印刷速度(mm/sec)	150	250	150(設為1水準)
G：回墨刀速度(mm / sec)	150	250	250(設為2水準)
H：印刷間隙(mm / sec)	1.6	1.8	2.0

由工程經驗判斷不需要安排E、F及G因子的第3水準，所以，將其第3水準替換爲第1或第2水準。利用Minitab進行直交表的選用及配置，步驟爲Minitab：Stat＞DOE＞Taguchi＞Create，獲得圖7-6設計直交表的型式。

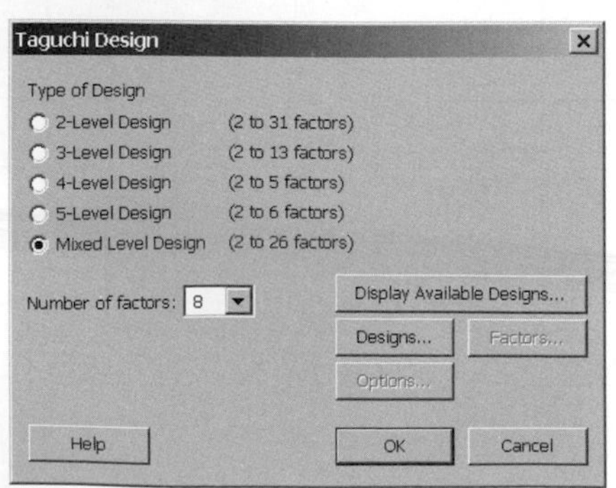

圖7-6　設計直交表的型式

選擇圖7-6的「Designs(設計)」，可得圖7-7的直交表選擇。

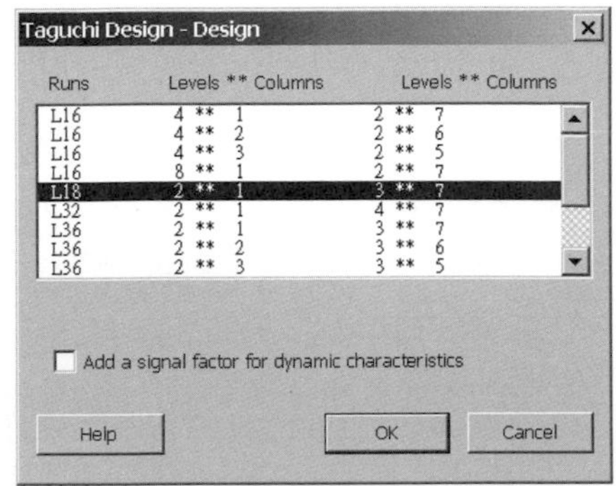

圖7-7　的直交表選擇

依據因子及水準的要求，在此選擇L_{18}的直交表，點擊「OK」，回到圖7-6，再點擊「Factors(因子)」，將可以得到圖7-8因子與水準安排。

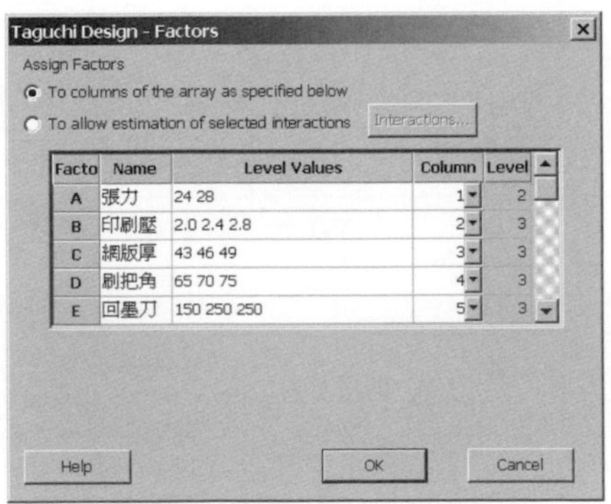

圖7-8　因子與水準安排

將8個因子的名稱及水準值一一輸入其中，就可以完成圖7-8因子與水準安排。點擊「OK」二次後，可以得到表7-13的L_{18}直交表。

表7-13　L_{18}直交表

No.	C1 張力	C2 印刷壓力	C3 網版厚度	C4 刷把角度	C5 回墨刀間隙	C6 印刷速度	C7 回墨刀速度	C8 印刷間隙
1	24	2	43	65	150	150	150	1.6
2	24	2	46	70	250	250	250	1.8
3	24	2	49	75	250	250	250	2
4	24	2.4	43	65	250	250	250	2
5	24	2.4	46	70	250	250	150	1.6
6	24	2.4	49	75	150	150	250	1.8
7	24	2.8	43	70	150	250	250	2
8	24	2.8	46	75	250	150	250	1.6
9	24	2.8	49	65	250	250	150	1.8
10	28	2	43	75	250	250	250	1.6
11	28	2	46	65	150	250	250	1.8
12	28	2	49	70	250	150	150	2
13	28	2.4	43	70	250	150	250	1.8
14	28	2.4	46	75	150	250	150	2
15	28	2.4	49	65	250	250	250	1.6
16	28	2.8	43	75	250	250	150	1.8
17	28	2.8	46	65	250	150	250	2
18	28	2.8	49	70	150	250	250	1.6

帶著表7-13的L_{18}直交表就能開始安排及進行實驗。

7-2-7　內側直交表與外側直交表

一個產品或製程可能受到許多因素的影響，部分屬於可以控制的因素，部分屬於不可以控制的因素。在本節之前所描述的因子均屬於可控制得因子，可以被安排在直交表中，則此直交表為稱為內側直交表。對於不可控制的因素，也就是干擾因素，因為不可控制，故都將其視而不見，而

表7-14 內側及外側直交表

								L_4外側直交表(雜音因子)				
								1	2	2	1	O
								1	2	1	2	N
								1	1	2	2	M
No.	L_8內側直交表(控制因子)							實驗數據				SN比
	1	2	3	4	5	6	7	(1)	(2)	(3)	(4)	
	A	B	A×B	C	D	E	F					
1	1	1	1	1	1	1	1					
2	1	1	1	2	2	2	2					
3	1	2	2	1	1	2	2					
4	1	2	2	2	2	1	1					
5	2	1	2	1	2	1	2					
6	2	1	2	2	1	2	1					
7	2	2	1	1	2	2	1					
8	2	2	1	2	1	1	2					

未安排在直交表中。然而這些不可控制的因素就眞的不重要嗎？例如，一個地區的室外氣溫在夏季與冬季可以相差30度以上，一項產品必須在室外操作，因此被要求必須滿足這樣的天候環境。因爲室外溫度的變化就不是可以控制的因素，要不要在實驗中被考量？因此，可以將這樣的不可控之干擾因素納入外側直交表中。參見表7-14。

在表7-14中，可以同時考慮控制因子(A、B、C、D、E及F)及干擾因子或雜音因子(M、N及O)。使用外側因子時，是假設干擾因子可以在做實驗時被模擬或操控，例如，可以利用溫控設備模擬夏季溫度爲38℃及冬季溫度爲8℃，這時就可以將原先是不可控的因子變爲可控的因子。如果不具備這樣的溫控設備，只好放棄安排外側直交表，僅採用內側直交表。另外，外側直交表也僅是提供做實驗的條件更接近眞實，卻不會單獨計算外側直交表對實驗的影響程度。在表中最後一欄的SN比，是實驗數據的計算方式，將於後續章節再做SN比計算方式之說明。

另外，田口對於因子也區分爲不同的類別，利用表7-15整理這些因子的意義及提出部分的應用情況。

表7-15　不同類型的因子

因子種類	說明	產品設計	製程設計
控制因子	被選為實驗因子的重要的影響因素	材質、尺寸、形態	加工條件或程序
調整因子	望目特性中，各水準在SN比上沒有很大差異，但是在平均值上有很大差異(屬於控制因子之一)	(與控制因子相同)	(與控制因子相同)
信號因子	在動態參數設計上當作輸入調整用的因子	可以變化的輸入：旋轉角度、力量、電壓、阻抗	加工作業的壓力、溫度、時間
外部雜音因子	屬於操作人員或環境等因素引起的差異	使用者、操作方式、溫度、衝擊、振動	濕度、操作人、電壓改變
內部雜音因子	隨時間或壽命的因素引起的差異	零組件或材料的老化	機具老化、工具磨耗
產品間雜音因子	相同規格的不同件產品之間存在的差異	產品之間的品質差異	製程變異

7-3　損失函數

爲了衡量品質的好壞，田口提出品質損失函數(Loss Function)的觀念。田口將損失與品質特性之間的關聯性，以函數的方式建立彼此的關係。望目特性是當品質特性越接近目標値，損失將會越低；望小特性是當品質特性越小(但不能爲負值)，損失將會越低；望大特性是當品質特性越大，損失將會越低。

7-3-1　望目特性的損失函數

屬於望目的品質特性(Y)就是有規格中心值和上下限，例如：藥品的成分含量、輸出電壓值、蒸鍍膜厚、線徑寬度。圖7-9是望目特性的損失函數，品質特性在中心值(M)時，損失將會是0(沒有任何損失)。圖7-9中的+A及-A分別爲規格上限及規格下限。

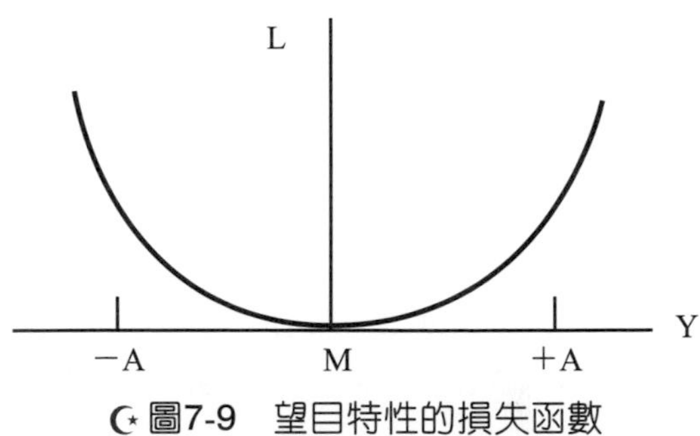

圖7-9　望目特性的損失函數

望目特性的損失函數公式是 $L=K(Y-M)^2$，L表示損失(Loss)的金額，K是損失係數，當品質特性的值Y越接近規格中心值M，損失將會越少。如果Y=M，損失就會成爲0，亦即沒有損失。當計算一批產品的某一望目品質特性的平均損失($\overline{L}$)，就可以表示爲：

$$\overline{L}=K\times\frac{\sum_{i=1}^{n}(Y_i-M)^2}{n}$$

在一批產品中當然不可能每一件產品的品質特性值Y都等於M，品質特性值Y必然會有大於M及小於M的情形。

統計中的均方差(Mean Square Deviation, MSD)與上列公式中等號右方相同，可以表示爲：

$$\frac{\sum_{i=1}^{n}(Y_i-M)^2}{n}=MSD$$

因此，平均損失$\bar{L} = K \times MSD$。

範例➡望目特性損失函數

有甲和乙二家廠商依規格10.0±1.0提供所需的零件各一批，進料檢驗單位依抽樣計畫各取10件進行測量，測量的數值如表7-16。試比較甲和乙二家廠商的損失情況，並判斷那一家廠商的品質較佳？(假設超出規格的損失爲1000元)

表7-16

編號	1	2	3	4	5	6	7	8	9	10
甲	10.4	10.6	10.3	10.5	10.4	10.5	10.7	10.4	10.5	10.6
乙	9.8	10.2	9.7	9.9	10.3	9.6	10.5	9.8	10.2	10.1

先計算損失係數K：因爲超出規格時將有1000元損失，以超過上限(11)進行計算。所以，$L=1000=K \cdot (11-10)^2$，則損失係數K=1000。

分別計算甲及乙廠商的損失函數：

$$\bar{L}_{甲} = K \times \frac{\sum_{i=1}^{n}(Y_i - M)^2}{n} = 1000 \times \frac{0.129}{10} = 12.9$$

$$\bar{L}_{乙} = K \times \frac{\sum_{i=1}^{n}(Y_i - M)^2}{n} = 1000 \times \frac{0.769}{10} = 76.9$$

使用甲廠商零件的損失爲12.9元，使用乙廠商零件的損失爲76.9元，顯然使用甲廠商的零件損失低於使用乙廠商的零件。

7-3-2 望小特性的損失函數

屬於望小的品質特性是越小越好，0是最好的(品質特性必須爲正値)，例如電子裝置要求漏電流、有害物質的殘留量等等越小越好。圖7-10是望小特性的損失函數圖形，品質特性值越小越好，當品質特性等於0時，損失也為0(沒有任何損失)。

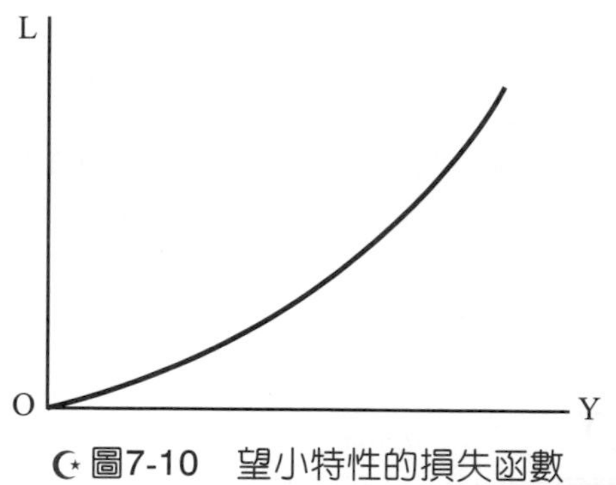

圖7-10　望小特性的損失函數

望小特性的損失函數公式是$L = KY^2$，將望目特性損失函數的目標值(M)設為0，就成為望小特性的損失函數。當計算一批產品的某一望小品質特性的平均損失($\overline{L}$)，就可以表示為：

$$\overline{L} = K \times \frac{\sum_{i=1}^{n} Y_i^2}{n}$$

望小品質特性的均方差MSD可以表示為：

$$\frac{\sum_{i=1}^{n} Y_i^2}{n} = MSD$$

因此，平均損失$\overline{L} = K \times MSD$，與望目特性的表示方式相同。

範例➡望小特性損失函數

有甲和乙二家廠商依規格(要求100以下)提供所需的零件各一批，進料檢驗單位依抽樣計畫各取10件進行測量，測量的數值如表7-17。試比較甲和乙二家廠商的損失情況，並判斷那一家廠商的品質較佳？(假設超出規格的損失為1000元)

表7-17

編號	1	2	3	4	5	6	7	8	9	10
甲	96	83	78	95	87	92	67	73	88	74
乙	83	75	81	64	59	67	55	78	61	52

先計算損失係數K：因爲超出規格時將有1000元損失，以超過100進行計算。所以，$L=1000=K\times100^2$，則損失係數K=0.1。

分別計算甲及乙廠商的損失函數：

$$\overline{L}_{甲}=K\times\frac{\sum_{i=1}^{n}Y_i^2}{n}=0.1\times\frac{70285}{10}=702.85$$

$$\overline{L}_{乙}=K\times\frac{\sum_{i=1}^{n}Y_i^2}{n}=0.1\times\frac{46675}{10}=466.75$$

使用甲廠商零件的損失爲702.85元，使用乙廠商零件的損失爲466.75元，顯然使用乙廠商的零件損失低於使用甲廠商的零件。

7-3-3 望大特性的損失函數

屬於望大的品質特性就是越大越好，例如功率、效率、硬度、結合性等越大越好。圖7-11是望大特性的損失函數。

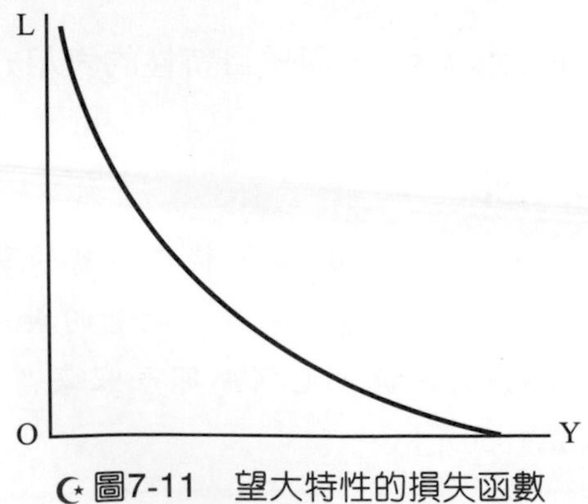

圖7-11 望大特性的損失函數

望大特性的損失函數公式是 $L = K\frac{1}{Y^2}$，將望小特性損失函數的品質特性(Y)轉爲倒數的品質特性($\frac{1}{Y}$)，就成爲望大特性的損失函數。當計算一批產品的某一望大品質特性的平均損失($\overline{L}$)，就可以表示爲：

$$\overline{L} = K \times \frac{\sum_{i=1}^{n}\frac{1}{Y_i^2}}{n}$$

望大品質特性的均方差MSD則表示爲：

$$\frac{\sum_{i=1}^{n}\frac{1}{Y_i^2}}{n} = MSD$$

因此，平均損失 $\overline{L} = K \times MSD$，也與望目或望小特性的表示方式相同。

範例➡望大特性損失函數

有甲和乙二家廠商依規格(要求500以上)提供所需的零件各一批，進料檢驗單位依抽樣計畫各取10件進行測量，測量的數值如表7-18。試比較甲和乙二家廠商的損失情況，並判斷那一家廠商的品質較佳？(假設超出規格的損失爲1000元)

表7-18

編號	1	2	3	4	5	6	7	8	9	10
甲	595	582	647	696	588	579	587	672	687	577
乙	582	676	588	569	654	562	650	579	663	558

先計算損失係數K：因爲超出規格時將有1000元損失，以低於500進行計算。所以，$L=1000=K\times(\frac{1}{500^2})$，則損失係數$K=2.5\times10^8$。

分別計算甲及乙廠商的損失函數：

$$\overline{L}_{甲} = K\times\frac{\sum_{i=1}^{n}\frac{1}{Y_i^2}}{n} = 2.5\times10^8\times\frac{2.6344\times10^{-5}}{10} = 658.6$$

$$\overline{L}_{乙} = K\times\frac{\sum_{i=1}^{n}\frac{1}{Y_i^2}}{n} = 2.5\times10^8\times\frac{2.7462\times10^{-5}}{10} = 686.55$$

使用甲廠商零件的損失爲658.6元，使用乙廠商零件的損失爲686.55元，顯然使用甲廠商的零件損失低於使用乙廠商的零件。

7-4 SN比分析–靜態參數設計

直交表是田口方法的第一個工具，田口方法的第二個工具是SN比分析。田口創立以SN比進行實驗數據的分析，實屬一項創舉，在實務上也被驗證是有效的分析方式。從SN比的名稱，我們可以想像當調整收音機的頻率正確時，收訊最好，聲音也可以聽得清楚。當收音機頻率未調至正確頻道或受到障礙物阻隔，此時收訊不佳，聲音就聽不清楚。田口不刻意使用ANOVA變異數分析法對實驗數據進行分析，改用SN比對實驗數據進行分析，其考量是工程或技術人員做實驗是爲了解決問題，而不要被統計分析(即變異數分析)所難倒。

田口對於反應值與因子之間的屬性關係，提出靜態品質特性參數設計(簡稱靜態參數設計)及動態品質特性參數設計(簡稱動態參數設計)的SN比分析。靜態參數設計是探討不同因子及水準在某一組合條件下可以獲得一個最佳的(或最適的)品質特性，以塑膠射出成形爲例，在某一溫度、壓力、時間及速度的組合下，可以得到最適當的品質特性，例如平坦度、尺寸、物理特性等。動態參數設計是探討在不同因子及水準在某一組合條件下，透過信號因子的連續輸入可以獲得連續的最佳的(或最適的)品質特性(或輸出)。以汽車方向盤爲例，當汽車方向盤旋轉的角度不同，帶動車胎的轉動角度也就不同。動態參數設計的信號因子(輸入)與反應值(輸出)均必須是連續的變量。

本節將先對靜態參數設計的SN比進行說明，田口對靜態參數設計提出三種品質特性的SN比分析：望目、望小及望大特性。

從損失函數 $\bar{L}=K\times MSD$ 得知損失與均方差(MSD)之間的關係，因此，要讓損失減少，就應該使MSD減少。田口對SN比的基本定義SN=10×log(信號／雜音)，當損失越小(即MSD越小)，SN比將越大，也就是損失越少，SN比越大，則SN比可以改寫爲SN=-10×log(MSD)。SN比的單位是分貝(dB)。

如果想要知道實驗後的最適當組合(或是最佳組合)的損失比原先組合的損失降低多少？可以利用損失函數(L)、MSD及SN比的關係，計算出損失減少的多寡。

$$SN_{後}-SN_{前}=-10\times\log(MSD_{後})-\left[-10\times\log(MSD_{前})\right]=10\times\log(MSD_{前})-10\times\log(MSD_{後})$$

$$=10\times\log(\frac{MSD_{前}}{MSD_{後}})=10\times\log(\frac{\frac{L_{前}}{K}}{\frac{L_{後}}{K}})=10\times\log(\frac{L_{前}}{L_{後}})$$

或

$$\frac{L_{前}}{L_{後}}=10^{\frac{(SN_{後}-SN_{前})}{10}}$$

註：公式中的「前」及「後」表示實驗前「現況組合」及實驗後「最佳組合」。

7-4-1　望目特性SN比分析

望目特性又可以依據目標值分爲二種型式：第一型爲目標值不爲零，第二型爲目標值爲零。

※7-4-1-1 第一型望目特性(目標值不為零)

第一型望目特性的特徵：(1)品質特性是連續值，(2)目標值不爲零，且爲正值。

依據田口對SN比的定義SN=−10×log(MSD)，因此，SN(望目)=−10×log(MSD)。

$$SN(望目) = -10 \times \log(MSD) = -10 \times \log \frac{\sum_{i=1}^{n}(Y_i - M)^2}{n}$$

由於望目SN比與平均值M有關，且變異數通常隨著平均值增加而變大，因此，田口又建議將望目特性SN比改爲：

$$SN(望目) = 10 \times \log(\frac{\overline{Y}^2}{s^2})$$

註：SN比等號後爲正值。

上式的完整公式是：$SN(望目) = 10 \times \log[\frac{\frac{(S_m - s^2)}{n}}{s^2}]$

其中

$$S_m = \frac{1}{n}(\sum_{i=1}^{n} Y_i)^2 = n\overline{Y}^2 \text{(因爲} \overline{Y} = \frac{1}{n}\sum_{i=1}^{n} Y_i)$$

$$s^2 = \frac{1}{n-1}\sum_{i=1}^{n}(Y_i - \overline{Y})^2$$

當S_m相對於s^2是很大時，$(S_m - s^2)$將近似於S_m，則上述二計算式就會相同。

由於望目特性是以達到目標值爲預期的結果，而望目特性的SN比僅優先考慮縮小變異，所以，田口提出敏感度(Sensitivity)分析，將實驗的平均值向目標值對準，這也稱爲望目特性的二階段最佳化。此處將先描述敏感度的公式及意義，二階段最佳化則於後續章節再做較詳細說明。

敏感度公式： $S = 10 \times \log\left[\frac{(S_m - s^2)}{n}\right]$

當S_m遠大於s^2時，敏感度公式可以改爲：

$$S = 10 \times \log(\frac{S_m}{n}) = 10 \times \log(\frac{n\overline{Y}^2}{n}) = 10 \times \log(\overline{Y}^2) = 20 \times \log(\overline{Y})$$

從公式中得知，敏感度S與平均值有直接關係，有時候直接利用平均值進行比較分析，而不採用敏感度，亦不失爲簡便的方式。

範例➡望目特性(檔案：NTB-1.MTW)

在半導體擴散製程中，有四個影響反應值的製程參數，分別是A因子：Halo植入，B因子：S / D植入，C因子：補償植入，D因子：矽酸退火溫度。反應值爲閾值電壓(Threshold Voltage)，目標值(Y)是0.306伏特(Volts)。各因子及其各水準整理如表7-19。

表7-19　因子及水準表

因子	單位	水準1	水準2	水準3
A：Halo植入	Atom / cm^3	14.25e	14.50e	14.75e
B：S/D植入	Atom / cm^3	5.4e	5.5e	5.6e
C：補償植入	Atom / cm^3	1.0e	1.2e	1.4e
D：矽酸退火溫度	℃	900	910	920

並考量二個雜音因子M及N，雜音因子的水準安排如表7-20。

表7-20　因子及水準表

因子	單位	水準1	水準2
M：犧牲氧化層	℃	900	902
N：鈷退火	℃	900	898

依據控制因子、雜音因子及水準數選擇L_9的直交表安排實驗的組合，並進行實驗獲得實驗的反應值(Y)如表7-21的L_9直交表。

表7-21　L_9直交表

No.	Halo植入	S / D植入	補償植入	矽酸退火溫度	M1N1	M1N2	M2N1	M2N2
1	14.25	5.4	1.0	900	0.3334	0.3768	0.3622	0.3784
2	14.25	5.5	1.2	910	0.2981	0.2981	0.2987	0.2987
3	14.25	5.6	1.4	920	0.2485	0.2482	0.2497	0.2497
4	14.50	5.4	1.2	920	0.3350	0.3352	0.3327	0.3327
5	14.50	5.5	1.4	900	0.2899	0.2900	0.2889	0.2890
6	14.50	5.6	1.0	910	0.3718	0.3721	0.3698	0.3698
7	14.75	5.4	1.4	910	0.3029	0.3029	0.3030	0.3031
8	14.75	5.5	1.0	920	0.3977	0.3979	0.3982	0.3982
9	14.75	5.6	1.2	900	0.3314	0.3372	0.3376	0.3376

分析實驗結果反應值的SN比，Minitab操作步驟，Minitab：Stat＞DOE＞Taguchi＞Analyze Taguchi Design。將準備分析的反應值選入圖7-12的右側格位中，對於要顯示的反應值圖形(SN比及平均值)點選圖7-12的「Graph(圖形)」，如圖7-13；要顯示的各水準反應值的SN比及平均值，點選圖7-12的「Analysis(分析)」，如圖7-14；選擇要分析的因子，點選圖7-12的「Term(項目)」，如圖7-15；選擇以望目、望小或望大特性做分析，點選圖7-12的「Option(選項)」，如圖7-16；想要儲存各組合所計算的SN比及平均值，點選圖7-12的「Storage(儲存)」，如圖7-17。

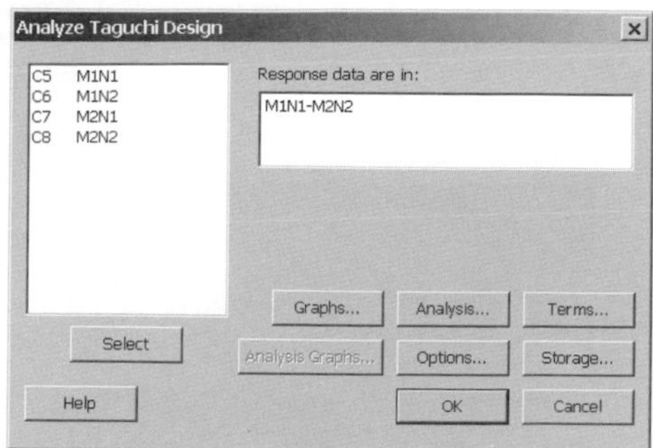

圖7-12　分析反應值

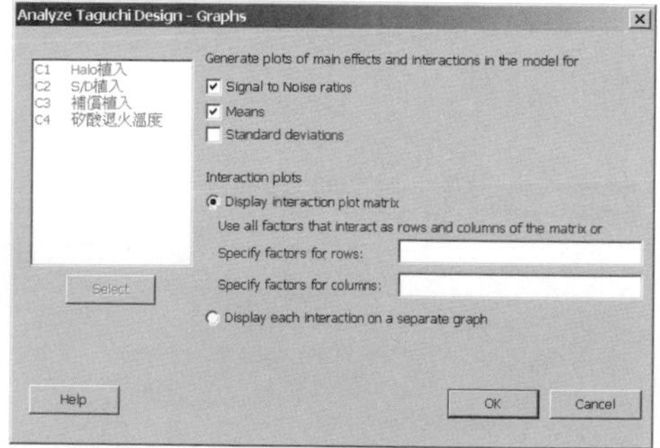

圖7-13　繪製圖形：SN比及平均值

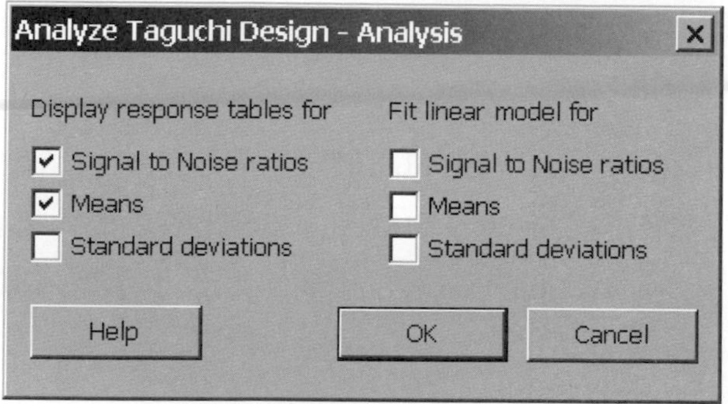

圖7-14　分析SN比及平均值

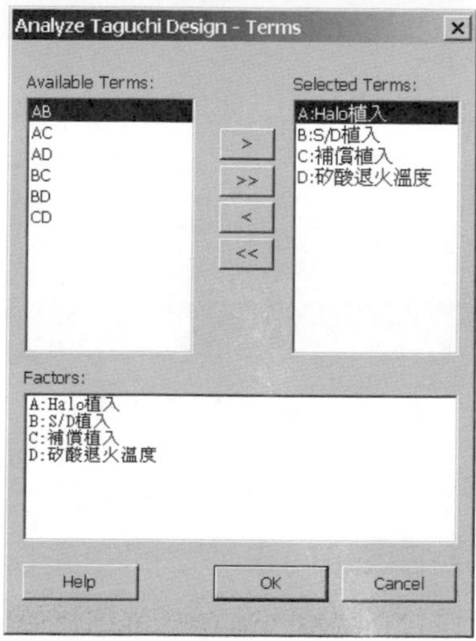

圖7-15　要分析的因子

本範例是屬於望目特性第一型(目標值不是0)，所以，選擇圖7-16望目特性的計算式。

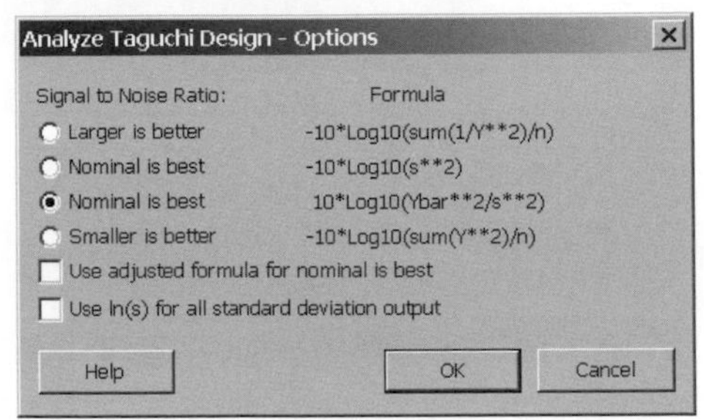

圖7-16　選擇以望目、望小及望大分析品質特性

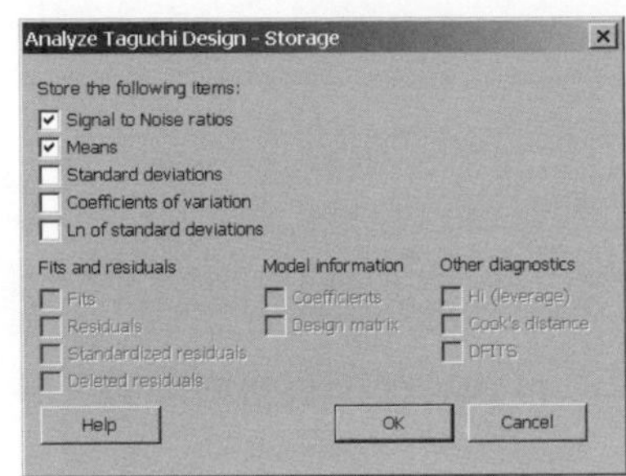

圖7-17　儲存SN比及平均值

完成各項所需的選擇後，Minitab顯示出各項的分析結果。圖7-18是SN比反應圖，可以看出個水準的平均SN比，SN比較大的水準優於SN比較小的水準。如果不同水準之間的SN比差不多，則表示水準之間沒有顯著的差異。

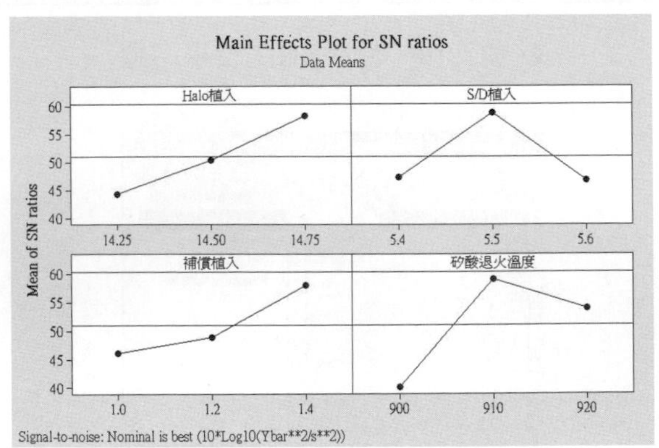

圖7-18　SN比反應圖

從圖7-19平均值反應圖可以知道，各因子的水準之間的差異情形。本範例中以「補償植入」這個因子的水準之間差異較大，其餘三個因子各水準之間平均值差異不大。

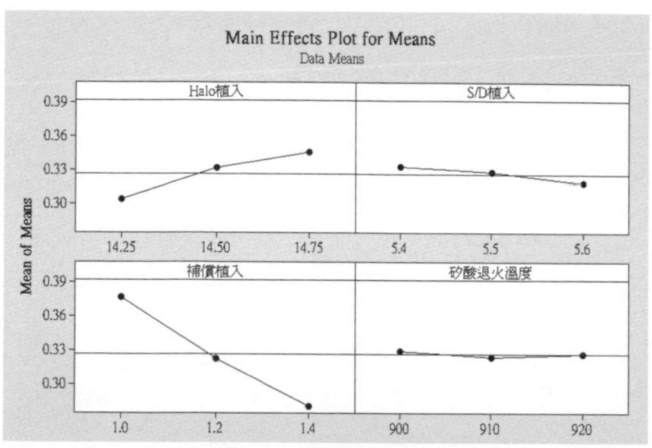

圖7-19　平均值反應圖

表7-22　計算出SN比及平均值的直交表

No.	Halo 植入	S / D 植入	補償 植入	矽酸退 火溫度	M1N1	M1N2	M2N1	M2N2	SNRA1 (SN比)	MEAN1 (平均值)
1	14.25	5.4	1.0	900	0.3334	0.3768	0.3622	0.3784	24.81248	0.362701
2	14.25	5.5	1.2	910	0.2981	0.2981	0.2987	0.2987	58.06011	0.298413
3	14.25	5.6	1.4	920	0.2485	0.2482	0.2497	0.2497	50.12045	0.249007
4	14.50	5.4	1.2	920	0.3350	0.3352	0.3327	0.3327	47.55561	0.3339
5	14.50	5.5	1.4	900	0.2899	0.2900	0.2889	0.2890	54.27424	0.289427
6	14.50	5.6	1.0	910	0.3718	0.3721	0.3698	0.3698	49.40464	0.370878
7	14.75	5.4	1.4	910	0.3029	0.3029	0.3030	0.3031	69.67654	0.302971
8	14.75	5.5	1.0	920	0.3977	0.3979	0.3982	0.3982	64.27523	0.397993
9	14.75	5.6	1.2	900	0.3314	0.3372	0.3376	0.3376	40.96765	0.335942

將表7-22的第一個實驗組合的SN比24.8125計算如下：

$$\overline{Y} = \frac{\sum_{i=1}^{n} Y_i}{n} = \frac{(0.3334 + 0.3768 + 0.3622 + 0.3784)}{4} = 0.36270125$$

$$\overline{Y}^2 = (0.36270125)^2 = 0.13155220$$

$$s^2 = \frac{\sum_{i=1}^{n} (Y_i - \overline{Y})^2}{n-1} = 0.00043436$$

$\text{SN}(望目) = 10 \times \log(\frac{\overline{Y}^2}{s^2}) = 10 \times \log(\frac{0.13155220}{0.00043436}) = 24.8125$，其餘的SN比則依此類推。

各個因子的各水準平均SN比是計算所屬水準的SN比平均值，以A因子爲例，其第1水準的SN比平均值計算如下：

$$A\text{因子的第1水準之平均 SN 比} = \frac{(24.8125 + 58.0601 + 50.1205)}{3} = 44.33$$

Minitab計算各個因子的各水準平均SN比如表7-23：

表7-23　SN比的各水準平均

Level	A	B	C	D
1	44.33	47.35	46.16	40.02
2	50.41	58.87	48.86	59.05
3	58.31	46.83	58.02	53.98
Delta	13.98	12.04	11.86	19.03
Rank	2	3	4	1

選擇最佳組合(或最適組合)時，以SN比越大越好。所以，最佳組合(或最適組合)爲A3B2C3D2。

反應値的各水準平均如表7-24：

表7-24　反應値的各水準平均

Level	A	B	C	D
1	0.3034	0.3332	0.3772	0.3294
2	0.3314	0.3286	0.3228	0.3241
3	0.3456	0.3186	0.2805	0.3270
Delta	0.0423	0.0146	0.0967	0.0053
Rank	2	3	1	4

◈7-4-1-2 第二型望目特性(目標值為零)

第二型望目特性的特徵：(1)品質特性是連續值，(2)目標值爲零。當目標值爲零時，公式將不再適用，因爲對數中的分子將會是零，田口建議將此型的望目特性修改爲：

$$SN(望目) = -10 \times \log(s^2)$$

註：SN比等號後爲負值。

範例➡(檔案：NTB-2.MTW)

某產品的規格(目標值)是0±0.003，已知有4個主要的變數影響產品的輸出結果，分別爲A：電流，B：電壓，C：負荷，D：時間。依據目前的現況，製作表7-25規劃未來實驗的條件，也考量電流及電壓的交互作用，將採取L_8直交表進行實驗。

表7-25 因子及水準表

因子	單位	水準1	水準2
A：電流	mA	10	30
B：電壓	Volt	3	5
C：阻抗	ohm	1000	1300
D：時間	sec	60	90

規劃的直交表如表7-26，執行重複數爲2的實驗(每個組合條件做2個樣品)並計算其SN比及平均值。利用Minitab分析的做法與前節相同，只需在圖7-16中選擇「Nominal The Best –10*Log10(s**2)」即可。

表7-26 L_8直交表及反應值

No.	電流	電壓	阻抗	時間	Y1	Y2	SNRA1	MEAN1
1	10	3	1000	60	0.017	0.012	49.0309	0.0145

表7-26　L_8直交表及反應值(續)

No.	電流	電壓	阻抗	時間	Y1	Y2	SNRA1	MEAN1
2	10	3	1300	90	-0.013	-0.018	49.0309	-0.0155
3	10	5	1000	60	0.025	0.029	50.9691	0.0270
4	10	5	1300	90	-0.018	-0.017	63.0103	-0.0175
5	30	3	1000	90	0.013	0.019	47.4473	0.0160
6	30	3	1300	60	0.026	0.031	49.0309	0.0285
7	30	5	1000	90	-0.009	-0.005	50.9691	-0.0070
8	30	5	1300	60	-0.016	-0.019	53.4679	-0.0175

Minitab計算各個因子的各水準平均SN比，如表7-27：

表7-27　SN比的各水準平均

Level	電流	電壓	阻抗	時間
1	53.01	48.63	49.60	50.62
2	50.23	54.60	53.63	52.61
Delta	2.78	5.97	4.03	1.99
Rank	3	1	2	4

Minitab計算各個因子的各水準平均SN比，如圖7-20：

SN比要選擇越大越好，所以，最佳組合是A1B2C2D3。

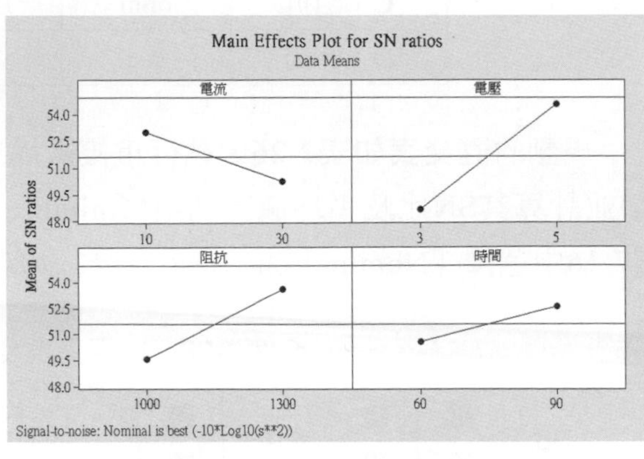

圖7-20　SN比的各水準平均

7-4-2　望小特性SN比分析

望小特性的特徵：(1)品質特性是連續值，且不為負值，(2)將目標值設為零。因此，望小特性的SN比為：

$$SN(望小) = -10 \times \log(MSD) = -10 \times \log \frac{\sum_{i=1}^{n} Y_i^2}{n}$$

範例➡射出成型機製程參數設定

(摘錄及修改自陳偉正，「應用資料探勘與模糊理論於製程參數調控之研究－以射出成型機為例」，雲林科技大學，工業工程與管理研究所，碩士論文，2006)

一項產品是經由射出成型所製造出來，主要的反應值(Y)是曲率半徑差值，希望此曲率半徑差值(Y)越小越好。依據工程經驗認為射出成型機的製程參數是由9個因子決定，分別是A(射出速度)、B(射出壓力)、C(保壓壓力)、D(保壓時間)、E(模具溫度)、F(料館溫度)、G(冷卻時間)、H(壓縮速度)及I(合模延遲時間)。想要安排一個三水準的直交表進行實驗，將各因子與水準整理於表7-27。

表7-27　因子及水準表

品質因子	水準1	水準2	水準3
A：射出速度(mm / sec)	15	25	35
B：射出壓力(kg / cm^2)	1300	1400	1500
C：保壓壓力(kg / cm^2)	1200	1300	1400
D：保壓時間(sec)	30	40	50
E：模具溫度(C)	90	100	110
F：料管溫度(C)	275	295	315
G：冷卻時間(sec)	40	50	60
H：壓縮速度(mm / sec)	100	200	300
I：合模延遲時間(sec)	0.5	0.75	1.0

利用Minitab分析望小特性的SN比(檔案：STB.MTW)，執行步驟如同望目特性，僅顯示圖7-21的望小特性的「Option(選項)」，並得到表7-28的L_{27}直交表的SN比計算值。

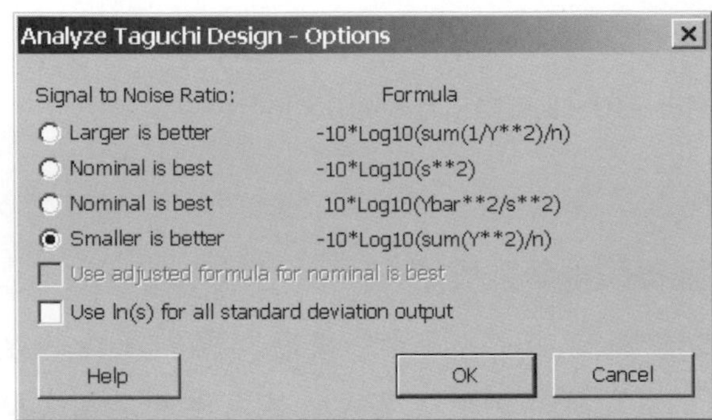

圖7-21　望小特性的「Option(選項)」

完成的L_{27}直交表、實驗反應值及SN比計算，整理於表7-28。

表7-28　L_{27}直交表、反應值及SN比

No	A	B	C	D	E	F	G	H	I	Y	SN
1	15	1300	1200	30	90	275	40	100	0.50	0.866	1.2496
2	15	1300	1200	40	100	295	50	100	0.75	0.726	2.7813
3	15	1300	1200	50	110	315	60	100	1.00	0.839	1.5248
4	15	1400	1300	40	90	295	50	200	0.50	0.376	8.4962
5	15	1400	1300	50	100	315	60	200	0.75	0.698	3.1229
6	15	1400	1300	30	110	275	40	200	1.00	1.612	-4.1473
7	15	1500	1400	50	90	315	60	300	0.50	0.157	16.0820
8	15	1500	1400	30	100	275	40	300	0.75	1.141	-1.1457
9	15	1500	1400	40	110	295	50	300	1.00	1.690	-4.5577
10	25	1400	1200	30	90	315	50	300	1.00	0.008	41.9382
11	25	1400	1200	40	100	275	60	300	0.50	1.251	-1.9451

表7-28　L_{27}直交表、反應値及SN比(續)

No	A	B	C	D	E	F	G	H	I	Y	SN
12	25	1400	1200	50	110	295	40	300	0.75	1.340	-2.5421
13	25	1500	1300	40	90	275	60	100	1.00	0.834	1.5767
14	25	1500	1300	50	100	295	40	100	0.50	0.997	0.0261
15	25	1500	1300	30	110	315	50	100	0.75	0.767	2.3041
16	25	1300	1400	50	90	295	40	200	1.00	0.538	5.3844
17	25	1300	1400	30	100	315	50	200	0.50	0.751	2.4872
18	25	1300	1400	40	110	275	60	200	0.75	1.427	-3.0885
19	35	1500	1200	30	90	295	60	200	0.75	0.492	6.1607
20	35	1500	1200	40	100	315	40	200	1.00	0.605	4.3649
21	35	1500	1200	50	110	275	50	200	0.50	1.583	-3.9896
22	35	1300	1300	40	90	315	40	300	0.75	0.243	12.2879
23	35	1300	1300	50	100	275	50	300	1.00	1.145	-1.1761
24	35	1300	1300	30	110	295	60	300	0.50	1.087	-0.7246
25	35	1400	1400	50	90	275	50	100	0.75	1.150	-1.2140
26	35	1400	1400	30	100	295	60	100	1.00	1.093	-0.7724
27	35	1400	1400	40	110	315	40	100	0.50	0.895	0.9635

在此計算出第一列的SN比：

$$\text{SN(望小)} = -10 \times \log \frac{\sum_{i=1}^{n} Y_i^2}{n} = -10 \times \log \frac{(0.866)^2}{1} = -10 \times (-0.12496) = 1.2496$$

第一列的SN比計算結果為1.2496，與Minitab計算出來的完全一致，其餘的SN比亦可依此方式計算得到。

計算出個別因子的各個水準平均SN比(如表7-29)，同時，也將各水準的平均SN比之差距(Delta)呈現出來，從差距(Delta)的大小給予排序(Rank)，即知各別因子對反應值的影響之大小。

表7-29　各水準SN比的平均

Level	A	B	C	D	E	F	G	H	J
1	2.6007	2.3029	5.5047	5.2611	10.2180	-1.5422	1.8268	0.9377	2.5162
2	5.1268	4.8778	2.4184	2.3199	0.8603	1.5835	5.2300	2.0879	2.0741
3	1.7667	2.3135	1.5710	1.9131	-1.5842	9.4528	2.4374	6.4685	4.9039
Delta	3.3601	2.5749	3.9338	3.3479	11.8021	10.9951	3.4031	5.5308	2.8299
Rank	6	9	4	7	1	2	5	3	8

應注意即使是望小特性，各水準平均SN比仍然以選擇越大的越好。所以，本範例的最適當的(或最佳的)組合是「A2B2C1D1E1F3G2H3J3」。

7-4-3　望大特性SN比分析

望大特性的特徵：(1)品質特性是連續值，且不爲負值，(2)將目標值設爲無限大(∞)。因此，望大特性的SN比爲：

$$SN(望大) = -10 \times \log(MSD) = -10 \times \log \frac{\sum_{i=1}^{n} \frac{1}{Y_i^2}}{n}$$

範例➡積層陶瓷電容MLCC的印刷製程機器參數最佳化(參閱7-2-4章節)

(摘錄及修改自 陳夢倫，「積層陶瓷電容印刷製程機器參數最佳化之研究」，國立成功大學，製造工程研究所，碩士論文，2003)

主要的影響因子有8個，如表7-30，反應值(Y)爲印刷的品質，Y爲越大越好。

表7-30　因子及水準表

因子	水準1	水準2	水準3
A：張力(Newton)	24	28	–
B：印刷壓力(Kg / cm^2)	2.0	2.4	2.8
C：網版厚度(X10-6M)	43	46	49
D：刷把角度(degree)	65	70	75

表7-30　因子及水準表(續)

因子	水準1	水準2	水準3
E：回墨刀間隙(X10-6M)	150	250	250(設為2水準)
F：引刷速度(mm / sec)	150	250	150(設為1水準)
G：回墨刀速度(mm / sec)	150	250	250(設為2水準)
H：印刷間隙(mm / sec)	1.6	1.8	2.0

參閱7-2-4章節，建立表7-31的$L_{18}(2^1 \times 3^7)$直交表。

表7-31　MLCC $L_{18}(2^1 \times 3^7)$直交表

No	A	B	C	D	E	F	G	H
1	24	2.0	43	65	150	150	150	1.6
2	24	2.0	46	70	250	250	250	1.8
3	24	2.0	49	75	250	150	250	2.0
4	24	2.4	43	65	250	250	250	2.0
5	24	2.4	46	70	250	150	150	1.6
6	24	2.4	49	75	150	150	250	1.8
7	24	2.8	43	70	150	150	250	2.0
8	24	2.8	46	75	250	150	250	1.6
9	24	2.8	49	65	250	250	150	1.8
10	28	2.0	43	75	250	250	250	1.6
11	28	2.0	46	65	150	150	250	1.8
12	28	2.0	49	70	250	150	150	2.0
13	28	2.4	43	70	250	150	150	1.8
14	28	2.4	46	75	150	250	250	2.0
15	28	2.4	49	65	250	150	150	1.6
16	28	2.8	43	75	250	150	150	1.8
17	28	2.8	46	65	250	150	150	2.0
18	28	2.8	49	70	150	250	250	1.6

依據MLCC $L_{18}(2^1 \times 3^7)$直交表執行實驗，獲得反應值(Y)，並對反應值(Y)進行望大特性的SN比分析。利用Minitab分析望大特性的SN比(檔案：LTB.MTW)，執行步驟如同望目特性，僅顯示圖7-22的望大特性的「Option(選項)」，並得到表7-31的L_{18}直交表的SN比。

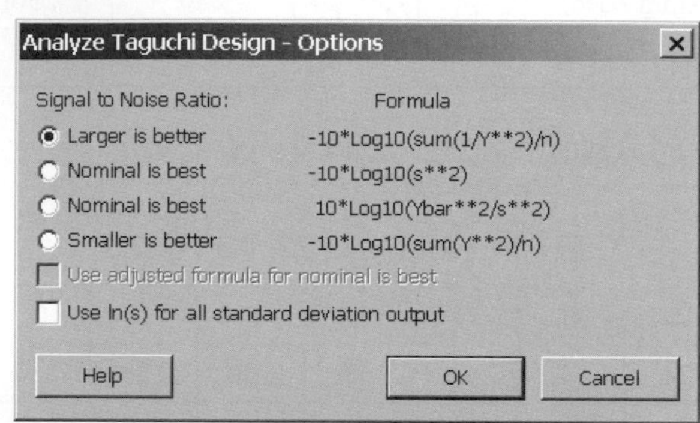

圖7-22　望大特性的「Option(選項)」

在此利用望大特性的公式計算出第一列的SN比：

$$SN(望大) = -10 \times \log \frac{\sum_{i=1}^{n} \frac{1}{Y_i^2}}{n} = -10 \times \log(\frac{\frac{1}{1.2^2}}{1}) = -10 \times (-0.15836) = 1.5836$$

第一列的SN比計算結果爲1.5836，與Minitab計算出來的完全一致，其餘的SN比亦可依此方式計算得到。

表7-31　MLCC $L_{18}(2^1 \times 3^7)$反應値及SN比

No	A	B	C	D	E	F	G	H	Y	SN比
1	24	2	43	65	150	150	150	1.6	1.2	1.5836
2	24	2	46	70	250	250	250	1.8	2.3	7.2346
3	24	2	49	75	250	150	250	2.0	3.3	10.3703
4	24	2.4	43	65	250	250	250	2.0	1.7	4.6090
5	24	2.4	46	70	250	150	150	1.6	2.0	6.0206
6	24	2.4	49	75	150	150	250	1.8	4.1	12.2557

表7-31　MLCC $L_{18}(2^1 \times 3^7)$反應值及SN比(續)

No	A	B	C	D	E	F	G	H	Y	SN比
7	24	2.8	43	70	150	150	250	2.0	1.7	4.6090
8	24	2.8	46	75	250	150	250	1.6	1.6	4.0824
9	24	2.8	49	65	250	250	150	1.8	3.0	9.5424
10	28	2	43	75	250	250	250	1.6	2.5	7.9588
11	28	2	46	65	150	150	250	1.8	2.5	7.9588
12	28	2	49	70	250	150	150	2.0	4.3	12.6694
13	28	2.4	43	70	250	150	250	1.8	2.1	6.4444
14	28	2.4	46	75	150	250	150	2.0	3.3	10.3703
15	28	2.4	49	65	250	150	250	1.6	4.6	13.2552
16	28	2.8	43	75	250	150	150	1.8	2.4	7.6042
17	28	2.8	46	65	250	150	250	2.0	2.8	8.9432
18	28	2.8	49	70	150	250	250	1.6	3.7	11.3640

計算出各別因子的各個水準平均SN比(如表7-32)，同時，也將各水準的平均SN比之差距(Delta)呈現出來，從差距(Delta)的大小給予排序(Rank)，即知各別因子對反應值的影響之大小。

表7-32　各水準SN比的平均

Level	A	B	C	D	E	F	G	H
1	6.701	7.963	5.468	7.649	8.024	7.983	7.965	7.377
2	9.619	8.826	7.435	8.057	8.228	8.513	8.257	8.507
3		7.691	11.576	8.774				8.595
Delta	2.918	1.135	6.108	1.125	0.204	0.530	0.292	1.218
Rank	2	4	1	5	8	6	7	3

各水準SN比的平均以選擇越大的越好。所以，本範例的最適當的(或最佳的)組合是「A2B2C3D3E2F2G2H3」，由於E、F及G三個因子的各水準SN比的平均相差很少，依此最適當的(或最佳的)組合可以改寫爲A2B2C3D3(EFG)H3。這樣表示的方式並非不需要E、F及G三個因子，而是

E、F及G三個因子的水準可以較任意選擇，將不至於影響整體的SN比或結果。建議對於E、F及G三個因子的水準的選擇可以從容易操作或成本低的水準做考量。

7-4-4 估計最佳組合的SN比及損失的減少

估計最佳組合的SN比是以SN比的總平均加上最佳組合各個水準的SN比的效應值。例如在7-4-3章節中望大特性的最佳組合爲「A2B2C3D3(EFG)H3」，則估計最佳組合的SN比爲：

$$\begin{aligned}&\overline{Y}+(\overline{A}_2-\overline{Y})+(\overline{B}_2-\overline{Y})+(\overline{C}_3-\overline{Y})+(\overline{D}_3-\overline{Y})+(\overline{H}_3-\overline{Y})\\&=8.16+(9.619-8.16)+(8.826-8.16)+(11.576-8.16)+(8.774-8.16)+(8.595-8.16)\\&=14.75\end{aligned}$$

上述的計算方式亦稱爲加法模式。

如果取小量的樣品以最佳組合「A2B2C3D3(EFG)H3」進行確認實驗(Confirmation Run)，實驗後進行數據的SN比分析，得到確認實驗的平均SN比再與估計SN比進行比較，二者如果相差不多，即表示最佳組合「A2B2C3D3(EFG)H3」具備重複性，也沒有交互作用或其他因素在干擾這個最佳組合。

假設現行狀況的組合爲「A1B1C1D1E1F1G1H1」(均爲第1水準)，而最佳組合爲「A2B2C3D3E1F1G1H3」(由於EFG可以任選水準，所以暫時選擇跟原來水準相同)，則現行組合「A1B1C1D1E1F1G1H1」的SN比(即SN前)與最佳組合「A2B2C3D3E1F1G1H3」的SN比(即SN後)相比較可得：

$$\begin{aligned}SN_{後}-SN_{前}&=(\overline{A}_2-\overline{A}_1)+(\overline{B}_2-\overline{B}_1)+(\overline{C}_3-\overline{C}_1)+(\overline{D}_3-\overline{D}_1)+(\overline{H}_3-\overline{H}_1)\\&=(9.619-6.701)+(8.826-7.963)+(11.576-5.468)\\&\quad+(8.7747-7.649)+(8.595-7.377)\\&=12.502\end{aligned}$$

依據前面章節所描述，當SN比增加，損失會減少。因此，將$SN_{後}-SN_{前}=12.502$，代入下式中：

$$\frac{L_{前}}{L_{後}}=10^{\frac{(SN_{後}-SN_{前})}{10}}=10^{\frac{12.502}{10}}=10^{1.2502}=17.79\text{ (約爲18)}$$

也可以表示爲 $\frac{L_{後}}{L_{前}}=\frac{1}{18}=5.6\%$

所以，最佳組合的損失已經減少爲現行組合的18分之1(最佳組合約減少94%的損失)。

再舉一例，參考7-4-1-2章節的SN比計算結果，計算改善前(現況組合)及改善後(最佳組合)的損失減少情形。該範例的估計最佳組合「A1B2C2D2」的SN比($SN_{後}$)：

$$\begin{aligned}&\overline{Y}+(\overline{A}_1-\overline{Y})+(\overline{B}_2-\overline{Y})+(\overline{C}_2-\overline{Y})+(\overline{D}_2-\overline{Y})\\&=51.615+(53.01-51.615)+(54.60-51.615)+(53.63-51.615)+(52.61-51.615)\\&=59.005\end{aligned}$$

如果現行的組合是「A1B1C1D1」，則其SN比($SN_{前}$)：

$$\begin{aligned}&\overline{Y}+(\overline{A}_1-\overline{Y})+(\overline{B}_1-\overline{Y})+(\overline{C}_1-\overline{Y})+(\overline{D}_1-\overline{Y})\\&=51.615+(53.01-51.615)+(48.63-51.615)+(49.60-51.615)+(50.62-51.615)\\&=47.015\end{aligned}$$

$SN_{後}-SN_{前}=59.005-47.015=11.99$

$$\frac{L_{前}}{L_{後}}=10^{\frac{(SN_{後}-SN_{前})}{10}}=10^{\frac{11.99}{10}}=10^{1.199}=15.81\text{ (約爲16)}$$

也可以表示爲 $\frac{L_{前}}{L_{後}}=\frac{1}{16}=6.25\%$

所以，最佳組合的損失已經減少爲現行組合的16分之1(最佳組合約減少93.75%的損失)。

7-4-5 望目特性的二階段最佳化

望目參數設計由於有目標值，因此，如能獲得實驗的結果是變異降低(即標準差減小)，又能使平均值導向目標值，則將使品質水準獲得重大進步。

所謂二階段最佳化，是指第一階段是先縮小變異，在分析SN比時，選擇SN比越大者，則變異將會越小；第二階段是將平均值往目標值移動。就是在進行實驗時先求降低變異，再求平均值對準目標值。

利用圖7-23說明二階段最佳化的作法：現行條件的變異情況較大，且平均值並未完全對準目標值(T)，如小圖(a)中的平均值略大於目標值T(Target)。經過實驗後，首先選擇SN比較大者所構成的最佳組合，將可以縮小變異的程度。從小圖(a)縮小變異成爲小圖(b)，但是平均值有可能更偏離目標值(T)。接著，將平均值往目標值移動(對準目標值)，從小圖(b)移動平均值成爲小圖(c)，以取得最佳的參數及水準組合。

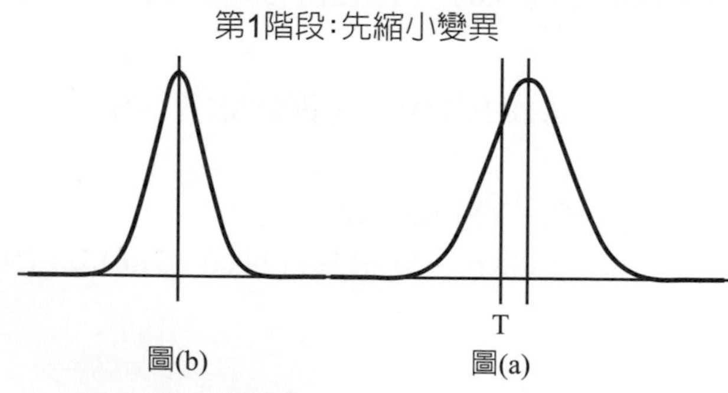

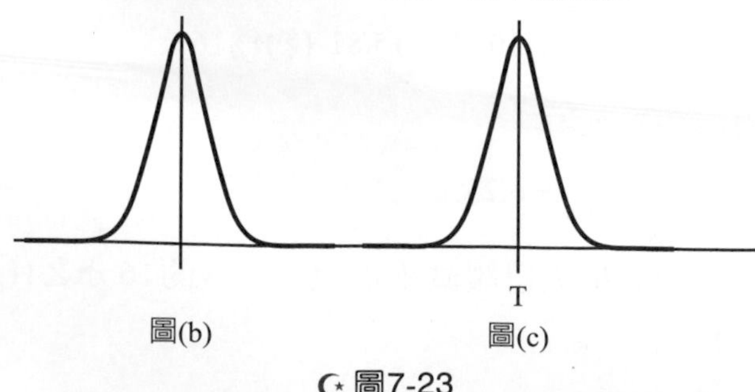

圖7-23

二階段最佳化的因子選擇方式：

第一階段「縮小變異」：應選擇各個因子的SN比大的水準組成最佳組合條件。

第二階段「移動平均值」：應選擇平均值在各水準變化大，且SN比在各水準變化小的因子，此類因子又稱爲調整因子。

但須注意，不是所有的望目特性的實驗均存在調整因子，以利於執行二階段最佳化；況且不適當的調整因子有可能當想要將平均值往目標值移動時，而造成變異的增加。

範例➡二階段最佳化(檔案：Coating.MTW)

Lans公司的粉體塗裝製程要求塗裝後的膜厚爲18±5 μm(屬於望目特性)，影響的因素及設定的實驗水準，如表7-33。

表7-33　控制因子及水準表

控制因子	水準1	水準2	水準3
A：距離(mm)	190	230	270
B：噴吐量(g / min)	60	80	100
C：噴嘴大小	1.5	2.0	2.5
D：移動速度(m / min)	5.0	5.5	6.0
E：加電壓(KV)	40	55	70
F：轉速(rpm)	170	220	270
G：起始位置	左	中	右

另外考慮雜音因子有三個，且均設爲二水準，整理如表7-34。

表7-34　雜音因子及水準表

噪音因子	水準1	水準2
H：塗裝點	最左	最右
I：塗裝材料產地	P1	P2
J：塗裝物體大小	大	小

將以上控制因子安排成一個$L_{18}(2^1 \times 3^7)$的內側直交表及雜音因子安排成$L_4(2^3)$的外側直交表，並於完成實驗後收集各別實驗組合的數據，及計算SN比與敏感度S，如表7-35。

表7-35　$L_{18}(2^1 \times 3^7)$的內側直交表及$L_4(2^3)$的外側直交表

									1	2	2	1	J	
									1	2	2	1	I	
No.	1	2	3	4	5	6	7	8	1	1	2	2	H	
	Empty	A	B	C	D	E	F	G	Y1	Y2	Y3	Y4	SN比	敏感度S
1	1	1	1	1	1	1	1	1	3	14	17	20	5.20	22.61
2	1	1	2	2	2	2	2	2	19	20	22	18	21.26	25.91
3	1	1	3	3	3	3	3	3	16	14	13	15	21.01	23.23
4	1	2	1	1	2	2	3	3	9	9	8	8	23.36	18.59
5	1	2	2	2	3	3	1	1	35	30	20	38	11.82	29.76
6	1	2	3	3	1	1	2	2	28	33	25	36	15.82	29.69
7	1	3	1	2	1	3	2	3	10	12	8	15	11.52	21.02
8	1	3	2	3	2	1	3	1	22	29	36	22	12.18	28.71
9	1	3	3	1	3	2	1	2	8	6	6	7	16.96	16.59
10	2	1	1	3	3	2	2	1	15	10	10	20	9.16	22.77
11	2	1	2	1	1	3	3	2	4	2	2	3	9.16	8.79
12	2	1	3	2	2	1	1	3	35	38	34	30	20.31	30.69
13	2	2	1	2	3	1	3	2	22	28	28	26	19.27	28.30
14	2	2	2	3	1	2	1	3	10	8	3	8	7.70	17.21
15	2	2	3	1	2	3	2	1	5	4	6	5	15.74	13.98
16	2	3	1	3	2	3	1	2	8	3	4	8	6.79	15.19
17	2	3	2	1	3	1	2	3	17	15	15	14	21.67	23.67
18	2	3	3	2	1	2	3	1	16	10	23	30	7.17	25.91

利用Minitab配置$L_{18}(2^1 \times 3^7)$直交表時，由於3水準的因子有7個，沒有2水準的因子，因此給予一個虛擬(Empty)的因子，以利Minitab建立$L_{18}(2^1 \times 3^7)$直交表。

SN比分析：各因子及水準的SN比平均值、差距及排序，見表7-36：

表7-36　各水準SN比的平均

Level	Empty	A	B	C	D	E	F	G
1	15.460	14.353	12.552	15.350	9.430	15.743	11.466	10.212
2	12.998	15.619	13.967	15.224	16.609	14.270	15.864	14.880
3		12.716	16.169	12.113	16.649	12.674	15.358	17.596
Delta	2.462	2.902	3.617	3.237	7.218	3.069	4.398	7.384
Rank	8	7	4	5	2	6	3	1

SN比的反應圖，如圖7-24。

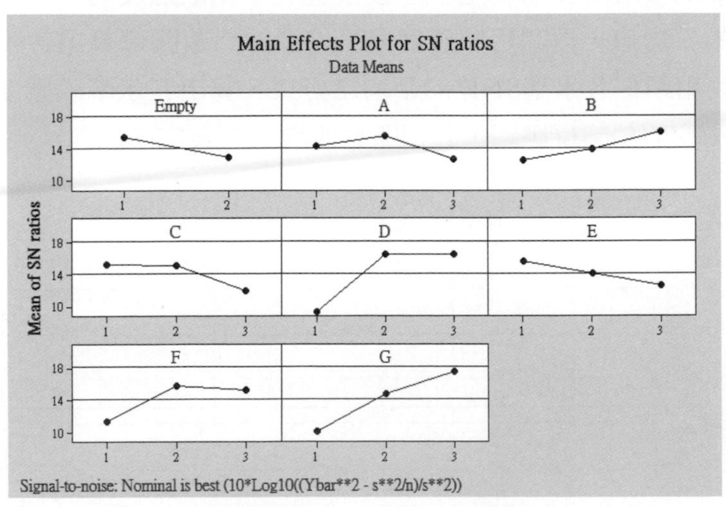

圖7-24　SN比的反應圖

檢視表7-36或圖7-24的SN比，決定最佳組合將是「A2B3C1D3E1F2G3」。

敏感度計算：

計算各水準組合的敏感度(S)可以先利用敏感度(S)公式計算出各組合條件的敏感度(S)，再計算各因子之各水準的敏感度(S)平均值。各因子之各水準的敏感度(S)平均值、差距及排序，見表7-37：

表7-37 敏感度的平均

Level	Empty	A	B	C	D	E	F	G
1	24.01	22.33	21.41	17.37	20.87	27.28	22.01	23.95
2	20.72	22.92	22.34	26.93	22.18	21.16	22.84	20.74
3		21.85	23.35	22.80	24.05	18.66	22.25	22.40
Delta	3.29	1.07	1.93	9.56	3.18	8.62	0.83	3.21
Rank	3	7	6	1	5	2	8	4

Minitab無法直接計算敏感度，要計算各水準敏感度的平均時，應先計算各組合的平均值，再利用敏感度與平均值的對數關係算出各組合的敏感度，即可利用類似各水準SN比的平均之方式，算出各水準敏感度的平均。圖7-25是敏感度(S)的反應圖，其相關數據均來自表7-37。

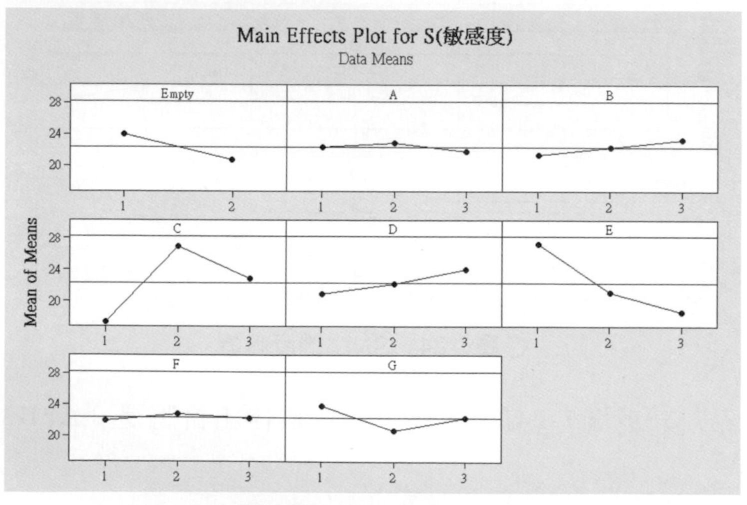

圖7-25 敏感度(S)反應圖

從SN比及敏感度(S)的各水準平均值的數據，認爲C或E因子其各水準在SN比差距較小，而在敏感度(S)的差異較大，因此，可以考慮將C或E因子當作調整因子。

塗裝厚度的目標是18 μm，敏感度(S)爲：$S=10\times\log(18^2)=10\times2.51=25.1$

目標值18的敏感度(S)爲25.1，以C因子敏感度(S)的第1水準爲17.37，第2水準爲26.93，可以涵蓋敏感度(S)25.1；E因子敏感度(S)的第1水準爲27.28，第2水準爲21.16，也可以涵蓋敏感度(S)25.1。考量C因子及E因子的第1及第2水準的SN比，C因子的SN比變化較小(第1水準15.350及第2水準15.224)，因此，優先採用C因子當作調整因子，再利用比例方式計算C因子的水準(X)之值。

$$\frac{1.5-2.0}{1.5-X}=\frac{17.37-26.93}{17.37-25.1}$$

$$\frac{1.5-2.0}{1.5-X}=1.2367$$

$$X=1.904(X約爲1.9)$$

計算出因子C(噴嘴)的大小約爲1.9，可以使塗裝厚度接近目標值18 μm。因此，最佳組合將是「A2B3(C)D3E1F2G3」，其中C爲1.9，參閱表7-38。

表7-38　最佳組合

控制因子	最佳組合	水準	因子類別
A：距離(mm)	230	2	控制因子
B：噴吐量（g / min）	100	3	控制因子
C：噴嘴大小	1.9	(調整後)	調整因子
D：移動速度（m / min）	6.0	3	控制因子
E：加電壓（KV）	40	1	控制因子
F：轉速（rpm）	220	2	控制因子
G：起始位置	右	3	控制因子

7-4-6　SN比的信賴區間－確認實驗的有效性

以最佳組合進行確認實驗後，如何得知最佳組合具備合理的重複性？在此，可以估計最佳組合的SN比之95%信賴區間。如果確認實驗的估計SN比之95%信賴區間與最佳組合的SN比之95%信賴區間重疊，即能表示最佳組合具有重複性，且確認實驗是成功的；否則即表示最佳組合或確認實驗存在疑問，應該重新檢視因子、水準或交互作用。

本節牽涉推論統計的估計，對於統計較不熟悉者，建議可以略過本節之說明，直接將最佳組合的條件進行2～3次的確認實驗，獲得知結果如出入不大，就可以將最佳組合視同具有重複性。

估計最佳組合SN比的95%信賴區間(Confidence Interval, CI)：

$$CI_1 = \pm\ t_{0.05/2,\nu} \times s \times \sqrt{\frac{1}{n_{eff}}}$$

其中，$t_{0.05/2,\nu}$=顯著水準0.05的 t 值

ν =誤差項的自由度

s=誤差項的標準差

n_{eff} =有效的觀測數

註：$n_{eff} = \dfrac{\text{總實驗次數}}{1+\text{用以估計SN比平均值的因子之有效自由度}}$

估計確認實驗SN比之95%信賴區間：

$$CI_2 = \pm\ t_{0.05/2,\nu} \times s \times \sqrt{[\frac{1}{n_{eff}} + \frac{1}{r}]}$$

其中，r=確認實驗的重複數(通常一次確認實驗做一件樣本，則重複數=樣本數)

範例➡利用7-4-3望大特性MLCC的範例說明最佳組合SN比的信賴區間

利用表7-31 MLCC $L_{18}(2^1 \times 3^7)$的SN比做變異數分析(ANOVA)，以Minitab：Stat＞ANOVA＞General Linear Model的步驟對A、B、C、D及H因子做SN比的變異數分析，見圖7-26，獲得之SN比變異數分析結果，如表7-39。

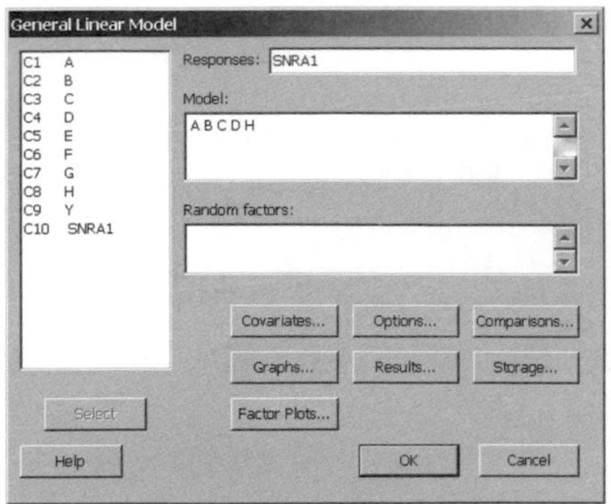

圖7-26　SN比之變異數分析

表7-39　MLCC之SN比變異數分析

Source	DF	Seq SS	Adj SS	Adj MS	F	P
A	1	38.312	38.312	38.312	28.14	0.001
B	2	4.214	4.214	2.107	1.55	0.270
C	2	116.651	116.651	58.325	42.84	0.000
D	2	3.891	3.891	1.946	1.43	0.295
H	2	5.532	5.532	2.766	2.03	0.193
Error	8	10.891	10.891	1.361		
Total	17	179.492				
S=1.16681 R-Sq=93.93% R-Sq(adj)=87.11%						

變異數分析表顯示：

ν =誤差項的自由度=8

s=誤差項的標準差=1.16681

n_{eff} =有效的觀測數= $\frac{18}{(1+9)} = \frac{18}{10}$

利用Minitab計算 $t_{0.05/2,8} = \pm 2.306$

估計最佳組合SN比的95%信賴區間：

$$CI_1 = \pm t_{0.05/2,\nu} \times s \times \sqrt{\frac{1}{n_{eff}}} = \pm 2.306 \times 1.16681 \times \sqrt{\frac{10}{18}} = \pm 2.01$$

最佳組合SN比95%的信賴區間14.75±2.01，如果以最佳組合「A2B2C3D3(EFG)H3」進行8次確認實驗，得到實驗值爲表7-40。

表7-40 確認實驗數據

實驗順序	1	2	3	4	5	6	7	8	平均值	SN比
數據	5.3	5.2	5.2	5.1	5.2	5.3	5.3	5.0	5.20	14.32

估計確認實驗SN比的95%信賴區間：

$$CI_2 = \pm t_{0.05/2,\nu} \times s \times \sqrt{[\frac{1}{n_{eff}} + \frac{1}{r}]} = \pm 2.306 \times 1.16681 \times \sqrt{[\frac{10}{18} + \frac{1}{8}]} = \pm 2.22$$

確認實驗SN比的95%信賴區間14.32±2.22

顯然地，最佳組合SN比95%的信賴區間14.75±2.01與確認實驗SN比的95%信賴區間14.32±2.22有相互重疊，所以判斷最佳組合「A2B2C3D3(EFG)H3」具有重複性，因此，最佳組合是可用的。

7-5 SN比分析－動態參數設計

動態參數設計是將連續變化的控制因子當作信號因子，將實驗數據-反應值(輸出)與信號因子(輸入)利用線性相關，得出直線的函數：

$$Y = \beta M$$

其中，M爲信號因子，β爲斜率，Y爲反應值。迴歸直線會通過一個起始點，稱爲迴歸直線的參考點，當M=0，Y也等於0，表示直線通過的參考點爲原點。

這類的例子包括電流(I)與電壓(V)關係的歐姆定理V=IR、彈簧伸長距離(X)與力量(F)關係的虎克定律F=KX等等。

靜態參數設計中望目特性的SN比公式為：

$$SN(望目) = 10 \times \log(\frac{\overline{Y}^2}{s^2})$$

依據望目特性的SN比公式，田口提出動態參數設計的SN比公式為：

$$SN(動態) = 10 \times \log(\frac{\beta^2}{MSE})$$

利用最小平方法(Least Square Method)將實驗反應值與信號因子進行配適(fit)，以Y=βM的公式表達實驗反應值與信號因子的關係為：

$$Y_{ij} = \beta M_i$$

其中，i=1,2,……,k，表示k個信號因子；j=1,2,……,n，表示n個雜音因子的實驗重複數，最小平方希望得到：

$$\sum_{i=1}^{k}\sum_{j=1}^{n}(Y_{ij} - \beta M_i)^2$$

為了使上式可以得到最小值，運用微積分的觀念，將上式對β做微分：

$$\frac{d}{d\beta}\left[\sum_{i=1}^{k}\sum_{j=1}^{n}(Y_{ij} - \beta M_i)^2\right] = 0$$

則 $\beta = \dfrac{\sum_{i=1}^{k}\sum_{j=1}^{n} M_i \times Y_{ij}}{\sum_{i=1}^{k}\sum_{j=1}^{n} M_i^2}$

而 $MSE = \dfrac{1}{kn-1} \times \sum_{i=1}^{k}\sum_{j=1}^{n}(Y_{ij} - \beta M_i)^2$

動態參數設計中SN比仍然是越大越好，將獲得較穩定的品質；原則上，斜率β也是越大越好，將使輸入(信號因子)越小而輸出(反應值)越大。不過，從實務上來看，選擇斜率β的值還需考慮人員的操作方便及作業條件的穩定程度。

範例➡(檔案：Valve.MTW)

考慮高速反應閥的壓力與流量的關係，反應閥流量的基本關係式為：

流量=常數×Duty比×$\sqrt{\text{壓力差}}$

當Duty比固定時，反應閥的流量將與$\sqrt{\text{壓力差}}$成比例變化。在此一關係式的研究中：

控制因子如表7-41，雜音因子如表7-42，信號因子如表7-43，本範例的參考點為原點。

表7-41　控制因子及水準表

控制因子	水準1	水準2
A：行程	1	2
B：彈簧的裝置負荷	1	2
C：壓力平衡	1	2
D：通油面積	1	2

表7-42　雜音因子及水準表

雜音因子	水準1	水準2
A：輸入電壓	10	12

如表7-43　信號因子及水準表

信號因子	水準1	水準2	水準3
M：$\sqrt{\text{壓力差}}$	4	8	12

選擇L_8的直交表，將A、B、C及D各別安排在直交表的第1、2、4及7行，雜音因子(E)在直交表的外側，配置的直交表與實驗的反應值均顯示於表7-44中。在Minitab直交表中第3、5及6行將不會顯示出來。

表7-44　動態參數設計L_8直交表

No.	1	2	3	4	5	6	7	M1		M2		M3	
	A	B		C			D	E1	E2	E1	E2	E1	E2
1	1	1	1	1	1	1	1	15	33	31	51	58	78
2	1	1	1	2	2	2	2	38	46	69	75	111	126
3	1	2	2	1	1	2	2	22	28	48	51	52	93
4	1	2	2	2	2	1	1	11	38	26	77	95	135
5	2	1	2	1	2	1	2	18	19	42	48	65	71
6	2	1	2	2	1	2	1	39	65	65	98	82	103
7	2	2	1	1	2	2	1	5	45	38	78	38	86
8	2	2	1	2	1	1	2	21	58	59	113	101	121

利用Minitab建立符合動態參數設計的$L_8(2^7)$直交表，步驟爲Minitab：Stat＞DOE＞Taguchi＞Create Taguchi Design，見圖7-27。

選擇圖7-27「Design(設計)」，勾選顯示在圖7-28中的「Add a signal factor for dynamic characteristics(加入1個動態特性的信號因子)」，表示將建立一個動態特性的直交表。

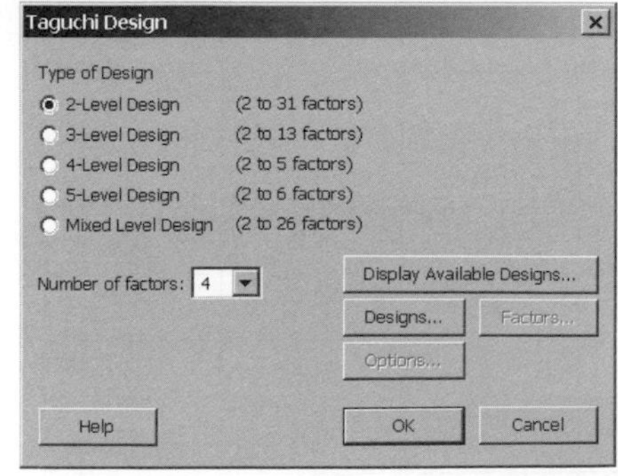

圖7-27　4因子的二水準直交表

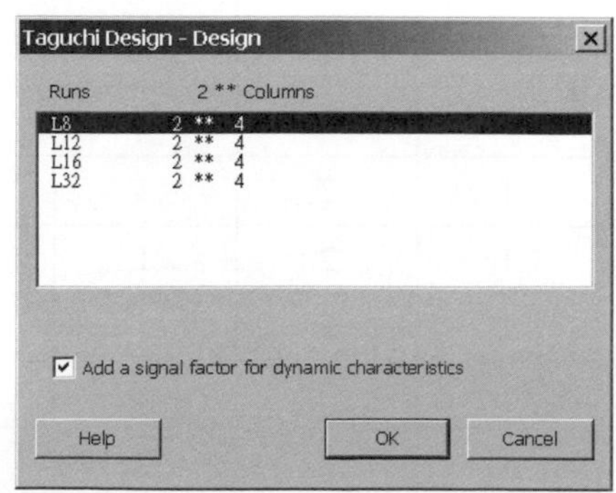

圖7-28　選擇加入動態參數設計的信號因子

選擇圖7-27「Factors(因子)」後，在顯示如圖7-29中將信號因子設爲M，並填入水準値4、8及12。

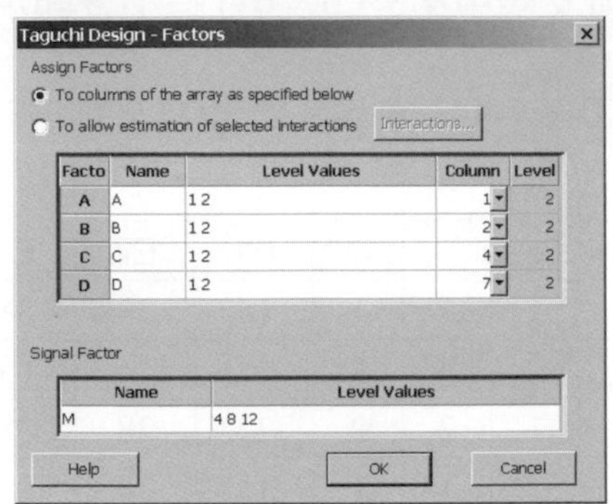

圖7-29　設定信號因子的水準

完成以上步驟，並將實驗數據填入直交表，此動態特性的$L_8(2^7)$直交表即完成如表7-45。

表7-45　動態參數設計L_8直交表(Minitab格式)

A	B	C	D	M	E1	E2
1	1	1	1	4	15	33
1	1	1	1	8	31	51
1	1	1	1	12	58	78
1	1	2	2	4	38	46
1	1	2	2	8	69	75
1	1	2	2	12	111	126
1	2	1	2	4	22	28
1	2	1	2	8	48	51
1	2	1	2	12	52	93
1	2	2	1	4	11	38
1	2	2	1	8	26	77
1	2	2	1	12	95	135
2	1	1	2	4	18	19
2	1	1	2	8	42	48

表7-45　動態參數設計L_8直交表(Minitab格式)(續)

A	B	C	D	M	E1	E2
2	1	1	2	12	65	71
2	1	2	1	4	39	65
2	1	2	1	8	65	98
2	1	2	1	12	82	103
2	2	1	1	4	5	45
2	2	1	1	8	38	78
2	2	1	1	12	38	86
2	2	2	2	4	21	58
2	2	2	2	8	59	113
2	2	2	2	12	101	121

利用Minitab計算動態參數特性的SN比及Slope(斜率，β)，執行步驟與靜態參數特性相同，只是將「平均值」換為「斜率」。分析步驟為Minitab：Stat＞DOE＞Taguchi＞Analyze Taguchi Design，顯示如圖7-30，並將反應值選入右側欄位。

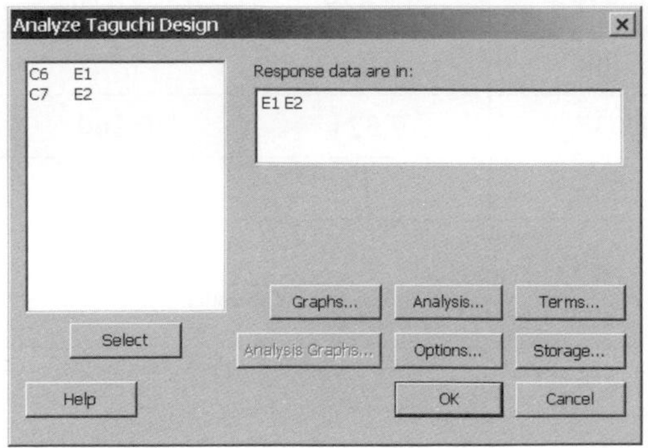

圖7-30　分析動態參數特性

對於圖7-30中「Graph(圖形)」、「Analysis(分析)」、「Terms(項目)」及「Storge(儲存)」的選取方式與靜態參數特性相似，只是改為選取Sploe(斜率)。由於本範例的參考點是通過原點，因此，點選圖7-30「Options(選項)」後，在圖7-31中的反應值得參考值及信號的參考值均設為0。

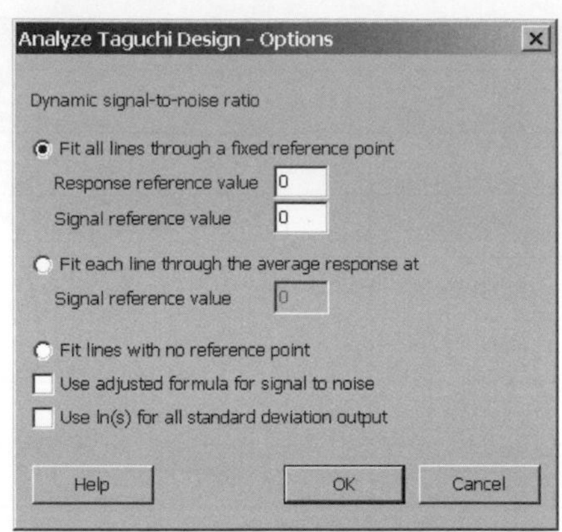

圖7-31 反應值與信號的參考值

SN比仍然是越大越好，依據表7-46或圖7-32，選擇適當的組合應爲「B1D2」，將獲得最大的SN比，而A及C因子的水準間之SN比相差不大，可以任選其中的一個水準執行操作即可。仍需觀察A及C因子的斜率，再決定A及C因子是否能成爲好的調整因子。

表7-46 動態特性SN比反應表

Level	A	B	C	D
1	-4.972	-1.829	-5.410	-9.043
2	-6.008	-9.150	-5.570	-1.937
Delta	1.037	7.321	0.160	7.106
Rank	3	1	4	2

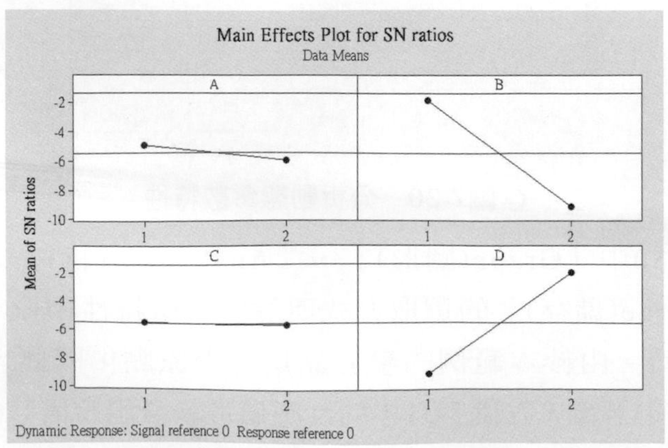

圖7-32 SN比反應圖

斜率(β)通常也是越大越好，依據表7-47或圖7-33，C2的斜率最大，可以選擇C2來調整反應閥流量的多寡。

表7-47　斜率反應表

Level	A	B	C	D
1	7.435	7.395	5.763	7.152
2	7.484	7.525	9.156	7.768
Delta	0.049	0.129	3.393	0.616
Rank	4	3	1	2

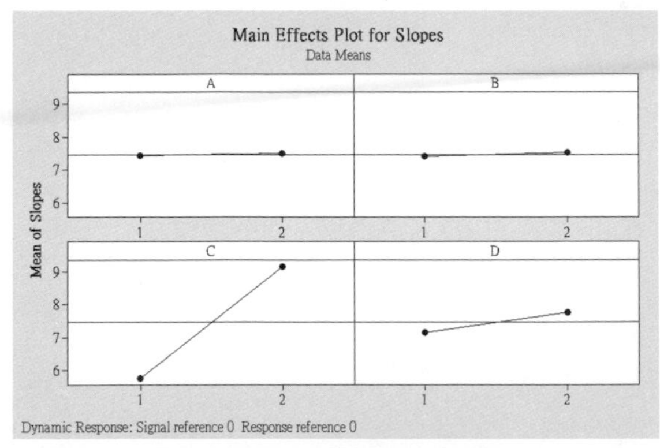

圖7-33　斜率反應圖

因此，綜合SN比及斜率，最佳的組合應爲「B1C2D2」。

7-6　結語

田口方法是一種簡易的且有效的實驗設計與分析方法，也廣泛應用在產品研發、製程設計、基礎科學研究等。本章節對於田口方法中的品質觀念、損失函數、直交表及SN比等都有一定程度的闡述，本書的宗旨在使讀者能夠應用這些所介紹的方法，不是著重在理論或公式的推論或特定議題的探討。如對田口方法的理論、計算公式或特定議題有興趣者，建議另尋其他田口方法的專書，以精進這方面的知識。

田口方法從創立以來歷經數十年的時光，學習田口方法永不嫌晚，只要能確實地用上幾次，相信對於田口方法就會有更深的體會，也會感謝田口提出這樣的方法。任何學習如果沒有配合實際的操作，就無法發揮應有的效果，衷心地期盼以學習、實踐、創新與超越的思維，好好運用田口方法，突破技術瓶頸，創造出屬於自己的輝煌績效。

練習題

1. 一項纖維產品的製程受到不同參數條件的影響，爲提升此纖維的強度(Tensile strength)，強度單位爲N / mm^2，探討及設定其因子及水準(纖維的強度爲望大特性)。

因子	水準1	水準2	水準3
A：纖維溫度(C)	210	230	190
B：風速(m / min)	7	10	13
C：層數	4	5	6
D：成分比例	4	6	8

建立L_9的直交表進行重複數爲三次的實驗，並獲得實驗數據。

No	A	B	C	D	Y1	Y2	Y3
1	210	7	4	4	394.77	395.45	403.34
2	210	10	5	6	268.75	282.84	297.03
3	210	13	6	8	245.29	243.8	251.11
4	230	7	5	8	360.79	285.93	384.61
5	230	10	6	4	304.06	323.46	316.89
6	230	13	4	6	370.82	359.03	408.92
7	190	7	6	6	251.2	218.31	222.73
8	190	10	4	8	286.81	285.74	328.65
9	190	13	5	4	270.98	281.14	337.83

利用反應值數據進行SN比分析、選擇最佳的組合及計算可能減少的損失(假設現況組合均爲第2水準)。

2. 某金屬加工件的表面粗糙度是由A：切割工具、B：切割速度及C：進給率等因素所決定，安排一個L_8的實驗，實驗結果如表所示。粗糙度爲越小越好，試進行SN比分析、選擇最佳的組合及計算可能減少的損失(假設現況組合均爲第1水準，即A因子：CHT、B因子：12及C因子：0.08)。

No.	A(切割工具)	B(切割速度)	C(進給率)	表面粗糙度
1	CHT	12	0.08	2.35
2	CHT	12	0.10	2.47
3	CHT	14	0.08	1.90
4	CHT	14	0.10	1.95
5	CT	12	0.08	2.10
6	CT	12	0.10	2.22
7	CT	14	0.08	1.82
8	CT	14	0.10	1.81

3. 利用應變計(Strain Gauge)測量應變(Strain)的數值，應變計可由多種零組件的材質與型態組成，例如合金的型態、金屬薄片的厚度、塗裝厚度、結合方式等等。考慮8個控制因子(即A、B、C、D、E、F、G及H)，並將可變電阻(單位：$\mu\Omega$)設爲信號因子(M)。試進行SN比及斜率分析，選擇最佳的組合，並預估最佳組合的SN比及斜率。

No.	A	B	C	D	E	F	G	H	M	Response
1	1	1	1	1	1	1	1	1	10	10
2	1	1	1	1	1	1	1	1	100	258
3	1	1	1	1	1	1	1	1	1000	2608
4	1	1	2	2	2	2	2	2	10	9
5	1	1	2	2	2	2	2	2	100	256
6	1	1	2	2	2	2	2	2	1000	2501
7	1	1	3	3	3	3	3	3	10	9
8	1	1	3	3	3	3	3	3	100	243
9	1	1	3	3	3	3	3	3	1000	2450
10	1	2	1	1	2	2	3	3	10	11
11	1	2	1	1	2	2	3	3	100	259
12	1	2	1	1	2	2	3	3	1000	2751

No.	A	B	C	D	E	F	G	H	M	Response
13	1	2	2	2	3	3	1	1	10	12
14	1	2	2	2	3	3	1	1	100	291
15	1	2	2	2	3	3	1	1	1000	3011
16	1	2	3	3	1	1	2	2	10	10
17	1	2	3	3	1	1	2	2	100	265
18	1	2	3	3	1	1	2	2	1000	2800
19	1	3	1	2	1	3	2	3	10	9
20	1	3	1	2	1	3	2	3	100	231
21	1	3	1	2	1	3	2	3	1000	2456
22	1	3	2	3	2	1	3	1	10	9
23	1	3	2	3	2	1	3	1	100	276
24	1	3	2	3	2	1	3	1	1000	2738
25	1	3	3	1	3	2	1	2	10	9
26	1	3	3	1	3	2	1	2	100	275
27	1	3	3	1	3	2	1	2	1000	2799
28	2	1	1	3	3	2	2	1	10	11
29	2	1	1	3	3	2	2	1	100	279
30	2	1	1	3	3	2	2	1	1000	1903
31	2	1	2	1	1	3	3	2	10	16
32	2	1	2	1	1	3	3	2	100	251
33	2	1	2	1	1	3	3	2	1000	2699
34	2	1	3	2	2	1	1	3	10	9
35	2	1	3	2	2	1	1	3	100	248
36	2	1	3	2	2	1	1	3	1000	2499
37	2	2	1	2	3	1	3	2	10	17
38	2	2	1	2	3	1	3	2	100	301
39	2	2	1	2	3	1	3	2	1000	3100
40	2	2	2	3	1	2	1	3	10	13

附錄

參考案例

專案名稱：厚膜印刷電阻500KΩ之電阻值安定性研究

❖ 本案例之數據部分已經修飾過

❖ 小組成員：Jeffery，Robin，John，Kevin及Andy

1. 選題理由

由於電子控制器的模組化及小型化，厚膜(Hybrid)IC印刷電阻的公差被要求的更高，電阻的公差從原來的±5%要提高到±2%。

在原來的切割條件下切割量爲20 μ m，切割後的電阻值變異爲±2%(公差要求是±5%)。但是，爲了提升電阻值的微調能力，當切割量爲2.5 μ m時，電阻值的變異會變爲±5%(公差要求是±2%)。爲了達到這樣的要求將採用雷射切割，雷射切割的條件是本實驗要研究的重點。本研究選擇的電阻值規格爲500±5 % KΩ。

2. 相關產品或製程說明

雷射切割的原理是將被激發的雷射光以點焊狀射在電阻體上，同時自動測試電阻值和電氣特性值，直到電阻值和電氣特性值達到目標值爲止。製程流程圖顯示在圖 A-1。

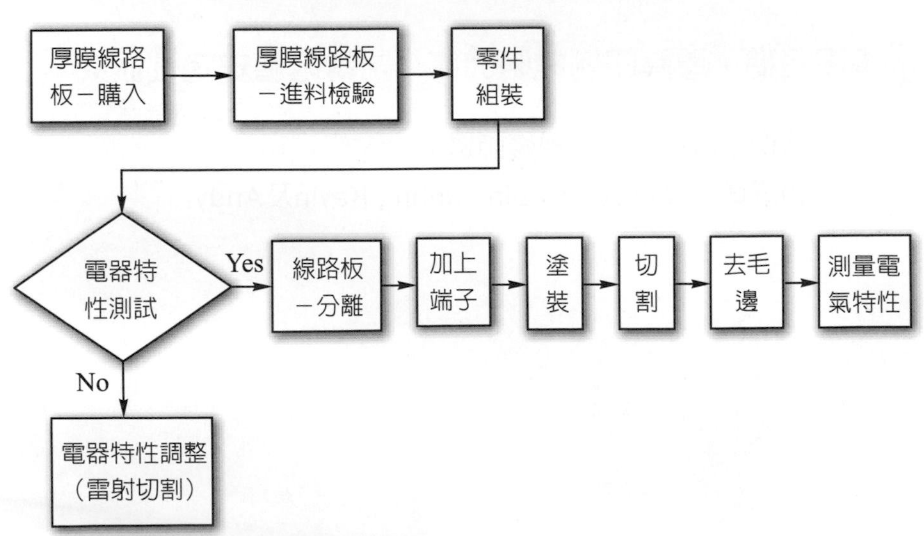

圖A-1　厚膜印刷電阻製造流程

3. 歷史數據／資料收集

根據最近22次取樣(每次5件)的測量數據(表A-1)，繪製的平均數－全距(XBar-R)管制圖(圖A-2)。 數據收集期間爲3月1日至3月30日。

表A-1　測量數據

	1	2	3	4	5
1	497.64	497.76	497.75	502.91	502.23
2	501.64	501.69	501.11	498.44	496.96
3	504.12	499.85	503.27	502.47	504.02
4	495.53	495.52	506.52	503.70	493.62
5	501.10	500.03	498.60	499.72	494.16
6	501.96	504.19	501.63	494.88	500.41
7	493.49	500.50	502.00	500.41	502.83
8	504.02	499.86	498.67	506.20	504.16
9	503.91	504.05	501.16	504.91	498.48
10	494.98	495.13	504.31	505.34	498.22
11	499.71	499.59	499.33	489.11	498.85
12	500.83	500.18	500.17	498.33	504.34
13	498.73	493.99	494.71	501.85	503.69
14	496.58	499.66	496.55	501.40	491.98
15	503.90	501.24	503.51	498.08	498.14
16	497.22	500.07	499.67	494.84	499.96
17	496.49	498.30	494.31	491.13	498.10
18	498.61	505.58	497.95	493.29	496.77
19	496.40	492.57	503.89	500.59	499.83
20	496.12	500.28	503.46	503.07	498.90
21	496.44	499.01	498.22	499.63	497.81
22	497.24	503.91	499.82	500.25	495.72

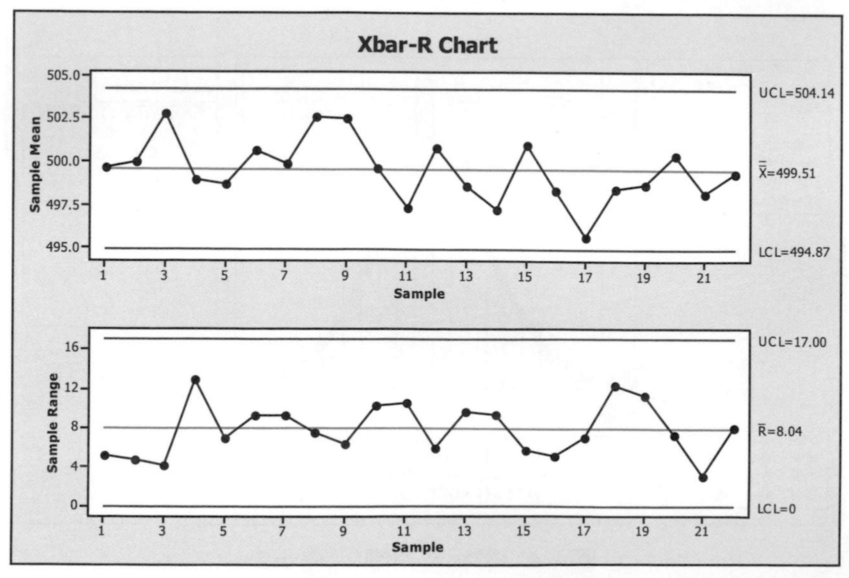

圖A-2　X Bar-R管制圖

在管制圖上顯示製程是在管制狀況下。利用相同的數據計算出這段時間的製程能力(規格爲500±5 % KΩ)，顯示在圖A-3上。

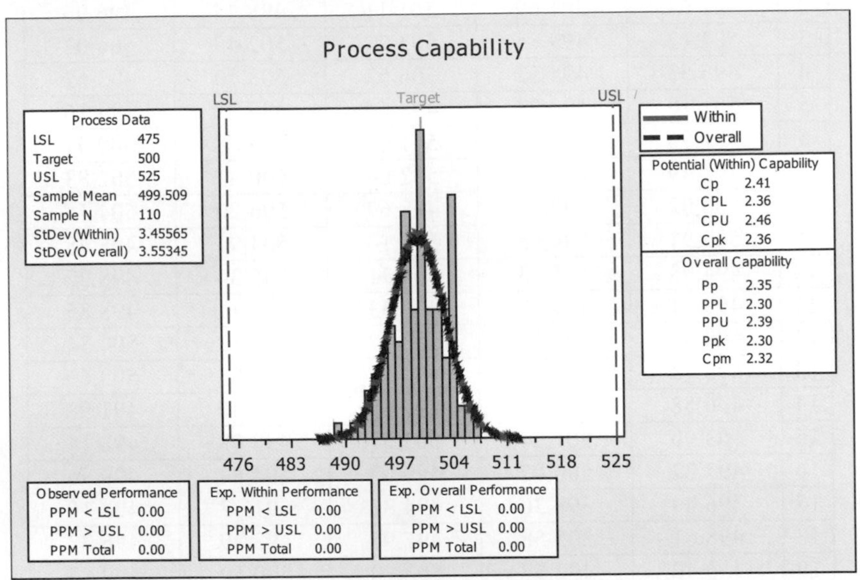

圖A-3　製程能力圖(公差±5%)

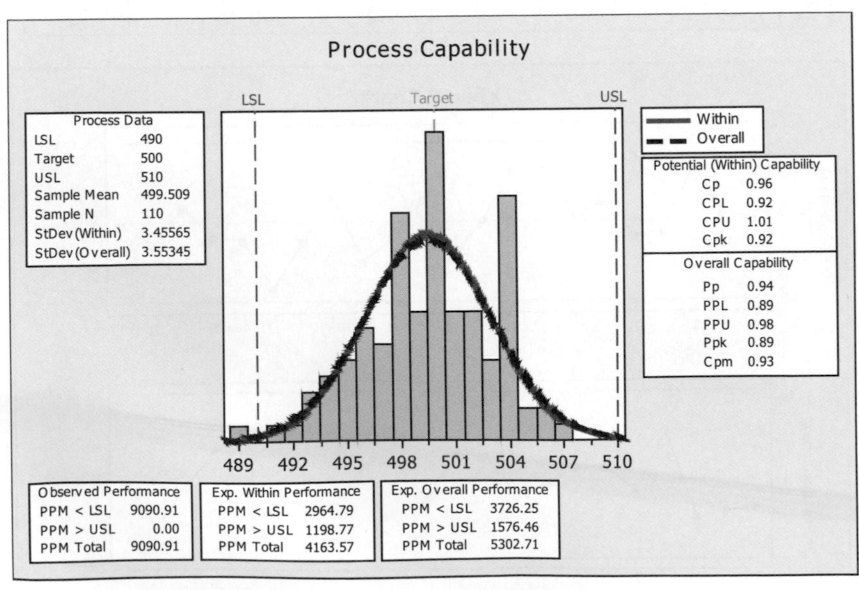

圖A-4　製程能力圖(公差±2%)

從圖A-3可以知道製程能力Cpk是2.41，表示製程能力非常好(Cpk>1.5是屬於優良等級)。但是，當要求的規格公差改變爲±2%時(圖A-4)，Cpk將只有0.92，預期整個的不良率將有5302PPM，是處於製程能力不佳的等級。

4. 原因分析與決定實驗因子及水準

會影響電阻值及電氣特性的因素利用系統圖A-5展現出來，由於要探討的是切割製程對的電阻值的變異的影響，屬於電阻設計及環境的因素將不納入考量。系統圖中影響因素的可能性以H(高)、M(中)及L(低)表示，可控性以C(可控)及U(不可控)表示。

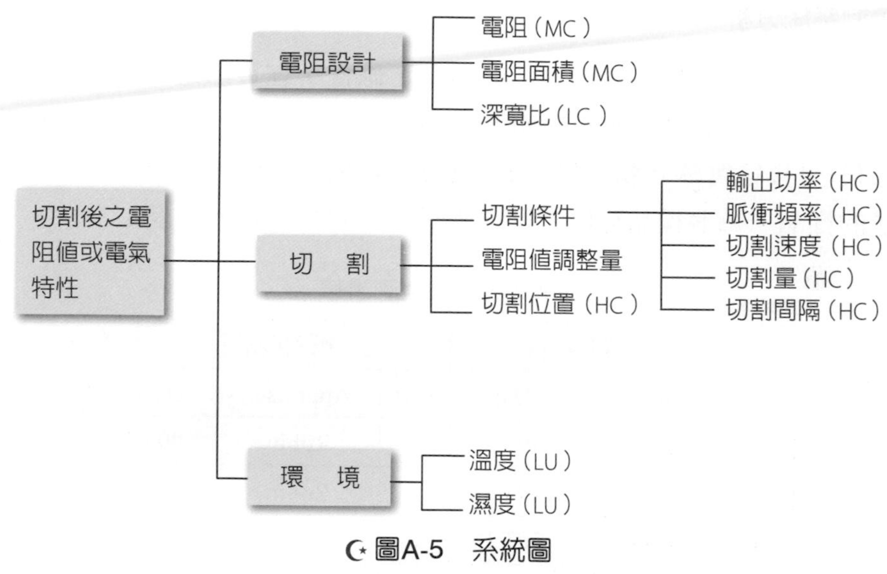

圖A-5　系統圖

選取高可能性及可控性的因素爲實驗的因子(Factor)，並設定個別因子的水準(Level)，彙整成爲因子水準對照表(表A-2)。有注記「*」符號的水準是現在(或原來)的操作條件。

表A-2 因子水準對照表

因子		水準	
代號	名稱	I	II
A	切割位置(L)	0.25*	0.5
B	雷射輸出功率(W)	2.0	2.5*
C	脈衝頻率(KHz)	4.0*	5.0
D	切割速度(mm/sec)	15*	30
E	切割量(μm)	2.5	20*
F	切割間隔(sec)	0*	1

5. 量測系統分析

為了確保實驗數據測量的客觀及正確性，在實驗進行之前先行實施「量測系統分析(Measurement System Analysis, MSA)」。選擇二位測試人員(是後續實驗將執行測量的人員)，並挑選10個比較分散的不同電阻值的樣品，每個樣品每個人員均測兩次，測試的數據如表A-3。

表A-3 MSA測量值

第1次測量			第2次測量		
Part	Appraiser	Data	Part	Appraiser	Data
1	Robin	491.32	1	Robin	490.63
2	Robin	493.78	2	Robin	494.35
3	Robin	503.19	3	Robin	503.83
4	Robin	512.47	4	Robin	513.56
5	Robin	498.16	5	Robin	498.71
6	Robin	511.62	6	Robin	510.72
7	Robin	507.94	7	Robin	506.21
8	Robin	486.65	8	Robin	486.97
9	Robin	499.38	9	Robin	499.63
10	Robin	501.86	10	Robin	502.46

表A-3　MSA測量值(續)

第1次測量			第2次測量		
Part	Appraiser	Data	Part	Appraiser	Data
1	Andy	490.75	1	Andy	489.34
2	Andy	493.09	2	Andy	493.83
3	Andy	504.17	3	Andy	503.69
4	Andy	512.92	4	Andy	512.24
5	Andy	498.85	5	Andy	498.29
6	Andy	511.29	6	Andy	511.72
7	Andy	506.81	7	Andy	507.27
8	Andy	486.23	8	Andy	486.68
9	Andy	499.97	9	Andy	499.39
10	Andy	501.24	10	Andy	500.6

利用Minitab分析量測系統得到分析結果如表A-4及圖A-6。判定量測系統符合要求的準則是(1)Total Gage R&R ≦ 10%及(2) NDC≧5。實際的Total Gage R&R = 6.55%，NDC=21(表A-4，所以，此量測系統是符合要求的。

表A-4　GRR分析表

Study Var %Study Var			
Source	StdDev (SD)	(6 * SD)	(%SV)
Total Gage R&R	0.56425	3.3855	6.55
Repeatability	0.54891	3.2935	6.37
Reproducibility	0.13064	0.7838	1.52
Appraiser	0.13064	0.7838	1.52
Part-To-Part	8.59423	51.5654	99.79
Total Variation	8.61273	51.6764	100.00
Number of Distinct Categories = 21			

從圖A-6(GRR圖形)觀察得知並沒有特殊異常狀況存在。因此，可以利用此一量測人員(A:Robin, B:Andy)及儀器進行實驗數據的測量。

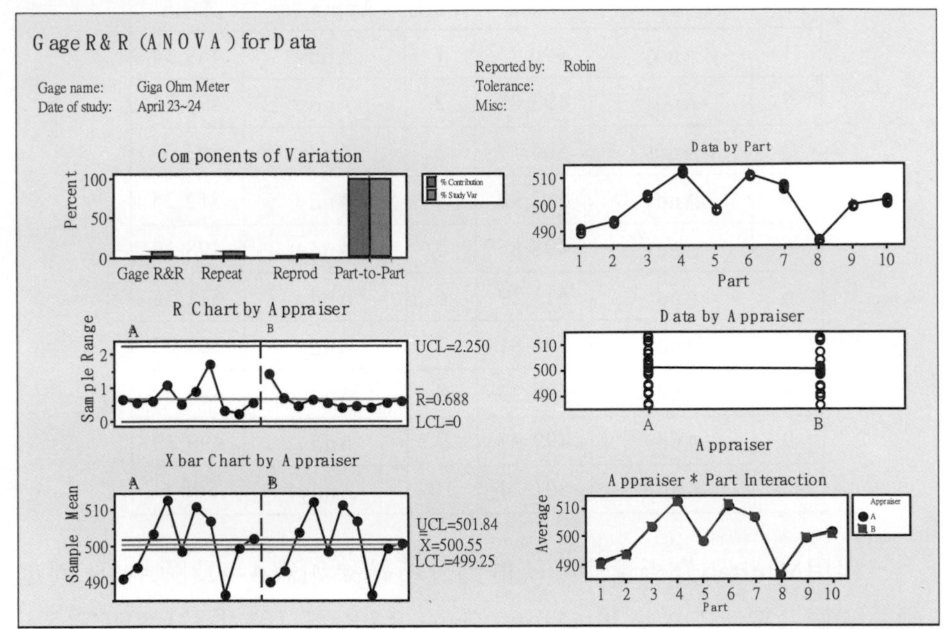

圖A-6　GRR圖形

6. 配置實驗組合

本實驗的因子數有6個，每一個因子的水準都設為二水準。根據工程經驗，認為這6個因子之間不存在交互作用，所以，選用2^{6-3}的部分因子實驗設計組合(表A-5)。每一個實驗組合的重複數(Replicates)是2。

7. 實驗準備

- 實驗的樣品：共需16件
- 再次確認雷射照射及掃瞄設備是由控制器發出信號使雷射光掃描或做ON/OFF的變化。
- 實驗由工程人員親自進行，並以完全隨機的順序進行實驗。
- QC測試人員：Robin，已經過量測系統分析之鑑別合格。

表A-5　2^{6-3}的部分因子實驗設計組合

C1	C2	C3	C4	C5	C6	C7	C8	C9	C10
Std Order	Run Order	CenterPt	Blocks	切割位置	雷射輸出功率	脈衝頻率	切割速度	切割量	切割間隔
12	1	1	1	0.5	2.5	4	30	2.5	0
10	2	1	1	0.5	2	4	15	2.5	1
1	3	1	1	0.25	2	4	30	20	1
5	4	1	1	0.25	2	5	30	2.5	0
2	5	1	1	0.5	2	4	15	2.5	1
4	6	1	1	0.5	2.5	4	30	2.5	0
15	7	1	1	0.25	2.5	5	15	2.5	1
8	8	1	1	0.5	2.5	5	30	20	1
9	9	1	1	0.25	2	4	30	20	1
13	10	1	1	0.25	2	5	30	2.5	0
11	11	1	1	0.25	2.5	4	15	20	0
16	12	1	1	0.5	2.5	5	30	20	1
6	13	1	1	0.5	2	5	15	20	0
3	14	1	1	0.25	2.5	4	15	20	0
14	15	1	1	0.5	2	5	15	20	0
7	16	1	1	0.25	2.5	5	15	2.5	1

8. 執行實驗

- 實驗機台：L-321A
- 測試機台：T-456A
- 調機人員：Kevin
- 操作人員：Jeffery
- Q C人員： Robin
- 厚膜材質：C-362

9. 實驗數據收集

根據實驗順序執行實驗，測量實驗結果得到的實驗數據(反應值)顯示在表 A-6中。

表A-6　實驗數據 (實驗日期：4月25日至4月26日)

C1	C2	C3	C4	C5	C6	C7	C8	C9	C10	C11
Std Order	Run Order	CenterPt	Blocks	切割位置	雷射輸出功率	脈衝頻率	切割速度	切割量	切割間隔	Response
12	1	1	1	0.5	2.5	4	30	2.5	0	487.35
10	2	1	1	0.5	2	4	15	2.5	1	505.77
1	3	1	1	0.25	2	4	30	20	1	505.39
5	4	1	1	0.25	2	5	30	2.5	0	486.54
2	5	1	1	0.5	2	4	15	2.5	1	506.46
4	6	1	1	0.5	2.5	4	30	2.5	0	489.72
15	7	1	1	0.25	2.5	5	15	2.5	1	503.32
8	8	1	1	0.5	2.5	5	30	20	1	498.16
9	9	1	1	0.25	2	4	30	20	1	506.28
13	10	1	1	0.25	2	5	30	2.5	0	485.92
11	11	1	1	0.25	2.5	4	15	20	0	501.64
16	12	1	1	0.5	2.5	5	30	20	1	499.63
6	13	1	1	0.5	2	5	15	20	0	505.61
3	14	1	1	0.25	2.5	4	15	20	0	502.37
14	15	1	1	0.5	2	5	15	20	0	507.87
7	16	1	1	0.25	2.5	5	15	2.5	1	502.27

10. 實驗數據分析

從實驗數據分析得知(表A-7及圖A-7)，切割位置不是重要的因子，脈衝頻率只有輕微的差異存在，至於雷射輸出功率、切割速度、切割量及切割間隔等四個因子都有顯著的差異存在。

表A-7　效應及變異數分析

Factorial Fit: Response versus 切割位置，雷射輸出功率，脈衝頻率，切割速度，切割量，切割間隔 Estimated Effects and Coefficients for Response (coded units)						
Term	Effect	Coef	SE Coef	T	P	
Constant		499.644	0.5034	992.48	0.000	
切割位置	0.855	0.428	0.5034	0.85	0.418	
雷射輸出功率	-3.172	-1.586	0.5034	-3.15	0.012	
脈衝頻率	-1.957	-0.979	0.5034	-1.94	0.084	
切割速度	-9.540	-4.770	0.5034	-9.48	0.000	
切割量	7.450	3.725	0.5034	7.40	0.000	
切割間隔	7.532	3.766	0.5034	7.48	0.000	
S = 2.01372　PRESS = 115.344 R-Sq = 95.98%　R-Sq(pred) = 87.30%　R-Sq(adj) = 93.30% Analysis of Variance for Response (coded units)						
Source	DF	Seq SS	Adj SS	Adj MS	F	P
Main Effects	6	871.521	871.521	145.253	35.82	0.000
Residual Error	9	36.496	36.496	4.055		
Lack of Fit	1	28.409	28.409	28.409	28.10	0.001
Pure Error	8	8.087	8.087	1.011		
Total	15	908.017				

另外，從表A-7知道Lack-of-Fit的P值小於0.05，所以，可以嘗試尋求二階的模型，使模型更符合整體的表現要求。

11. 影響度分析

(進行影響度分析的時機是有多個反應值，對於不同反應值，實驗的組合有不同時才需使用影響度分析。因爲本專案只探討一個反應值---電阻值，所以，不必進行影響度分析。)

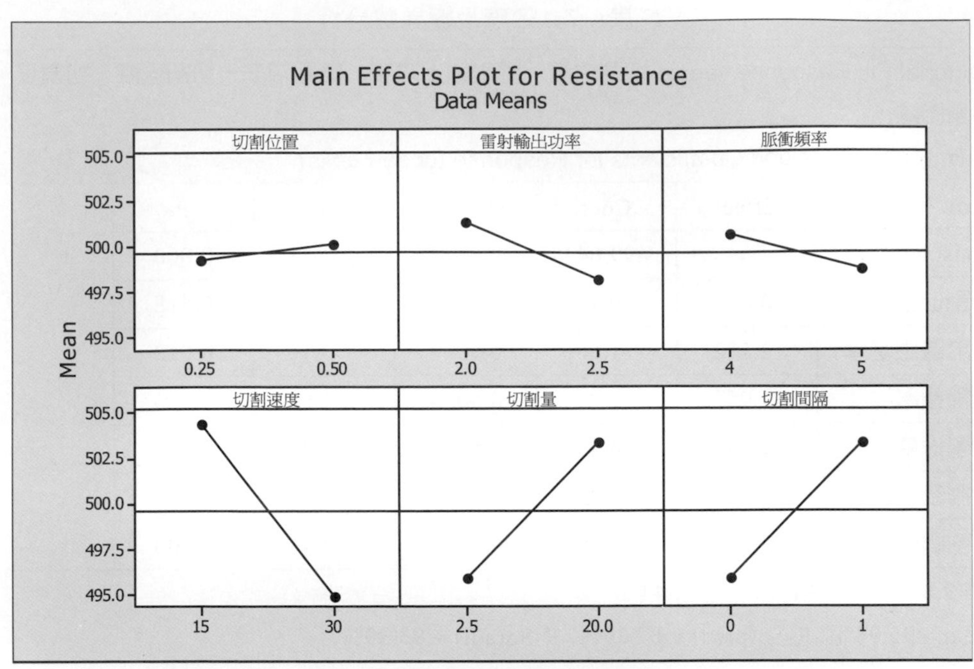

圖A-7　主效應反應圖

12. 決定最適組合

將四個重要的因子依據反應曲面法的Box-Behnken進行因子的條件優化實驗(這裡選擇Box-Behnken，是因爲切割間隔最小爲0，切割間隔不會比0更小)。

各因子的水準設定值及實驗反應值顯示在表A-8中。

表A-8　優化實驗的反應值(實驗日期: 4月28至4月30日)

C1	C2	C3	C4	C5	C6	C7	C8	C9
StdOrder	RunOrder	PtType	Blocks	輸出功率	切割速度	切割量	切割間隔	Response
1	1	2	1	2	15	11.25	0.25	503.37
2	2	2	1	2.5	15	11.25	0.25	504.59
3	3	2	1	2	30	11.25	0.25	496.34
4	4	2	1	2.5	30	11.25	0.25	497.48
5	5	2	1	2.25	22.5	2.5	0	499.27

☪表A-8　優化實驗的反應值(實驗日期: 4月28至4月30日)(續)

C1	C2	C3	C4	C5	C6	C7	C8	C9
StdOrder	RunOrder	PtType	Blocks	輸出功率	切割速度	切割量	切割間隔	Response
6	6	2	1	2.25	22.5	20	0	498.75
7	7	2	1	2.25	22.5	2.5	0.5	499.36
8	8	2	1	2.25	22.5	20	0.5	500.31
9	9	2	1	2	22.5	11.25	0	500.79
10	10	2	1	2.5	22.5	11.25	0	501.28
11	11	2	1	2	22.5	11.25	0.5	501.46
12	12	2	1	2.5	22.5	11.25	0.5	500.53
13	13	2	1	2.25	15	2.5	0.25	502.98
14	14	2	1	2.25	30	2.5	0.25	496.62
15	15	2	1	2.25	15	20	0.25	505.91
16	16	2	1	2.25	30	20	0.25	495.37
17	17	2	1	2	22.5	2.5	0.25	499.93
18	18	2	1	2.5	22.5	2.5	0.25	503.54
19	19	2	1	2	22.5	20	0.25	502.82
20	20	2	1	2.5	22.5	20	0.25	503.97
21	21	2	1	2.25	15	11.25	0	504.63
22	22	2	1	2.25	30	11.25	0	492.46
23	23	2	1	2.25	15	11.25	0.5	503.78
24	24	2	1	2.25	30	11.25	0.5	493.84
25	25	0	1	2.25	22.5	11.25	0.25	497.75
26	26	0	1	2.25	22.5	11.25	0.25	498.22
27	27	0	1	2.25	22.5	11.25	0.25	497.78

經過統計模型的修正，實驗數據分析結果顯示在表A-9(迴歸分析)及表 A-10(變異數分析)。

表A-9 迴歸分析

Response Surface Regression: Response versus 輸出功率, 切割速度, 切割量 The analysis was done using uncoded units. Estimated Regression Coefficients for Response				
Term	Coef	SE Coef	T	P
Constant	709.606	32.4720	21.853	0.000
輸出功率	-179.986	28.7968	-6.250	0.000
切割速度	-0.411	0.0950	-4.331	0.000
切割量	-0.067	0.2120	-0.314	0.756
輸出功率*輸出功率	40.492	6.3940	6.333	0.000
切割量*切割量	0.021	0.0052	4.059	0.001
切割速度*切割量	-0.016	0.0077	-2.067	0.052
S = 1.01098 PRESS = 36.3394 R-Sq = 93.52% R-Sq(pred) = 88.49% R-Sq(adj) = 91.58%				

表A-10 變異數分析表

Analysis of Variance for Response						
Source	DF	Seq SS	Adj SS	Adj MS	F	P
Regression	6	295.244	295.244	49.2073	48.14	0.000
Linear	3	241.586	89.923	29.9743	29.33	0.000
Square	2	49.290	49.290	24.6450	24.11	0.000
Interaction	1	4.368	4.368	4.3681	4.27	0.052
Residual Error	20	20.442	20.442	1.0221		
Lack-of-Fit	12	17.263	17.263	1.4386	3.62	0.038
Pure Error	8	3.178	3.178	0.3973		
Total	26	315.686				

Unusual Observations for Response

Obs	StdOrder	Response	Fit	SE Fit	Residual	St Resid
21	21	504.630	502.699	0.446	1.931	2.13 R

R denotes an observation with a large standardized residual.

經過統計模型的修正後的殘差圖(圖A-8)顯示殘差符合常態性、獨立性及變異數一致性。

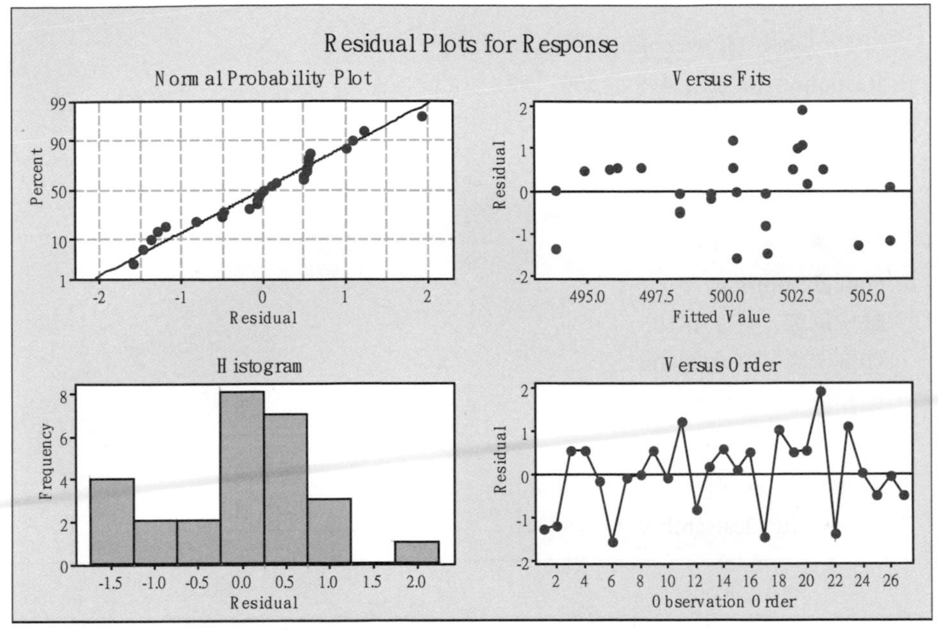

圖A-8　四合一殘差圖

利用反應值優化的方式(Response Optimizer)，取目標值(Target) 500及500±1為期望範圍(Lower和Upper)，設定四個因子的起始值(Starting Point)為輸出功率=2.5、切割速度=22.5、切割量=10及切割間隔=0.5。經計算得到最佳(最適)的組合條件是「輸出功率 = 2.48105 、切割速度 = 24.0909、切割量 = 10.8081 (切割間隔設為2.5)」，結果顯示在表A-11及圖 A-9 。

表A-11 最佳化反應值

```
Response Optimization
Parameters
         Goal    Lower  Target  Upper  Weight  Import
Response Target   499    500     501     1       1
Starting Point
輸出功率  =  2.5
切割速度  =  22.5
切割量    =  10
Global Solution
輸出功率  =  2.48105
切割速度  =  24.0909
切割量    =  10.8081
Predicted Responses
Response  =  499.999 ,  desirability =  0.999316
Composite Desirability = 0.999316
```

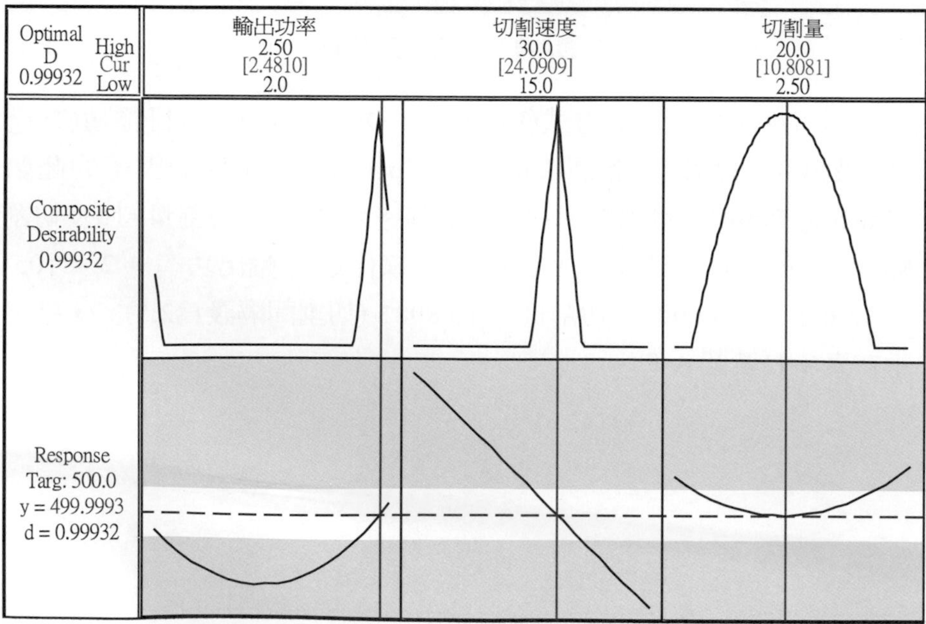

圖A-9 最佳化反應值

13. 確認實驗

利用最佳(最適)的實驗組合條件，試作兩批小批量(每批數量均為50個)了解重複性是否存在？如果重複性良好，則表示最適(最佳)的組合條件是穩定的或可操作的。試作兩批的數據在表A-12中。將試作的兩批進行比較或檢定，先檢定變異數，再檢定平均數。

表A-12　試作批的實驗數據

確認實驗-1				
501.18	498.71	502.77	497.12	497.56
499.78	501.20	499.78	501.61	497.02
498.89	497.23	499.72	499.72	499.89
503.97	506.98	500.26	501.29	501.99
503.01	500.51	502.27	496.16	499.86
498.70	499.18	501.62	503.09	498.32
500.04	501.37	497.50	500.36	499.11
504.12	503.78	500.18	501.57	496.91
498.31	498.98	502.67	500.11	499.55
500.37	499.49	500.98	496.64	501.84

確認實驗-2				
499.38	500.20	500.51	500.42	502.97
497.92	499.89	498.30	504.77	502.06
498.95	498.05	499.41	498.02	501.55
497.91	502.60	501.07	497.72	494.16
498.05	495.82	501.13	498.07	498.72
496.25	498.28	498.18	497.75	502.66
500.48	497.81	498.82	500.35	503.13
499.70	503.67	499.65	497.44	500.11
502.27	500.21	500.35	499.40	503.38
497.73	501.20	496.89	497.53	500.40

變異數比較：變異數檢定的結果顯示在表A-13及圖A-10中，P值是0.962比0.05(α風險)大，所以這兩批試作批的變異數可以當作相等。

表A-13　兩試作批的變異數比較

Test for Equal Variances: 確認實驗-1, 確認實驗-2

95% Bonferroni confidence intervals for standard deviations

	N	Lower	StDev	Upper
確認實驗-1	50	1.80295	2.21285	2.85035
確認實驗-2	50	1.79059	2.19768	2.83081

F-Test (Normal Distribution)

Test statistic = 1.01, p-value = 0.962

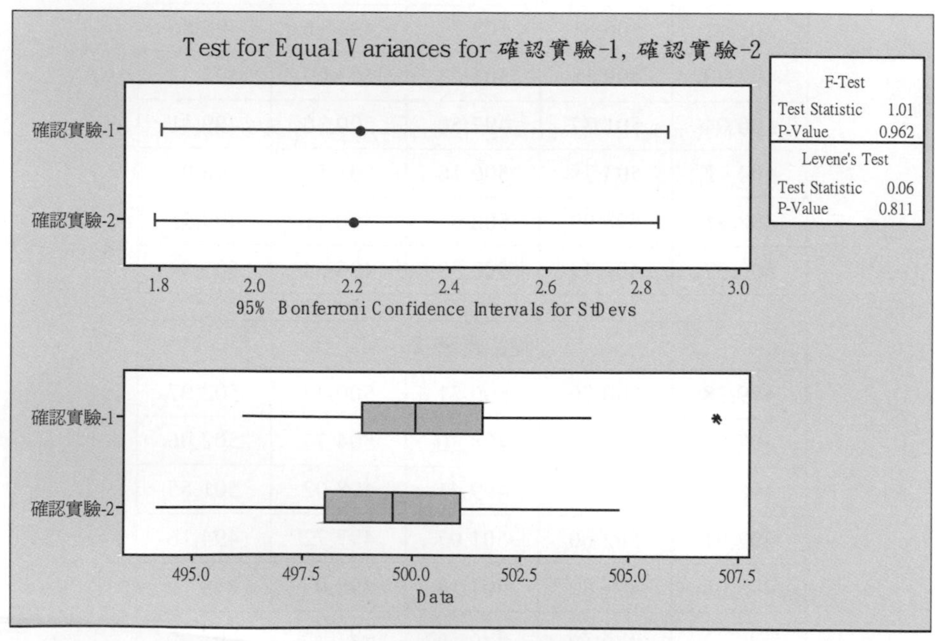

圖A-10　兩試作批的變異數比較

平均數比較：採用平均數差的檢定(t 檢定)，P值是0.150比0.05(α風險)大，所以這兩批的平均數也可以當作相等(表A-14)。

表A-14 兩試作批的平均數比較

Two-Sample T-Test and CI: 確認實驗-1, 確認實驗-2

Two-sample T for 確認實驗-1 vs 確認實驗-2

	N	Mean	StDev	SE Mean
確認實驗-1	50	500.27	2.21	0.31
確認實驗-2	50	499.63	2.20	0.31

Difference = mu (確認實驗-1) - mu (確認實驗-2)

Estimate for difference: 0.640

95% CI for difference: (-0.236, 1.515)

T-Test of difference = 0 (vs not =): T-Value = 1.45 P-Value = 0.150 DF = 98 Both use Pooled StDev = 2.2053

由於以最佳(最適)的條件試作的兩批產品的變異數和平均數都可以當作相等，可以認定重複性良好，所以採用「輸出功率 = 2.48105、切割速度 = 24.0909、切割量 = 10.8081(切割間隔設爲2.5)」條件是可行的。

標準化活動：已將此一作法寫入SOP(作業標準)中，並修改相關的控制程式，及進行人員的訓練。

14. 能力分析

利用實驗獲得的最佳(最適)條件進行生產，在5月3日到5月15日之間自生產過程中抽樣(每次取5個，一共取30次)並繪製管制圖(圖A-11)。

管制圖上並無特殊異常的現象出現，可以認爲過程是處於穩定狀況下。

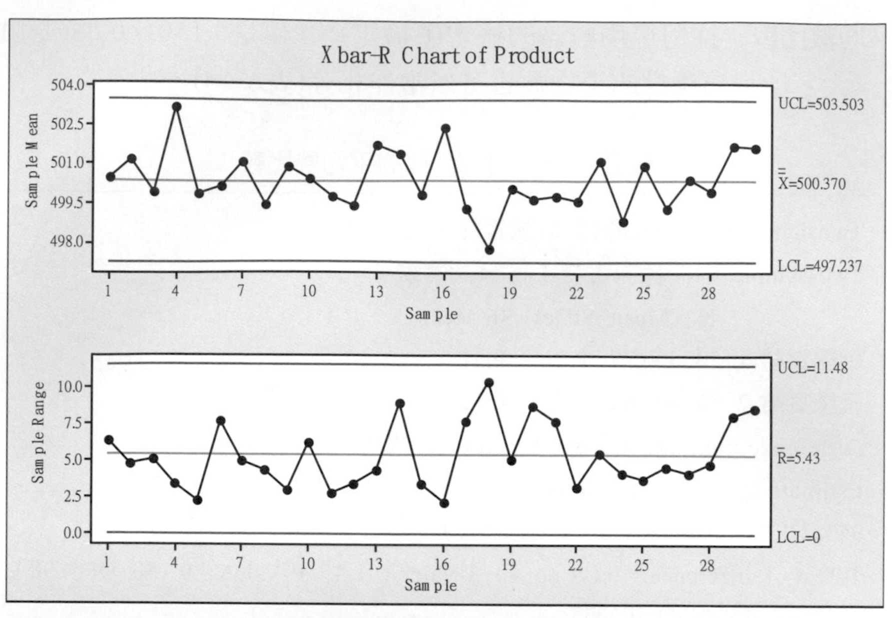

圖A-11 XBar-R管制圖

將過程中取得的150個數據進行製程能力分析(圖A-12)，採用的規格是500±2%。製程能力Cpk是1.37，雖然還未達到Cpk >1.5的程度，但是比起原來使用的條件的Cpk=0.92已經有相當大的進步。

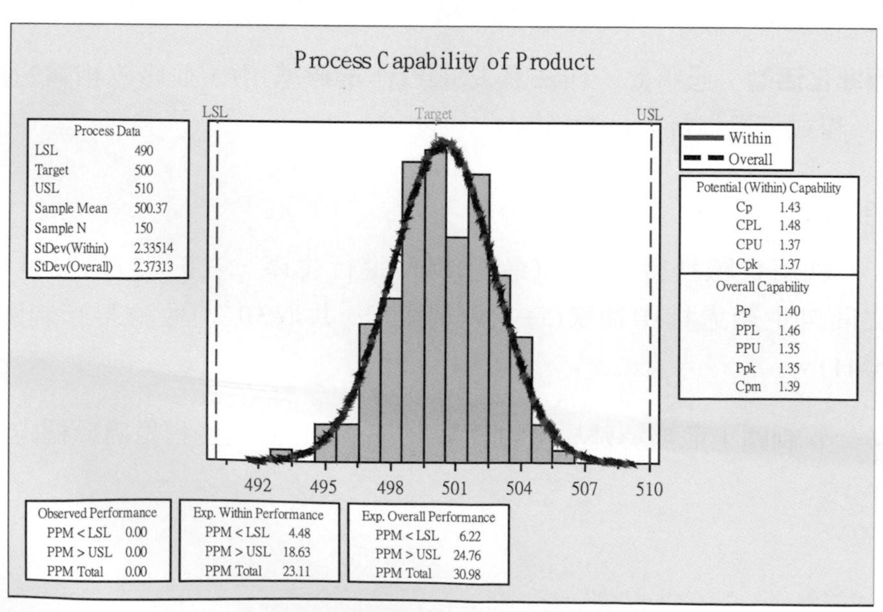

圖A-12 製程能力

將改善前及改善後的比較彙整在表A-15中，不良率已經從5300 PPM進步到31 PPM。

表A-15　改善前後績效比較

	改善前	改善後
Cpk	0.92	1.37
Ppk	0.89	1.35
Cpm	0.93	1.39
PPM (Exp Overall)	5300	31

15. 總結

- 不良率降低所產生的效益預估約150萬/年。
- 在Box-Behnken的優化實驗之變異數分析中，Lack-of-Fit是0.038(小於0.05)，表示可能還有更適當的統計模型存在，未來可以再進一步探討最佳條件。
- 實驗結果對不良率已經有相當程度的改進。但是，如果考慮以500±1%當作規格，顯然不良率還是相當的高。要不要繼續利用DOE研究更加的條件或是直接利用測試設備篩選出公差為±1%規格的產品，則可以另行分析與探討。

參考資料

1. Box,G.E.P.,W.G. Hunter, and J.S. Hunter (1978), "Statistics for Experiments" , New York:John Wiley & Sons
2. D. C. Montgomery (2001), "Design and Analysis of Experiment" ,5th edition ,New York:John Wiley & Sons(黎正中 陳源樹 編譯，高立圖書有限公司)
3. Deeringer,G. and R. Suich (1980)," Simultaneous Optimization of Several Response Variables" ,Journal of Quality Technology, vol. 12, pp.214-219
4. J. Neter, M.H. Kutner, C.J. Nachtsheim, and W. Wasserman (1996) , "Applied Linear Statistical Model" , 4th edition,Richard D. Irwin,Inc.(陳立信 編譯，華泰文化事業公司)
5. Kai Yang and Basem El-Haik(2003), "Design for Six Sigma: a road map for product development" ,The McGraw-Hill Companies,Inc.,pp. 541-572
6. Mark J. Anderson & Patrick J. Whitcomb (2002), "Software Sleuth Solves Engineering Problem"
7. Minitab 統計軟體
8. Norman R. Draper, Timothy P. Davis, Lourdes Pozueta, Daniel M. Grove(1994), "Isolation of Degrees of Freedom for Box-Behnken Designs" ,Technometrics, Vol. 36, No. 3, pp. 283-291
9. 李世彪、張淑美，實驗計畫法在碘系偏光膜延伸染色製程條件之研究，臺北 科技大學有機高分子研究所，臺北科技大學學報第三十七之一期
10. 許家維、唐麗英(2005)，"利用實驗設計改善積體電路閘極缺陷"
11. 馬登超(1989)，實驗的策略，食品工業研究所
12. 陳夢倫，「積層陶瓷電容印刷製程機器參數最佳化之研究」，國立成功大學，製造工程研究所，碩士論文，2003
13. 陳偉正，「應用資料探勘與模糊理論於製程參數調控之研究－以射出成型機為例」，雲林科技大學，工業工程與管理研究所，碩士論文，2006

筆記欄

筆記欄

筆記欄

國家圖書館出版品預行編目資料

突破品質水準－實驗設計與田口方法之實務應用 / 林李旺編著. – 初版. – 新北市 : 全華圖書
民 102.06
面 ; 公分
ISBN 978-957-21-9065-4(平裝)
1. 實驗計劃法
494.56 102012150

突破品質水準－實驗設計與田口方法之實務應用

編著 / 林李旺
執行編輯 / 李婉綺
發行人 / 陳本源
出版者 / 全華圖書股份有限公司
郵政帳號 / 0100836-1 號
印刷者 / 宏懋打字印刷股份有限公司
圖書編號 / 08103017
初版五刷 / 2022 年 3 月
定價 / 新台幣 380 元
ISBN / 978-957-21-9065-4
全華圖書 / www.chwa.com.tw
全華網路書店 Open Tech / www.opentech.com.tw
若您對本書有任何問題，歡迎來信指導 book@chwa.com.tw

臺北總公司(北區營業處)
地址：23671 新北市土城區忠義路 21 號
電話：(02) 2262-5666
傳真：(02) 6637-3695、6637-3696

中區營業處
地址：40256 臺中市南區樹義一巷 26 號
電話：(04) 2261-8485
傳真：(04) 3600-9806(高中職)
(04) 3601-8600(大專)

南區營業處
地址：80769 高雄市三民區應安街 12 號
電話：(07) 381-1377
傳真：(07) 862-5562

讀者回函卡

掃 QRcode 線上填寫 ▶▶▶

姓名：________ 生日：西元____年___月___日 性別：□男 □女

電話：（ ）________ 手機：________

e-mail：（必填）________

註：數字零，請用 Φ 表示，數字 1 與英文 L 請另註明並書寫端正，謝謝。

通訊處：□□□□□________

學歷：□高中．職 □專科 □大學 □碩士 □博士

職業：□工程師 □教師 □學生 □軍．公 □其他

學校／公司：________ 科系／部門：________

．需求書類：

□A. 電子 □B. 電機 □C. 資訊 □D. 機械 □E. 汽車 □F. 工管 □G. 土木 □H. 化工

□I. 設計 □J. 商管 □K. 日文 □L. 美容 □M. 休閒 □N. 餐飲 □O. 其他

．本次購買圖書為：________ 書號：________

．您對本書的評價：

封面設計：□非常滿意 □滿意 □尚可 □需改善，請說明________

內容表達：□非常滿意 □滿意 □尚可 □需改善，請說明________

版面編排：□非常滿意 □滿意 □尚可 □需改善，請說明________

印刷品質：□非常滿意 □滿意 □尚可 □需改善，請說明________

書籍定價：□非常滿意 □滿意 □尚可 □需改善，請說明________

整體評價：請說明________

．您在何處購買本書？

□書局 □網路書店 □書展 □團購 □其他________

．您購買本書的原因？（可複選）

□個人需要 □公司採購 □親友推薦 □老師指定用書 □其他________

．您希望全華以何種方式提供出版訊息及特惠活動？

□電子報 □DM □廣告（媒體名稱________）

．您是否上過全華網路書店？（www.opentech.com.tw）

□是 □否 您的建議________

．您希望全華出版哪方面書籍？________

．您希望全華加強哪些服務？________

感謝您提供寶貴意見，全華將秉持服務的熱忱，出版更多好書，以饗讀者。

填寫日期： / /

2020.09 修訂

親愛的讀者：

感謝您對全華圖書的支持與愛護，雖然我們很慎重的處理每一本書，但恐仍有疏漏之處，若您發現本書有任何錯誤，請填寫於勘誤表內寄回，我們將於再版時修正，您的批評與指教是我們進步的原動力，謝謝！

全華圖書 敬上

勘誤表

書號		書名		作者	
頁數	行數	錯誤或不當之詞句		建議修改之詞句	

我有話要說：（其它之批評與建議，如封面、編排、內容、印刷品質等．．．）